IT basics education

自然言語処理 & 画像解析

“生成AI”を生み出す技術

鎌形桂太 著　三好大悟 監修

インプレス

はじめに

私が本書の企画をいただいたのは2023年の暮れごろでした。当時、生成AIはすでに大きな注目を集めていましたが、私たちの身の回りでどのような形で生成AIを導入すればよいか具体的なイメージを持つ方は少数で、多くの方々にとっては「本当に使いこなせるのか？」という漠然とした期待と不安が混在していた雰囲気であったかと思います。

執筆を始めてからのわずかな期間にも、生成AIに対する関心の質が変化していると感じています。漠然とした興味ではなく、実務シーンでの「具体的な活用方法」に対する関心が急速に高まっているということです。私自身も生成AIに関するセミナーに登壇する機会が増え、企業様からの相談も寄せられるようになり、生成AIがビジネス現場に根づいていく様子を肌で感じています。生成AIを活用するためには、そもそも生成AIがどのように私たちと対話しているのかを理解することが重要だと考えます。すなわち、生成AIがどのように文章や画像を認識し、どのように所望のデータやコンテンツを生成しているのか、その仕組みを知ることで、実際の業務にどのように応用できるかが明確になると考えるからです。

本書では、生成AIの基礎となる機械学習の理論を簡潔に解説し、さらに実際に文章や画像を生成するモデルを実行するPythonコードを提供しています。これによって、生成AIの内部で何が起こっているのかをイメージしやすくなり、生成AIの「使いどころ」に対する勘所をつかめるようになるかと思います。

さらに本書では、知識を深めたい方のために、参考文献やトリビアを含む脚注を多く掲載しています。ただし、最初はこれらの脚注を読み飛ばしても構いません。まずは本文に目を通して全体像をつかみ、興味が湧いた章があれば、脚注まで目を通してみてください。そこから新たな気づきを得られるかもしれません。

これからも生成AIは日進月歩で進化し続け、私たちの働き方や生活にさらなる変革をもたらすでしょう。本書を通じて生成AIに対する理解が深まり、さらなる学習のきっかけになれば幸いです。

鎌形桂太

CONTENTS

第3章 自然言語処理入門

第4章 自然言語処理実践 ～文章分類問題を解いてみよう～

第 5 章 文章生成AIを支える大規模言語モデル

第6章 画像解析入門

第7章 画像解析実践 ～画像分類問題を解いてみよう～

第8章 画像生成AIを支える技術

第 1 章

文章解析と画像解析の重要性

01

社会へ浸透する生成AI

コンピューターの性能向上に伴ってAIの高性能化が進み、昨今は人間が入力した自然文（日常的に意思疎通に使う話し言葉や書き言葉）のリクエストに対して自然文や画像などを生成して回答する生成AIに注目が高まっています。生成AIはすでにインターネット検索エンジンに統合され、検索語句に対して自然文で検索結果を返答するなど活用の幅が拡大し、私たちの日常にも浸透しつつあります。

2022年11月に公開されたChatGPTは、分野によっては人間の作文と遜色ない文章を生成でき、昨今の生成AIブームの火つけ役となりました。アクセス解析会社のブログ[1]によれば、ChatGPTの公開以降、ChatGPTおよび類似サービスへのアクセス数は急激に増加し、史上最速[2]で利用者数が1億人に到達したことも話題になりました。

図 1-01-1　ChatGPTと類似サイトへのアクセス数推移

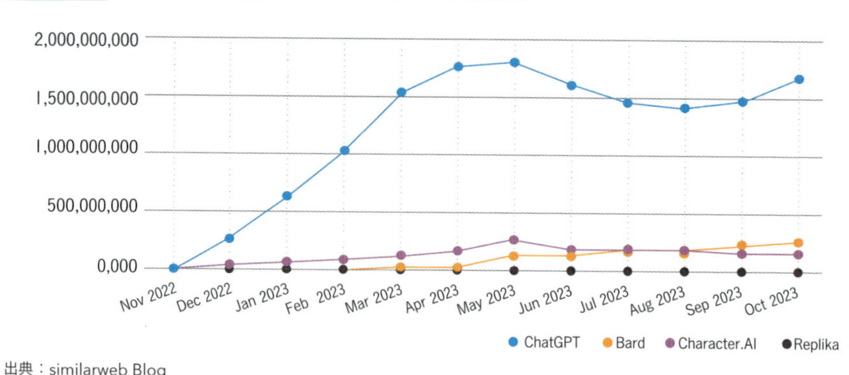

出典：similarweb Blog

[1] similarweb Blog（https://www.similarweb.com/blog/insights/ai-news/chatgpt-birthday/）
[2] 2023年7月に、X（旧Twitter）の対抗サービスとして登場したThreadsがサービス提供開始からわずか5日で利用者数1億人を突破してChatGPTの最速記録が更新されました。

順調に利用者数を伸ばしたChatGPTですが、2023年6月には月単位利用者数が初めて減少に転じました。公開から数か月経ち、生成される文章に誤情報が含まれるといった問題が顕在化したことでChatGPT離れが起きたという主張もありますが、学校の宿題を解くためにChatGPTを利用していた米国の小学生が夏休みに入った影響という説が有力とみられています。その後利用者数は回復し、執筆時点でも世界で有数のアクセス数[3]を維持しており、多くの人が利用していることがわかります。

自治体や民間企業でも、生成AIサービスの活用が進んでいます[4]。宮崎県都城市では、市の独自情報を生成AIと連携させて回答を生成する「自治体独自AI」の実証実験を全国に先駆けて実施しています[5]。埼玉県戸田市では、ChatGPTの調査研究チームを設置して業務効率化の検討を進め、2023年10月に「自治体におけるChatGPT等の生成AI活用ガイド」[6]を成果物として公開しています。

画像生成AIの商用利用も進む

画像分野においても生成AIの利用が進んでいます。2021年8月にはハリウッドスターのディープフェイク（deepfake）を用いて作成されたCM動画[7]が公開されました。

この動画には、ハリウッド俳優のBruce Willis氏[8]の肖像を学習して生み出されたdeepfakeが使用されており、ロシアの通信企業であるMegafon社

!

[3]similarweb社のランキングによれば、2023年11月におけるChatGPTへの月間アクセス数は約17億であり、世界19位でした。2024年9月時点では20億を超えるアクセスを記録しています。最新のランキングは出典元でご確認ください。出典：https://www.similarweb.com/ja/top-websites/

[4]パナソニックコネクト社では、日本の大企業としては早い段階で、ChatGPTをベースとしたAIアシスタントサービス「ConnectAI」を社内イントラに実装し、社員が社内情報についてAIに質問を行える環境を整備し話題になりました。一方で、社外への情報流出を懸念してChatGPTの業務利用に慎重な企業も存在します。

[5]都城市では、LGWAN（行政機関専用のネットワーク）環境上に、市のさまざまなマニュアル等を登録してChatGPTと連携するシステム「自治体AI zevo（ゼヴォ）」を構築し、市の職員向けに統合FAQシステムを提供しています。出典：https://prtimes.jp/main/html/rd/p/000000085.000056138.html

[6]ChatGPTの業務利用の事例や工夫が平易に紹介されているため、業務利用を検討される際の参考資料としてお勧めです。参考：https://www.city.toda.saitama.jp/uploaded/attachment/62855.pdf

[7]参考：https://www.youtube.com/watch?v=XSUQwwOm3G4

[8]映画"Die Hard"（1988年）、"The Fifth Element"（1997年）、等に出演。上記のCM動画には、これらの出演映画を学習したdeepfakeが使用されており、当時のWillis氏の外見が再現されています。参考：https://www.bbc.com/news/technology-63106024

の広告に使用されました。同氏は失語症を患い2022年に俳優業の引退を公表していますが、CM公開当時は同氏が自身のdeepfakeを作成する権利を（将来分に渡って）売却したとのニュースが流れ、同氏の体調不良の噂と相まって「本人は引退してしまうけれども、deepfakeを使えば新作映画や広告などに出演し続けられるじゃないか！」と話題になりました。後日、売却の事実はないと同氏の代理人により否定されていますが、このCMのように、単発契約でdeepfakeを作成する可能性はあるとのことです。

このCM動画はWillis氏側の許諾を得て製作されましたが、このように本人の精巧なコピーを生成して自由に演技させる以外にも、実際の俳優の演技をAIで修正したり、実写と見分けがつかないモブ役（エキストラ）を生成して演技させたりすることが技術的に可能です。そうなるとこれまでエキストラ役で雇われていた人たちの仕事が奪われてしまうということから、2023年にはAI使用の制限を求めてハリウッドで大規模なストライキが発生しました。これほどまでに精巧な動画を生成できるようになった昨今では、生成AI技術を悪用して虚偽の情報を流布する事件も社会問題として顕在化しています。

画像から文章を生成するAIも社会実装へ

画像から文章を生成するロービジョン[9]向けのサービスに生成AIを導入する試みが行われています。たとえば、スマートフォンのカメラで撮影した周囲の環境に関する情報を音声で伝え、ロービジョンがより自立して生活できるように支援するGoogle製のアプリケーション"Lookout"があります[10]。同アプリケーションは2019年に公開されましたが、2023年9月には、読み取った写真の説明文を生成して読み上げる"Image Q&A"機能が追加されています。写真に写った物体や文字を認識して、その物体に関する情報や訳出を提供するアプリケーション（"Google Lens"など）は従来からありましたが、

[9] 英語では "Blind or Low Vision (BLV)" とも表現され、直訳すると「全盲ないし低視覚」となります。年齢による視覚機能の低下も含まれるため、ここでは「見えにくさのため、生活に何らかの支障を来している人」の意を込め、視覚障がい者ではなくロービジョンと表現しました。

[10] 同様なサービスに、デンマークの "Be My Eyes" 社の "Be My AI" が挙げられます。こちらは生成 AI として ChatGPT 4 が使用されています。日本でも Beta 版が利用可能であり、YouTube などで使用場面を視聴できます。

対象物だけではなく周囲の様子を含めて写実的に提供できる点が特徴です。生成された説明文に対して繰り返し質問を行うことも可能なため、写真の細部まで把握できるようになっています。

図 1-01-2 Google Lookoutのイメージ

何が見えますか？
オートバイが1台停まっています。
そのオートバイには
誰か乗っていますか？
いいえ、誰も乗っていません。

幅広いデータを扱える生成AIの中身

上述した文章や映像に留まらず、数秒の音声データから人の声を忠実に再現するAIや、曲の雰囲気を入力すれば作詞作曲を行うAIが公開されるなど、昨今の生成AIが扱うデータは多岐にわたります。これらの生成AIは、文章や画像を“無”から生成しているわけではありません。**生成AIは何かしらの方法で文章や画像といったデータを解析して意味づけを行い、データの特徴を事前に学習したうえで、利用者が求める情報（文章や画像、音声など）を生成している**のです。

昨今の生成AIは言語モデル[11]を基本とし、そこに画像モデルを組み合わせることで文章から画像を生成したり、音声モデルを組み合わせることで音

!

[11] 言語モデルとは、与えられた文章を解釈したり、その続きに相応しい文章や単語を予測する仕組みであり、機械学習モデルの1つです。モデルとは、このように与えられたデータに対して出力結果を返す仕組みであり、その中でも機械的に仕組みを学習したものが機械学習モデルと呼ばれます。この機械学習モデルについては第2章で説明します。

声を生成したりします。このように、別々の性質の情報（モダリティ）を同時に扱うAIをマルチモーダルAIと表現します。本書では昨今の生成AIの基本となる言語モデル、そして画像などの別のモダリティを、どのように組み合わせているのかということに注目します。

生成AIがどのようにデータを学習し、生成を行うのかを理解することで、より効果的な活用が可能となるでしょう。仕組みを理解することで、生成AIを利用する際に生じる課題や制約を正確に把握できるようになります。本書を通じて、人間と生成AIとの「最適な付き合い方」を知るヒントを得ていきましょう。

MEMO　ディープフェイク(deepfake)

ある人物の顔や音声などを、著名人等の別人のものに置き換えたコンテンツのことで、すでに聞き馴染みがある人も多いかもしれません。2017年にインターネット上の掲示板に"deepfakes"というアカウントのユーザーが機械学習アルゴリズムで作成したポルノを投稿し、以降deepfakeという言葉は広く使用されるようになりました。"Oxford English Dictionary"という英語辞書がありますが、deepfakeが単語として同辞書に掲載されたのは2023年3月。生成AIの進化によって単語が創出されたことを考えると感慨深いですね。
ちなみに、虚偽情報を指す"fake news"という単語は19世紀後半から存在していたようですが、D.Trump元大統領がメディアに対して発言したことを端に、2016年以降に広く使用されるようになったそうです。偽物を表す"fake"という単語が広く使用されるようになったのも18世紀後半とのことで、それ以前は虚偽情報を"false news"などと表記していたそうです（参考：https://www.merriam-webster.com/wordplay/the-real-story-of-fake-news）。

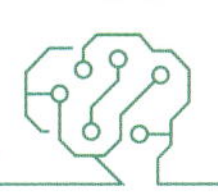

02 生成AIの種類と、文章生成AIと画像生成AIの関係

活用範囲が拡大し、時には社会現象をも引き起こす生成AIですが、文章や画像を生成するだけではなく、動画、音声（歌）、3次元の点群データなどを生成するAIも登場しています。主な生成AIを下表にまとめました。

図 1-02-1 主な生成 AI サービス（モデルのバージョンは省略しています）

生成対象	主なサービス	主な開発元	使用モデル
文章 *1	ChatGPT	OpenAI, Inc.	GPT
文章 *1	Gemini (Bard) *2	Alphabet Inc. *3	PaLM
文章	LlamaChat	Meta Platforms, Inc. *4	Llama*5
画像	ChatGPT Plus	OpenAI, Inc.	DALL-E、GPT
画像	Stable Diffusion	Stability AI, Ltd.	BigGAN、Imagen、等
動画	AnimateDiff	Alphabet Inc.	(Stable Diffusionの拡張*6)
音声 *7	VALL-E	Microsoft Corporation	拡散モデル
音声 *7	Stable Audio	Stability AI, Ltd.	拡散モデル
点群	Point-E	OpenAI, Inc.	拡散モデル

*1 GPT-4やGeminiでは画像を認識する機能が導入され、文章生成AIの括りとはいえなくなりつつあります。OpenAI社はGPT-4を"a large multimodal model"と称しています。出典：https://openai.com/research/gpt-4

*2 BardはGeminiの旧称です。"Gemini"は英語的な発音は[ˈdʒem.ɪ.naɪ](ジェミナイ）となりますが、日本では「じぇみに」と読むのが一般的です。

*3 Googleの親会社です。

*4 旧Facebook, Inc.で、2021年に社名変更されました。

*5 Llamaおよび後継のLlama2はいずれもコードが公開されていますが、Llama2はMeta社からモデルのパラメータも公開され、商用利用可能になりました。

*6 AnimateDiffは、Stable Diffusionを基本とし、数百万本の動画を学習させた"Motion module"を適用することで、文章プロンプトから動画を生成します。

*7 音声合成（Text to Speech）とも。従来から自動読み上げソフトといった文章を音声に変換する技術は存在しますが、今までは声の波形を操作して音声を合成する方式が一般的でした。VALL-Eは、言語モデルと、音色、声の高さ、イントネーションなどの要素を組み合わせて学習した"a neural codec language model"を用いており、テキストの意味を正確に理解して自然な音声を生成することができます。
出典：https://doi.org/10.48550/arXiv.2301.02111

ChatGPTやBardなどのWebサービスでは、ブラウザ上に表示される入力画面にメッセージ（プロンプト）を入力して送信ボタンをクリックすると結果が出力されます。この一連の処理は、Webページを通じてクラウド上にある生成AIを呼び出すことで実現しています。文章生成AIを利用するには大容量のメモリと高負荷な計算が必要になることから、個人のPC上ではなくクラウド上のサービスが使用される場合が多いです。中には比較的処理が軽量で個人で利用可能なライセンス下で配布されているモデルもありますが、これらのモデルについては第5章で紹介します。

図 1-02-2 Geminiの入出力イメージ

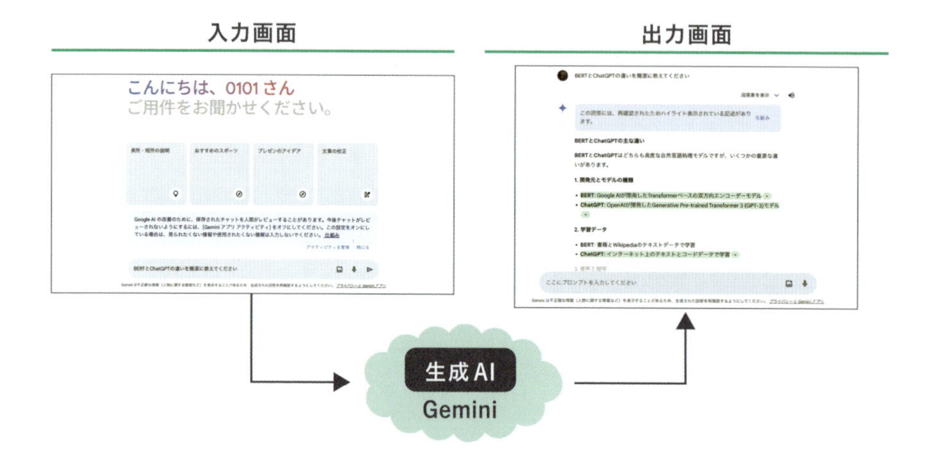

画像を生成するStable Diffusionには、さまざまな画像で学習された複数のモデルが公開[12]されており、GPUが搭載されているパソコン上で動作させることも可能です。今回は次のようなプロンプト[13]を用いて、異なる3種類のモデルに画像を生成させてみました。

- **"Bright spring day with pink cherry blossoms. A girl with large cherry blossom as glasses, petals like sunglasses around the eyes. Pink petals dancing in the wind for a dynamic touch."**
  （意訳：桜が咲く明るい春の日に、大きな桜の花びらのようなサングラスを掛けた少女を、花びらが風に舞うダイナミックなタッチで描いてください）

[12] モデルの配布サイトとしては、"Hugging Face"（https://huggingface.co/）や "Civitai"（https://civitai.com/）が有名です。
[13] 日本語のプロンプトも使用できますが、英語で指示したほうがよい具合の画像が生成されたため、今回は英語を使用しました。

同一のプロンプトを与えたのにも関わらず、モデルを変更することによって（a）油彩風の画像を生成したり、（b）液体が弾けるような透明感のある写実的な画像を生成したり、（c）アニメ風の画像を生成したりできます[14]。

図 1-02-3 Stable Diffusion で生成した画像

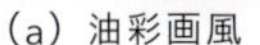
（a）油彩画風

（b）写実画風

（C）アニメ画風

文章生成AIと画像生成AIとは、お互いに関係ないようにも思えますが、よく考えると画像を生成させる際にプロンプトとして文章を入力しています。このことから、少なくとも画像を生成する際に文章を解析して理解し、それに対応する画像を（事前に学習した記憶を頼りに[15]）生成する能力を持っていると考えられます。

このように昨今の生成AIにおいては自然言語がインターフェースとして用いられており、この自然言語を扱う**大規模言語モデル（LLM; Large Language Model）**が重要な役割を果たしています。大規模言語モデルは文章を理解し、次の単語を繰り返し予測することによって文章を生成するほか、翻訳、要約、返答文生成などさまざまなタスクを実行可能です。この文章を理解するという能力を活用し、人間の意図や指示を理解して文章や画像、音楽などのデータを生成したり、逆にデータから自然文を生成したりして人間に意図を説明できるのです。

たとえば、先ほどの（a）油彩風の画像をAIに説明させると、次のような

[14] この例では、"SD XLv1.0 VAE fix" というモデルを基本として、画風を変更するために (a) Sacred Oil Painting Style、(b) Liquid Flow Style [LoRA 1.5+SDXL]、(c) Anime SDXL (OPTION ONE)、という追加学習モデル（LoRA）をそれぞれ使用しています。

[15] 生成 AI といっても、学習していないモノを完全に無から生み出すことは困難です。事前に「この画像には桜が描かれている」「この画像にはサングラスが映っている」「この色はピンク」といった具合で大量の学習が行われているため、先ほどのような絵を生み出せる、と考えられます。

文章が生成されます[16]。

> この絵は、春の桜の花の下で楽しげに過ごす女性を描いたものです。女性はピンクのサングラスをかけていて、これが大きな桜の花びらのように見えます。彼女の服装は和服を思わせるピンク色のガーメントで、風になびく桜の花びらと調和しています。彼女の表情は明るく生き生きとしており、春の訪れとその美しさを満喫している様子が伝わってきます。

大規模言語モデルはTransformerという技術の登場によって飛躍的に性能が向上し、昨今の生成AIにおいてデファクトスタンダードとなっています。この能力をどのように獲得したかという点をTransformerという技術に着目して簡単に説明します。

生成AIの基本はTransformer

Transformerは2017年に登場した大規模言語モデルのアーキテクチャ（基本構造）であり、昨今の生成AIにとって重要な技術です。登場以来、学術界に留まらず産業界においても幅広い自然言語処理に取り組むためのデファクトスタンダードとなっています。このTransformerは、2015年に提唱されたAttentionと呼ばれる機構を用いており、同じデータ系内にある隔てられたデータ要素間の微妙な相互影響や相互依存関係を見つけ出す能力に長けています。入力されたデータの異なる部分に、異なる重要度を自動的に割り当てる能力なのですが、端的にいえば、モデル自体がデータ（文章や画像など）の特徴を自ら抽出して、自ら学ぶようなイメージです。

たとえば、皆さんが次の文章を読む場面を想像してみてください。

> Bardは2023年10月に更新され、日本語で画像のアップロードに対応した。その後2024年2月にGeminiという名称になった

[16]この説明文の生成にはChatGPT 4を用いました。ちなみにGoogle Bardでは人物が映っている画像は扱えない旨の返答があり、Google社がAI倫理を慎重に運用している姿勢が伺えます（2024年9月時点において、Bardの後身であるGeminiでも同様の結果となりました）。

本書をここまで読んでいれば、上記の文章を読めば「Bardは文章生成するAIだったな、画像も読み込むことができるのだな」といった具合に、今まで読了した記憶を頼りに文章を理解できると思います。もう1つの具体例として、次の文章を考えます。

```
The Bard wrote many iconic poems.
```
（意訳：Bardは多くの象徴的な詩を書いた）

本書の文脈を鑑みると、文章生成AIのBardが多くの象徴的な詩を生成したのだろう、と解釈されることになると思います。一方で"bard"という英単語自体は詩人を表し、"The Bard"と表記すると、代表的な詩人であるW. Shakespeare（シェイクスピア）を指すことがあるので、この文章だけを切り取るとシェイクスピアに関する言及とも解釈できます。また、英語の場合だと定冠詞（"the"）がつく名詞の多くは文脈から特定可能であるため、この文章が別の詩人について述べている書籍において登場した際には、"The Bard"はその詩人を指すと解釈することになります。

上記の一連の文章中でも、「**この**文章」「**その**詩人」という指示語が用いられていますが、それぞれが何を示すのか解釈に迷うことはなかったのではないでしょうか。皆さんの頭の中では、読み取った文章に基づいて「この文章」が何を示すのか、「その詩人」が誰を指しているのかについて、文脈から類推して補って理解を進めているのです。

このように、文章という連続した情報の中から、離れた位置にある特徴的な要素の大局的な関係を解釈する機構がAttentionであり、この能力に長けたモデルがTransformerです。

図 1-02-4 離れた位置にある情報の関係性を把握するイメージ

この大局的な関係性を捉えるという能力を応用して、画像や音声といった別種のデータ形態に対してもTransformerが応用されています。2023年6月に公開されたサーベイ論文[17]によれば、近年提案されたTransformerモデルの40%が自然言語処理、31%が画像処理、15%が文章や画像などを組み合わせて処理するマルチモーダル、11%が音声、残り4%が信号処理に関するものであったとのことです。いずれのモデルにおいても、文章や画像などのデータから特徴を抽出してTransformerに学習させることで、データを理解して生成するという能力を獲得しています。

データから特徴を抽出する手法として、たとえば文章の場合はトークナイズ（tokenize）と呼ばれる手法があり、画像の場合は畳み込みと呼ばれる手法があります。

トークナイズとは、文章を構成する単位であるトークンに文章を分割することです。国語の授業で扱った文節に分けるイメージが近いかもしれません。本書の第3章で扱います。

畳み込みとは、画像の輪郭や色味といった特徴を抽出することで、本書の第6章で扱います。

たとえば、「このコーヒーは我ながら上出来だ」という文章を、人間が読

[17] サーベイ論文とは、特定のテーマに関する既存研究を体系的にまとめた論文のことです。ここで紹介する論文は、Transformerを利用したモデルに対する包括的な論文で、2017年から2022年までに提案された650以上のモデルについて述べられています。参考：https://doi.org/10.48550/arXiv.2306.07303

んだときと同様にいくつかの要素に分割します[18]。このトークナイズ作業のあとに得られた「この／コーヒー／は／我／ながら／上出来／だ」という構成要素を学習に用います。要素ごとに分解すると、「コーヒー」「上出来」といった、当該文章中の重要と思われる特徴語句をモデルに学習させられます。このように大量の文章を学習させることで言語モデルが作り上げられます（詳細は第3章）。さらに、この文章に対して「うれしい」というラベルをつけて学習させることにより、この文章には「うれしい」という感情が含まれていることを学習できます。文章に感情などの属性を付与して学習させることにより、言語モデルは、文章の意味だけでなく、感情や意図なども理解できるようになります。

同様に、コーヒーカップの写真から、畳み込みという処理を用いると特徴を抽出できます（詳細は第6章）。抽出された特徴を人間が直接解釈することは難しいですが、抽出された「カップの輪郭」や「カップの色味」といった特徴を学習に用います。さらにこの画像に対して「コーヒーカップ」というラベルをつければ、この特徴は「コーヒーカップ」という物体を表すということをコンピューターが学習します。

図 1-02-5 文章や画像を離散化して入力するイメージ

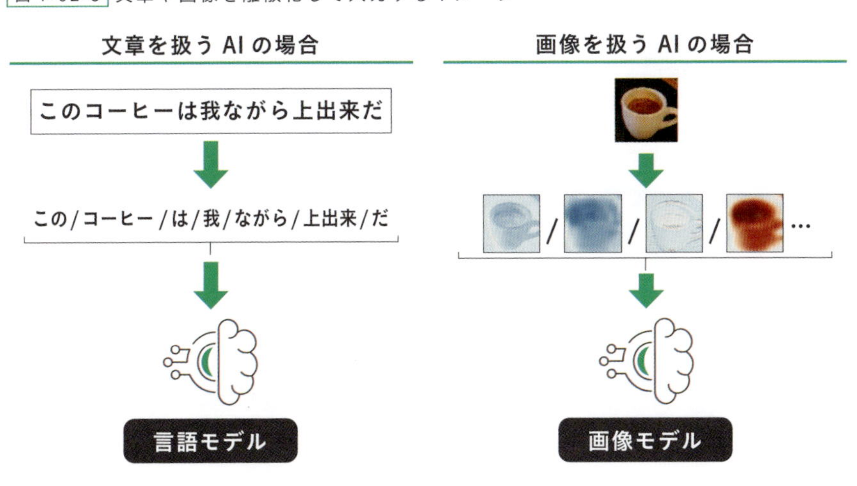

[18] 文章という連続したデータはコンピューター内で扱える形に変換する必要があります。与えられたデータを区切ったり抽象化したりして不連続なデータに変換することを離散化といいます（詳細は第3章）。画像も同様に、画素の明るさ（輝度値）といったアナログの連続情報を、所定の数段階に分けることによって離散化を行います（詳細は第5章）。

このように学習した言語モデルと画像モデルは、それぞれコーヒーについての特徴を理解しています。「このコーヒーは我ながら上出来だ」という文章と、コーヒーカップの写真を組み合わせて両者の特徴を学習することで、「この画像は上出来なコーヒーを表しているんだな」と文章と画像の関係性を学習していきます。このように学習を行うことで、文章を見ただけで対応する画像を特定したり、画像を見て対応する文章を特定したりできるようになります。文章や画像を生成するには、データの特徴をモデルが理解しておく必要があり、どのようにデータを解析して特徴を抽出するかという点に工夫があります。

生成AIはデータを数字の羅列で捉えて学習している

あらゆる機械学習モデルは、文章や画像といったデータから特徴を抽出して学習を行います。生成AIモデルの中身は複雑で、人知の及ばない部分も多分にありますが、要はアルゴリズムの組み合わせによって機能する人工知能です。モデルでは、文章や画像は内部的には数字で表現されていて、何らかの規則（ここが複雑なのですが）によってこれらの潜在表現[19]を獲得し、所望のデータを生成するために必要な事前学習を行っています。

文章や画像をどのように数字表現に変換するかについては別章で述べますが、ここでは3つの単語の潜在表現を例示します（図1-02-6）。各単語を200個の数字（200次元）に変換[20]し、縦10個、横20個に並べて、数字の大小で色づけを行ったものです。この例では、(a) コーヒーと (b) お茶は色合いが近しい一方で、(c) 上出来という単語は傾向が異なっています。前者2単語はともに飲料を表し、後者は学問を表しますから、両者の傾向が違うというのは我々の感覚とも一致しているかと思います。

文章であっても同様に変換可能であり、文章を数字表現として捉えることで、文章が持つ意味合いを表せるのです。

[19]潜在表現 (Latent Representation) とは、入力された文章や画像などのデータから本質的な特徴を抽出した内容であり、数字の集合であるテンソルで表現されます。内部表現 (Internal Representation) ともいわれますが、こちらはモデルがデータを処理する過程の中間的なデータ表現の意もあり、特にニューラルネットワーク内の処理過程を説明する文脈で使用することが多いかもしれません（第3章参照）。

[20]今回は日本語の Wikipedia 全文を word2vec（CBOW）モデルで学習し、各単語の潜在表現を計算しました。

このように、文章や画像などの**元データの潜在表現を獲得する機能を Encoder**と呼びます。また、この処理を逆方向に実行して**潜在表現から文章や画像といったデータを生成する機能をDecoder**と呼びます。

図 1-02-6 学習により獲得した3単語の潜在表現

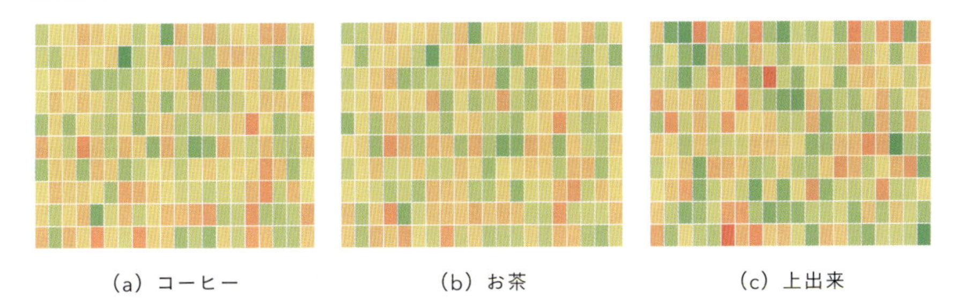

生成AIは、これらの機能を組み合わせて文章や画像といったデータの潜在表現を獲得し、その潜在表現から別のデータを生成しています。下の図1-02-7に、文章から画像を生成する生成AIの簡単な概要を図示しました。

図 1-02-7 画像生成 AI の処理イメージ

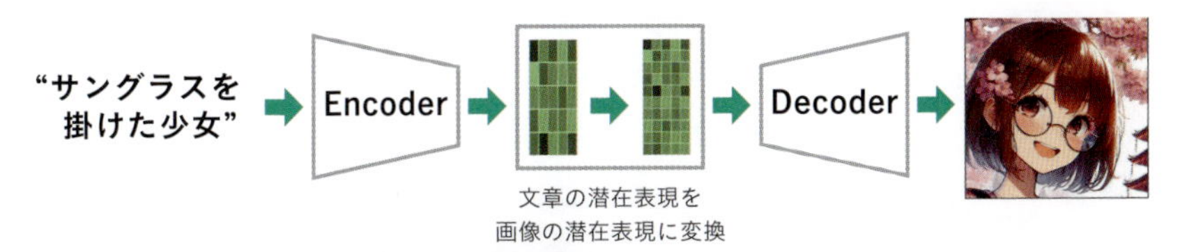

*1 Text Encoder：入力された文章から潜在表現を獲得する部分で、「サングラスをかけた少女」という文章をトークンに分割します。そのうえで、事前に学習したモデルを使用して潜在表現を計算します。
*2 Image Genarator：文章の潜在表現から画像を生成する部分です。文章と画像とを紐づけることができるモデル（CLIPなど）を利用して文章の潜在表現から画像の潜在表現に変換を行い、画像生成モデル（VAE、GANなど。第8章参照）を使用して画像を生成します。

図1-02-7に示したText Encoderと、Image Generatorの組み合わせは多く提案されており、役割がオーバーラップする組み合わせや、Decoderという表現を使わないモデルも含まれるため、あくまでもイメージとなります。重要なのは、入力されたデータから潜在表現を経由して目的のモダリティの

データを生成するという点です。たとえば、文章から音声を生成する音声生成AIは、図中のImage Generatorを音声データを生成するモデルに変えることで実現できます。画像を入力として潜在表現に変換して、その潜在表現から文章を生成するようにモデルを組み合わせれば、先に紹介した"Google Lookout"のように画像を説明する生成AIを作成できます。

このように、文章や画像といったモダリティから潜在表現を行き来するには、人間の赤子が言語を習得するのと同様に、事前に多量の学習を行う必要があります。このように事前に学習を行ったモデルを**基盤モデル (Foundation model)**[21]と呼びます。

MEMO 大規模言語モデルと人間の脳は同じ構造?

人間の脳が単語や文章、文脈といった言語を理解する仕組みも完全に解明されていませんが、大規模言語モデルの構造は、人間の脳に似ていると考えられています。2023年にコペンハーゲン大学の研究者らによって発表された論文（https://doi.org/10.48550/arXiv.2306.01930）によれば、人間の脳神経反応をfMRI（functional Magnetic Resonance Imaging、脳内の血流や酸素濃度の変化を検出することで神経細胞の活発性を可視化する手法）を用いて分析したところ、特定の単語やフレーズの言語処理（リスニングやリーディング）を行った際の脳の活性化領域に幾何的な関係があり、言語モデルの規模が大きくなるにつれて、人間の脳の反応構造に類似するとのことです。言語モデルがさらに強力になり、人間に近い表現を生成できるようになれば、人間の言語理解の研究や、言語障害の治療法開発など、さまざまな分野で大きな影響を与える可能性がありそうです。

基盤モデルとは?

基盤モデルのイメージをGPTとChatGPTを用いて説明します。皆さんがブラウザ上から操作できるチャットアプリケーションであるChatGPTには、

[21]スタンフォード大学に所属する研究者らで構成されるHAI（Stanford Human-Centered AI Institute）が2021年に提唱したコンセプトで、論文中では"...trained on broad data at scale and are adaptable to a wide range of downstream tasks..."と紹介されています。GPT以外の基盤モデルとして、BERT（Googleが発表した言語モデル）、DALL-E（OpenAI社の画像生成モデル）が例示されています。出典：https://doi.org/10.48550/arXiv.2108.07258

GPTと呼ばれる事前学習済みのTransformerが用いられています。GPTはGenerative Pretrained Transformerの略で、Transfomerで大量の文章[22]を事前学習することで、文章中にある情報を潜在表現として把握する能力や、潜在表現から文章を生成する能力といった、さまざまな言語能力を獲得しました。他方で、このような大規模言語モデルは、事実と異なる情報、有害な情報、あるいはユーザーにとって役に立たない情報を出力することがあり、人間が期待する結果とは異なる場合があるという問題（アラインメント問題）[23]がありました。

このGPTに対して、人間好みの回答を出力できるようにファインチューニングを行って、人間と会話するタスクに特化したモデルがChatGPTとなります。

この例では、大規模学習を行ったGPTが基盤モデルとなり、ChatGPTは下流タスクに特化したモデルであると説明できます。

画像や音声といった別のモダリティのデータについても、同様に学習することで各モダリティに特化した基盤モデルを構築でき、幅広い下流タスクに応用できるのです。図1-02-8[24]では、基盤モデルがさまざまなモダリティのデータを共通の潜在表現空間に埋め込んでいる様を表しています。この共通の潜在表現空間内では、モダリティの垣根を越えて概念を関連づけられます。たとえば、「２」や「４」が描かれた画像を対比したり類比させることによって、違う概念なのか同じ概念なのかを識別するタスクを実行できます。また、画像と言語は別のモダリティですが、「４」と「Four」は同じもの、「９」と「六」は別のもの、といった具合に識別できます。

[22]GPT-3の場合、約45TB（テラバイト）のテキストデータが学習に使用されています（出典：https://doi.org/10.48550/arXiv.2005.14165）。より新しいGPT-4の学習データは非公開ですが、より多くのデータを学習していると考えられています。
[23]OpenAI社が2022年に公開した論文では、モデルを大規模化してもユーザーの意図に必ずしも沿うわけではない（"... these models are not aligned with their users."）と述べられており、RLHFによるモデルのファインチューニング手法が提案されています（詳細は第2章第1節）。
[24]基盤モデルに関する論文"On the Opportunities and Risks of Foundation Models"（https://doi.org/10.48550/arXiv.2108.07258）中の図表を筆者が加工したものです。

図 1-02-8 基盤モデルがモダリティを問わず種々のタスクを実行するイメージ

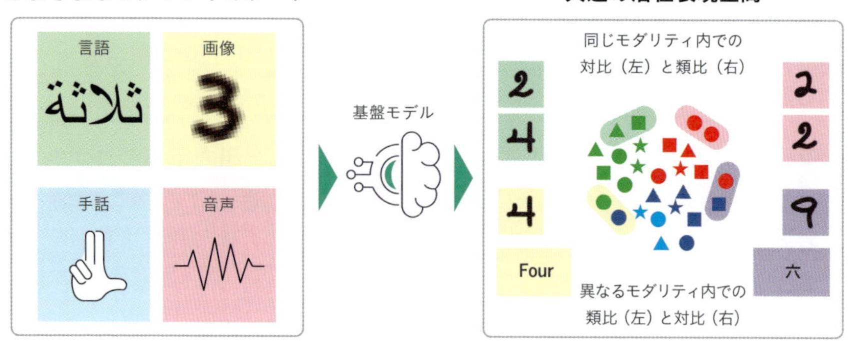

昨今の画像生成AIには、CLIP[25]という技術が用いられています。CLIPは言語と画像を関連づけて処理する手法で、ある画像と、その画像に対する説明文の言語表現とを紐づけて大量に学習することで、画像表現と言語表現との間を行き来できます。こちらも基盤モデルの1つに数えられます。大規模言語モデルが持つ幅広い概念（潜在表現空間）と画像を関連づけることによって「馬に乗った宇宙飛行士」などの非現実的な概念をも理解して画像を生成できるようになりました。

また、離散化した特徴量や、一見ノイズにしか見えないような画像から（人間が見ると）意味のある画像を生成するVAE、GAN、Diffusionモデルは、文章から画像を生成するAIにとっては重要な技術となっています（詳細は第8章）。

ここではひとまず、「生成AIは機械学習モデルの一種である」「入力されたデータから特徴を把握する能力に長けた機械学習モデルであるTransformerが基礎になっている」「文章や画像を解析して得られた特徴量を使って学習している」というイメージを持っていただければと思います。

[25] Contrastive Language-Image Pre-trainingの略で、2021年にOpenAI社が発表した手法です。原論文では、インターネット上で収集した4億ペア（画像と、その画像を説明する文章）のデータセットに対して学習を行っています。参考：https://doi.org/10.48550/arXiv.2103.00020

図 1-02-9 Transformerが生成AIの基本技術になるイメージ

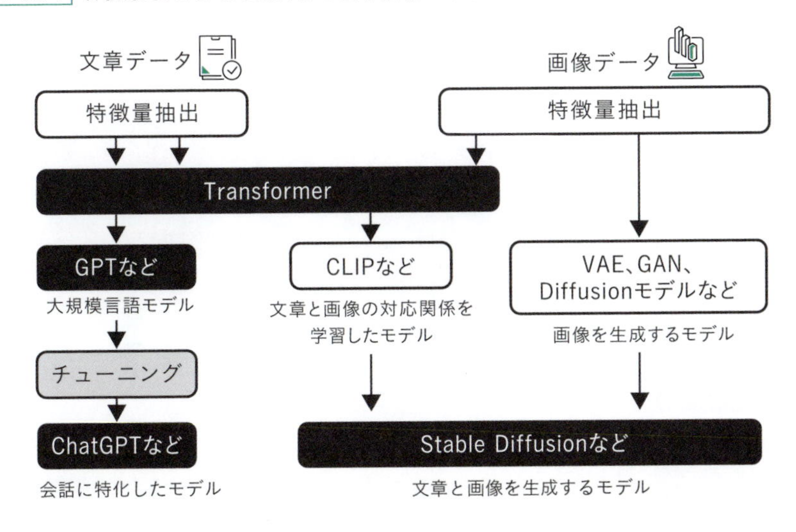

各章のつながり

ここまで読み進めていた中でも、馴染みがない単語や概念があったかもしれません。そもそも機械学習モデルとは何なのか、AIがどのように学習を行うかについて、本書では非エンジニアでも直感的に理解しやすいように記述します。

次ページの図1-02-10に示したようにまずは基本知識として、Transformerのイメージをつかむうえで基本となる機械学習モデルについて第2章で説明します。ここでは、数字を予測する単純な線形モデル、ゼロ／イチを予測するロジスティック回帰モデル、ニューラルネットワークについて扱います。

図1-02-10 各章のつながり

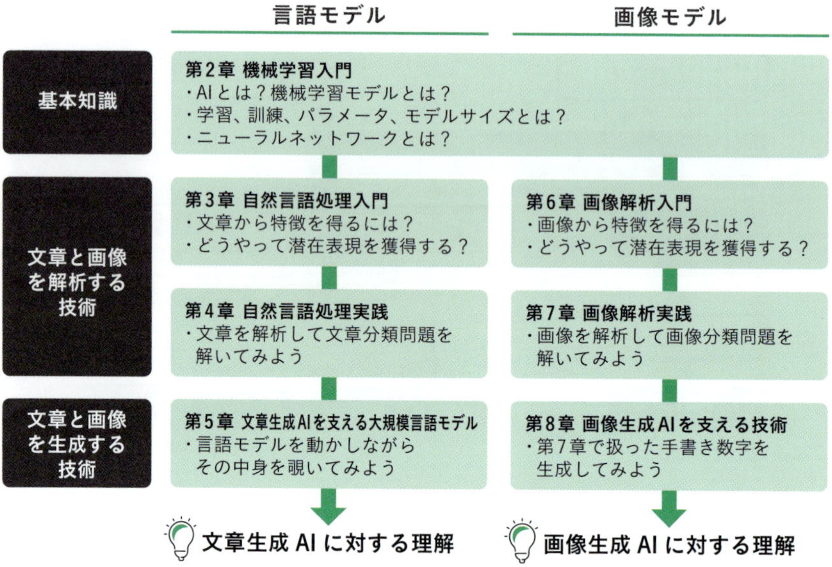

言語モデル
画像モデル

基本知識

第2章 機械学習入門
・AIとは？機械学習モデルとは？
・学習、訓練、パラメータ、モデルサイズとは？
・ニューラルネットワークとは？

文章と画像を解析する技術

第3章 自然言語処理入門
・文章から特徴を得るには？
・どうやって潜在表現を獲得する？

第4章 自然言語処理実践
・文章を解析して文章分類問題を解いてみよう

第6章 画像解析入門
・画像から特徴を得るには？
・どうやって潜在表現を獲得する？

第7章 画像解析実践
・画像を解析して画像分類問題を解いてみよう

文章と画像を生成する技術

第5章 文章生成AIを支える大規模言語モデル
・言語モデルを動かしながらその中身を覗いてみよう

第8章 画像生成AIを支える技術
・第7章で扱った手書き数字を生成してみよう

文章生成AIに対する理解
画像生成AIに対する理解

これらの「数字を扱う」モデルについて理解を深めると、「自然言語や画像を扱う」にはどうすればよいのか、という疑問が生じると思います。どのように離散化を行って潜在表現を得るかという点について、自然言語については第3章、画像については第6章で、それぞれ解説します。文章や画像をモデルに投入するイメージがつかめたところで、文章や画像データを解析する実例として分類問題を第4章と第7章でそれぞれ紹介し、実際にPythonを使ったコードを実行して理解を深めるパートを用意しています。最後に、得られた潜在表現から文章や画像を生成する技術について、第5章と第8章で説明します。

本書を読了することで、文章生成AIと、画像生成AIに対する理解を深めていきましょう。

第 2 章

機械学習入門

01

生成AIと機械学習モデルの関係

第1章では、生成AIの背景にはTransformerという機械学習モデルがあると述べました。第2章ではそれを踏まえて、生成AIの基礎となるディープラーニングまで理解を深めていきます。図2-01-1に大まかな関係を図示したので、この図を参照しつつ本文を読み進めてください。

図2-01-1 人工知能と生成AIの関係

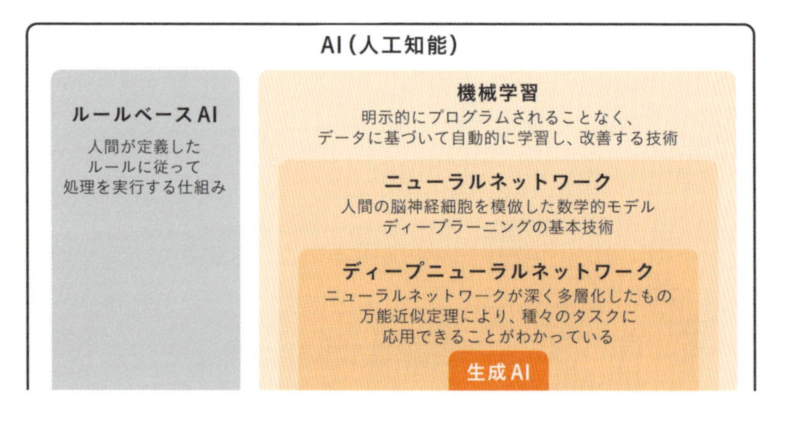

AI（Artificial Intelligence）とは?

昨今はAIという言葉が汎用的になり、非常に広範囲なサービスや仕組みにその言葉が冠されています。2023年には「AIを使ってオンラインストアの売り上げを増やす」という根拠のない謳い文句で消費者に損害を与えたとして、このサービスを提供する会社が米国連邦取引委員会に提訴される[1]な

!

[1] 消費者に与えた損失額は2,200万ドルとのこと。訴状によると被告企業は「AIやChatGPTのようなツールを使って、月1万ドル以上稼ぐ!」等と案内しており、日本でもありそうな広告という印象でした（事件番号3:23-cv-01444、"Federal Trade Commission v. Automators LLC"）。

ど、行き過ぎたAI表示[2]に対する規制も強まっています。なお、同委員会は日本における公正取引委員会に相当し、同訴訟はAI関連の虚偽表示に関する同委員会初の個別案件となりました。

文献を見渡すとAIはさまざまに定義され、時には非常に広い意味を持つことがあります。AIという言葉の定義が立場により不明確[3]である以上、AIに関する概念を理解することは（先ほどのような詐欺まがいの案件に引っかからないためにも）機械学習やディープラーニングを理解するうえでも重要となるため、少し範囲を広げて説明します。

そもそもAIは、1965年のダートマス会議で用いられるようになった言葉です。この会議ではAIの研究の方向性や目標が議論され、AIの研究が本格的に始まるきっかけとなりました[4]。ここで、AIという単語の意味合いを考慮すると、人工的（artificial）な知能（intelligence）ですから、**人間が備えているような知能を人工的に再現するもの**、と説明できそうです。昨今の生成AIの発展を鑑みると、何をもって知能と定義するかは意見が分かれるところですが、およそ次のように記述できるでしょう。

- **幅広い環境において目標を達成する（学習能力、適応能力を含む）能力**[5]

この定義を考慮すると、昨今の生成AIは一部の領域ではすでに人間の回答能力を上回っていることから、もはや知能を獲得したように思えますが、

!

[2] このように、AIを使用していないのに使用しているように見せかけることを "AI washing" と表現するメディアも現れました（出典：https://www.techopedia.com/ai-washing-everything-you-need-to-know/2/34841）。環境配慮をしているように装う "greenwashing" や、白人以外の役柄に白人俳優を配役する "whitewashing" という表現はすでに一部の英語辞書に登録されていますが、近い将来に "AI washing" も新語として広く認知されるかもしれません。

[3] たとえば日本の総務省は次のように説明しています。「AIに関する確立した定義はない（中略）あえていえば、『AI』とは、人間の思考プロセスと同じような形で動作するプログラム、あるいは人間が知的と感じる情報処理・技術（略）」（出典：令和元年版情報通信白書）

[4] 当時ダートマス大学で数学助教授だったJohn McCarthy氏が主催した世界初のAIに関する国際会議で、第1次AIブームのきっかけとなります。自然言語処理や、ニューラルネットワークに関する研究を含む7つの議題を提起し、今日も研究が継続されています。参考：https://doi.org/10.1609/aimag.v27i4.1904

[5] 人工知能研究者であるM. Hutter氏が、2007年に公開した論文 "A Collection of Definitions of Intelligence"（意訳：「知能」の定義集）では、辞書、哲学者、AI研究者らによる合計70あまりの「知能」に対する定義がまとめられています。本論文では、最終的に "Intelligence measures an agent's ability to achieve goals in a wide range of environments...Features such as the ability to learn and adapt, or to understand..." という表現を採用しており、本書ではこの意訳を紹介しました。少し古い論文ではありますが、多くの論文（2020年以降に公開された論文を含む）に引用されています。参考：https://arxiv.org/abs/0706.3639v1

「幅広い環境において」という表現がポイントです。現在のAIは種々のモダリティを扱え、幅広い環境（分野）の特定のタスクで優秀な能力を発揮します。しかし幅広い環境を跨いで人間と同様な認識能力や知的作業を実行できるわけではありません。このように環境を問わず汎用的な能力を獲得したAIはAGIと表現され、現在盛んに研究が行われています。AIのレベル感は次の３つに大別されます。

AGI（Artificial General Intelligence）

直訳すると**汎用人工知能**となり、strong AI（強いAI）、Full AIなどと表記されます。このレベルに達すると人間と同等な知的作業が可能になるため、文脈によってはHuman Level AIとも表現されます。今はAGIの実現に向けて手法を探っている段階であると考えられています。この人間と同等な能力を獲得したAGIに対して、生成AIに代表されるような特定の能力（たとえばChatGPTならば人間と対話する能力）に特化したAIを、ANIと呼びます。

ANI（Artificial Narrow Intelligence）

直訳すると**特化型人工知能**となり、weak AI（弱いAI）、Narrow AI、専門AIなどと表記されます。現在ビジネスの場面でも用いられている、音声認識、画像認識、文章生成など、特定のタスクをこなすAIを指します。**世間一般的にAIといえばANIを指す**と考えてよいでしょう。

ASI（Artificial Super Intelligence）

直訳すると**人工超知能**となり、AGIからさらに発展したAI、すなわち人間の能力を凌駕する能力を獲得したAIを指します。イメージとしては、近未来を描いたSF映画などに出てくるAIと思ってよいでしょう。現在は存在しませんが、OpenAIは2023年7月に、来るべきASIに備えて専用のチーム[6]を発足し、ASIが人類の期待とは別方向に進化しないように制御する（アラインメント問題に対応する）ために、今後4年間で20%の計算リソースを投入して

[6] OpenAI社が公開したBlogによれば、ASIは「人類が発明した中で最もインパクトがあり世界的に重要な多くの問題を解決する助けとなるだろうが、この能力は非常に危険で人類を無力化、あるいは絶滅させる可能性さえある。」と記述しています。出典：https://openai.com/blog/introducing-superalignment

取り組む旨を発表しています[7]。2024年にはMeta社も同様にAGIの構築とオープンソース化を目指して開発をする旨を発表しています[8]。

図 2-01-2 一般的なAI(ANI)とAGI、ASIの位置づけ

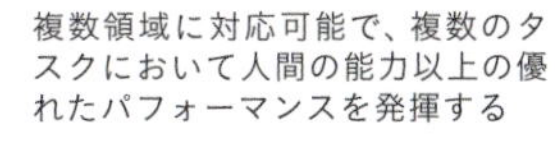
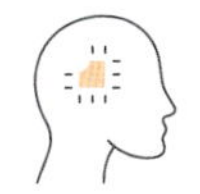

ANI
特化型人工知能
(レベル感:AI < 人間)
特定領域に特化しており、特定のタスクにおいては人間の能力を上回ることがある
・音声(認識)アシスタント
・チャットボット
など
AGI
汎用人工知能
(レベル感:人間 < AI)
複数領域に対応可能で、複数のタスクにおいて人間の能力以上の優れたパフォーマンスを発揮する
ASI
人工超知能
(レベル感:人間 <<< AI)
あらゆる領域に対応しており、未知の領域のタスクを即座に解決でき、あらゆる領域で人間の能力を上回る

ここまで述べただけでも、AIという言葉が実際にはAIではないものを指したり、まだ存在しないものを指したり、さまざまな意味を含んでいることがイメージできたかと思います。

学習、適応とは?

ここで、先ほどの知能に対する定義にあった学習とは何かについて考えましょう。人間にとって学習とは「知識、スキル、価値観などを新しく獲得すること」であり、「環境の変化に応じてこれらを更新すること」を適応といいます。ではAIにおける学習、適応とは何なのか、具体例とともに理解を深めていきたいと思います。

具体例として、来院してくる患者が何の感染症に罹患しているかを診断する場面を考えてみましょう。感染症を特定するにはさまざまな診断や検査が必要です。そこで、事前に専門医の知見を集めて臨床基準を作成することに

[7]なお、同チームは主要メンバーの退社に伴って2024年5月に解散しています。解散の背景については公式な発表はありませんが、「スーパーアラインメントチーム」を率いていたJan Leike氏の退任公表をきっかけに、チームの解散が明らかとなりました。同チームは解散したものの、同社には人工超知能による壊滅的なリスクの評価や保護を行う「プリペアドネス(preparedness)チーム」がなおも存在しています。参考:https://openai.com/index/frontier-risk-and-preparedness/

[8]出典:https://www.theverge.com/2024/1/18/24042354/mark-zuckerberg-meta-agi-reorg-interview

しました。たとえば「患者に発熱はあるか？」「細菌を含む痰を咳き出しているか？」「患者には重大な感染を示唆する皮膚や血液の所見があるか？」「胸部X線は正常か？」「痛みや炎症があるか？」などです。さらに「発熱があった場合は感染症Xが疑われる」「咳や痰に細菌が含まれる場合には、○○かどうかを確認する」といった規則（ルール）を棚卸してフローチャートのような形にまとめました。実際に診断を行う際には、このフローチャートに従って診断を行えば診断結果を得られるでしょう。このように作られたシステムとして"MYCIN"（マイシン）があり、実際に1970年代にスタンフォード大学で開発されました[9]。このシステムは人間の医師ら専門家（エキスパート）の知識を体系化して演繹的にルール化したもので、（ルールベース）エキスパートシステム[10]と呼ばれます。実際のMYCINに登録されているルールは図2-01-3のようなものなのですが、このようなルールを多量に用意する作業の大変さが想像できます。

図 2-01-3 MYCINのルール例

ルール 200

もし (IF)：
1) 細胞培養は血液上であり、かつ、
2) 有機体の染色がグラム陰性であり、かつ、
3) 有機体の形態が桿菌であり、かつ、
4) 有機体の好気性が嫌気性であり、かつ、
5) 有機体の侵入口が胃腸管 (GI) である

その場合 (THEN)：
有機体がバクテロイデスであるという強い示唆的証拠がある

このシステムはすべてのルールを人間が定義したもので、学習によってルールを獲得したわけではありません。知識を体系化する専門家[11]が感染症の専門医にインタビューして、ルールを定義する必要がありました。先の定義を鑑みると、学習をしないエキスパートシステムをAIに分類するの

[9] 本書におけるMYCINの解説は、次の2文献に基づいています。"Rule-based Expert Systems : The MYCIN Experiments of the Stanford Heuristic Programming Project" Edward H. Shortliffe,et al., 1984、"Computer-Based Medical Consultations, MYCIN" E.H. Shortliffe, 1976

[10] このMYCINは学術界では大きく取り上げられ、1977年のIJCAI（人工知能国際会議）では、このように知識体系をコンピューター内部で表現して利用する研究分野を知識工学（Knowledge Engineering）と命名し、AIの一分野を形成することになりました。

[11] このような専門家は "Knowledge Engineer" と呼ばれていました。

は難しそうです[12]が、歴史的経緯を鑑みるとAIの文脈で語られ、AIに分類する文献も多いため、本書では広義のAI(ルールベースAI)として紹介します[13]。

では、過去の診断結果を使ってルールの中身、つまり感染症を**推論する構造を自動的に作成する**ことができたらどうでしょう。たとえば、過去の診断データを分析し「XX感染症に罹患した人の特徴として、体温は35.6℃以上で年齢は30歳以上で……」という示唆が得られたとして「35.6℃以上で年齢が30歳以上ならばXX感染症と診断する」ルールを設けるといった具合です。このように、データから帰納的にルールを計算してルールを組み合わせる処理が機械学習です。人間がルールを教え込むことなく自律的に獲得する所作を「学習」と表現します。

図 2-01-4 演繹的なアプローチと、帰納的なアプローチ

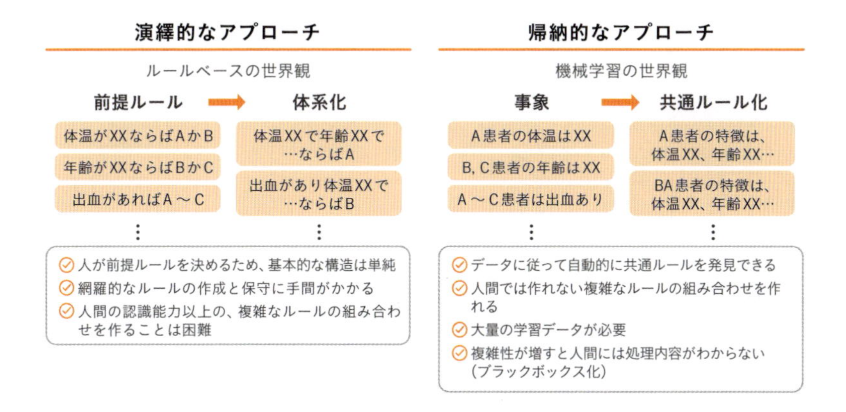

機械学習を用いる場合、学習データを与えさえすればルールを自動的に獲得します。そのため、ルールや組み合わせを教えることが手間な場合や、人間でさえも明示的なルールがわからない場合であっても、データから自動でルールを見つけ出せます。このように適応力に長けた機械学習は昨今のAIの基本技術となっています。

[12] 図 2-01-3 に記したように MYCIN の基本ルールは IF ～ THEN 構文で記述されます(IF 文は計算表ソフトの Excel などで使用したことがあるかもしれません)。MYCIN の推論機構は複雑ですが、このような人間が決めたルールベースのシステムを AI とみなしてしまうと、極端な話ですが Excel で記述した IF 文も AI になってしまい、線引きが困難になってしまいます。

[13] このようなルールベースのエキスパートシステムを AI ではないと明示的に主張する文献もあります(例:https://doi.org/10.1016/j.bushor.2018.08.004)。

図 2-01-5 ルールベースと機械学習

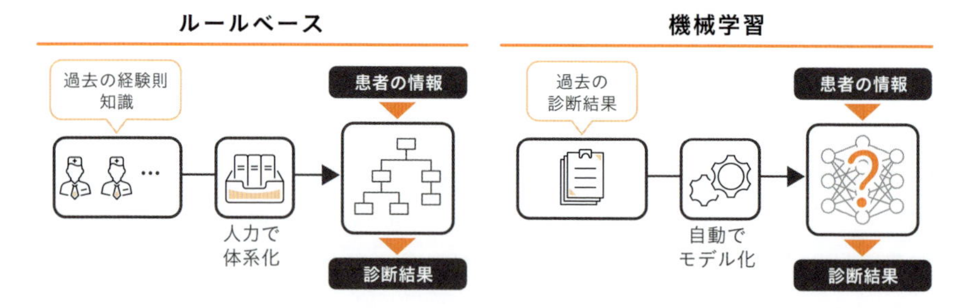

参考 "MYCIN"との「対話」例

ルールベースで動く"MYCIN"は、人間の知識を体系化したデータベース[14]を持っており、そのデータベースに入出力を行うインターフェースを通じて人間と"対話"を重ねて疾患候補を特定します。図2-01-6の例では、50回以上の人間との対話を繰り返して「細菌血症」という疾患名を出力しています[15]。

図 2-01-6 MYCIN との " 対話 " 例

患者の名前：(名字-名前)
フレッド・ブラウン
性別：
男
年齢：
55
フレッド・ブラウンに関連がありそうな培養組織はありますか？
はい
---- 培養物 I (CULTURE-I)-------
CULTURE-Iのサンプル採取場所はどこですか？
血えk(=血液)
---- 有機体 I (ORGANISM-I)-------
ORGANISM-Iの形態は？(桿菌、球菌、等)：
桿菌
フレッド・ブラウンは熱傷患者ですか？
いいえ
フレッド・ブラウンは発熱していますか？
はい
推定される感染症と関連 する有機体は次の通りです：
感染症Iは細菌血症です
- 有機体の候補-1> E.COLI
- 有機体の候補-2> KLEBSIELLA
- 有機体の候補-3> ENTEROBACTER
- 有機体の候補-4> KLEBSIELLA PNEUMONIAE

打ち間違い(typo)があった場合でも対応可能
例：「血液」と入力するつもりが「血えk」になってしまった

さらに多くの培養物・有機体に関する質問が続きます

約50〜60の質問のあと、
MYCINは診断結果を出力します

[14] システムが意思決定を行うために使用するルール、事実、ドメイン固有の知識を格納し、"Knowledge Base"とも称されます。このような仕組みを持つシステムを"Knowledge-based system"とも表現します。大局的には、ルールベースシステムの一部です。
[15] このMYCINが開発された同時期の出来事としては、初代ウォークマン発表（'79)、世界初の自動車電話サービス登場（'79)が挙げられます。このシステムが動いていたというのは驚きですね。

この対話部分だけ切り取ると、人間の誤入力にも対応する[16]など昨今のChatGPTと比べて遜色ない処理を行っているように見えます。実のところ、内部では（誤入力をも想定した）人間が作成した膨大なルールに基づいて所定の回答を提示しており、学習を重ねて対話能力を獲得したChatGPTとは異なっているのです。一方で、上記の結果だけを見ると内部はわからないので、このようなシステムをAIと呼ぶかどうかについては場面や立場により意見が分かれるでしょう。

まとめ

一般的に「AI」といわれた場合は先述したANIを指し、学習能力を実現する手法として機械学習が主として用いられている、と押さえておきましょう。結局のところ実務的には「AI = ANI = 機械学習」というざっくりした見方もできそうです。一方で将来的な展望を語る局面ではAGIなども含むと考えられるため、場面に応じた解釈が必要になる、という点も意識しましょう。

次節では、昨今のAIにおいて欠かすことができない機械学習について理解を深めていきます。

[16] MYCINには類義語辞書が登録されており、多少の表記揺れや簡単な入力ミスやスペルミスは自動的に修正できたそうです。本文中の図は日本語に合わせてtypoを表現していますが、英語の例では "blod" を "blood" に訂正する程度の能力はあったようです。

MEMO　結局AIとは何か？

あえて明示的な定義を記述しませんでしたが、本文中で引用した知能の定義も斟酌すると『「幅広い環境において目標を達成する（学習能力、適応能力を含む）能力」をコンピューター上で再現するもの』、となります。この「幅広い環境」という表現の曖昧さにより、AGIとの境界が不明瞭となっている側面があります。また、先述した"MYCIN"や、1997年に当時のチェス世界王者を倒した"Deep Blue"[17]は両者ともに各領域で人間を上回る成果を出していますが、学習により能力を獲得していない点が本定義とは異なります。

アカデミックな世界から少し離れて、OECDおよび米国法[18]による定義を見てみましょう。

"人間が定義した特定の目的に対して、現実または仮想環境に影響を与える予測、推奨、決定を行うことができる機械ベースのシステム。さまざまなレベルの自律性で動作するように設計されている。"

上記の定義は広く書かれており、自律性の度合い（すなわち学習と適応能力のレベル）は問うていません。「知能」というからには学習能力が入っているべきだ、という視点に立てばエキスパートシステムはAIから除外されるでしょうし、OECDのように定義すれば含まれる、といった具合でしょう。立法者の立場からすれば、学習の有無を問わず、示唆を生み出す機械がAIである、としておけば丸っとAIを定義できるので簡便なのかもしれません。

技術の発展に伴って新たな定義表現の出現が予想されます。実のところ、最近の技術進展に伴って上記のOECDによる定義も3年も経たず2023年11月に更改されています[19]。常に変化し得るという点にもご留意いただければと思います。

AIに関連する話題に触れる際には「相手が指しているAIは何だろう？」という観点も意識してみてください。本節を読んでAIに対する幅広さを感じ、興味を持っていただければ幸いです。

[17] 米国IBMが開発したチェス専用のスーパーコンピューターであり、毎秒2億通りの譜面（差し手）を評価できますが学習機能はありませんでした。IBM自体も"Deep Blue"をAIとはみなしておらず、背景として"AI"という言葉の曖昧さと、"AI"に対する懐疑的な雰囲気があったとされます。"Deep Blue"がチェス対局に勝利した直後にカリフォルニア大学のRichard E. Korf教授が"Does Deep-Blue use AI?"というレポートを公開しています（https://doi.org/10.3233/ICG-1997-20404）。同氏は、バズワード化する"AI"という言葉に対する解決策としてコンピューターサイエンスの分野および大衆に対する積極的な教育が必要と訴えていました。現在、技術進展に伴って"AI"に込められる意味はむしろ拡大しており、絶対的な定義は今後も難しいのかもしれません。

[18] OECDの定義は"Recommendation of the Council on Artificial Intelligence May 21 2019"より、米国法の定義は"H.R.6216 - National Artificial Intelligence Initiative Act of 2020, SEC. 3 (3)"より確認できます。いずれも同様の内容であるため、筆者が本文中の意訳の通りまとめました。なお、米国法のほうが、当時のOECD勧告よりも詳細な定義になってます。

[19] 更改の背景には、昨今の生成AIに使用されている「自己教師あり学習」があります。この学習手法は次節で説明するので、更改の詳細は次節のMEMOにて紹介します。

02

機械学習とは？

人間の学習に相当する仕組みをコンピューターで再現する機械学習ですが、具体的には、「明示的にプログラムされることなく、データまたは経験に基づいて自動的に学習し、改善する能力をシステムに提供することを特徴とする人工知能の応用[20]」とされます。

機械学習モデルを作成する**学習フェーズ**と、学習した機械学習モデルを使って示唆出しを行う**推論／利用フェーズ**の2つに分けて詳しく見てみましょう。学習とは、従来的な（非AI）ソフトウェア開発においてコードを記述してプログラムを作成する作業に相当します。

ここでは、具体例として「患者の属性や症状から感染症種別を判別する」タスク[21]を考えます。

図 2-02-1 機械学習の2つのフェーズ

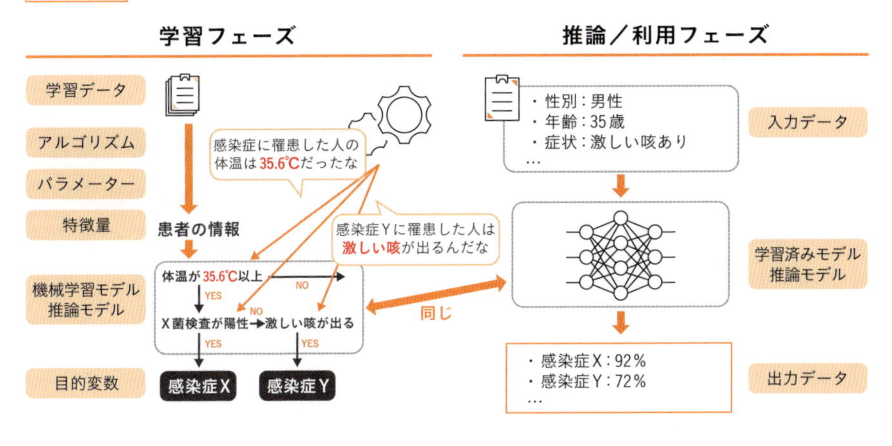

[20] 米国法 "H.R.6216 - National Artificial Intelligence Initiative Act of 2020", SEC. 3（9）より意訳。

[21] タスクは目的（object）とも称されます。この例の場合は感染症識別という明示的な目的を人間が機械に与えています。昨今の生成AIに用いられている「自己教師あり学習」では、明示的な目的が与えられないこともあります（後述）。

学習フェーズ(training phase, build phase)

大量のデータを機械学習アルゴリズムに供給し、機械学習モデルがタスクを高い精度で実行できるようにパラメーターを最適化させるのが学習フェーズです。最適化されたモデルを推論モデル(学習済みモデル)と呼びますが、この**推論モデルを最適化する処理が機械学習**です。重要な用語を押さえましょう。

学習データ(training data)

モデルを最適化するうえで必要なデータであり、ここでは過去の大量の診断結果を指します。さまざまなモダリティのデータが考えられます。

目的変数(objective/target variable)と特徴量(feature)

目的変数(ターゲット変数)はモデルの予測対象となる値であり、今回は感染症種別を指します。特徴量は目的変数を予測するために重要と思われる[22]データであり、ここでは患者の属性や症状を指します。第1章で触れたように、機械学習モデルは数字しか理解できないので、「男性」「激しい咳」といった学習データに記述されている表現を数字表現に変換したものが用いられます。アルゴリズムはこれらをもとにして、パラメーターを計算します。

機械学習モデル(model)

特徴量と目的変数を関連づける仕組みで、**入力された特徴量から予測値を出力する変換器**と捉えられます。ここでは、患者が持つ特徴量から感染症種別という結果に変換している変換器です。最初(学習を開始する前)この変換器は仮組状態(モデルの雛形がある状態)ですが、うまく学習が進めば与えられた特徴量に対応する感染症種別を高精度で予測する優秀な変換器へと変化します。学習が完了したモデルを「推論モデル」(学習済みモデル)と表現します。

!

[22] 感染症種別を決める要素が100%わかっていれば(たとえば体温と咳の有無だけで感染症を特定できるのであれば)、それらの要素のみを特徴量としてモデルに与えればこと足りるのですが、現実的にはさまざまな要素が複合的に影響すると思われます。ドメイン知識を活用して目的変数に影響を与える要素を特定して特徴量を選択することが必要になります。この作業は実務において手間と労力を要する(とても泥臭い)工程となります。

パラメータ（parameter）

モデルを定義づける指標です。たとえば図2-02-1では「35.6℃」「激しい咳」といったモデルの分岐条件を決定づけているイメージです。使用するモデルによってパラメータは異なります。

アルゴリズム（algorithm）

モデルがより高精度になるように、パラメータを変更（更新）する仕組みです。最初のモデルを雛形とするなら、アルゴリズムは雛形をどのように造形すれば精度を改善できるかを示す手順書に相当します[23]。

このアルゴリズムとモデルは時として同一に語られることがあるので、図2-02-2でアルゴリズムの働きについて詳しく見ていきましょう。

図 2-02-2 学習フェーズの中身

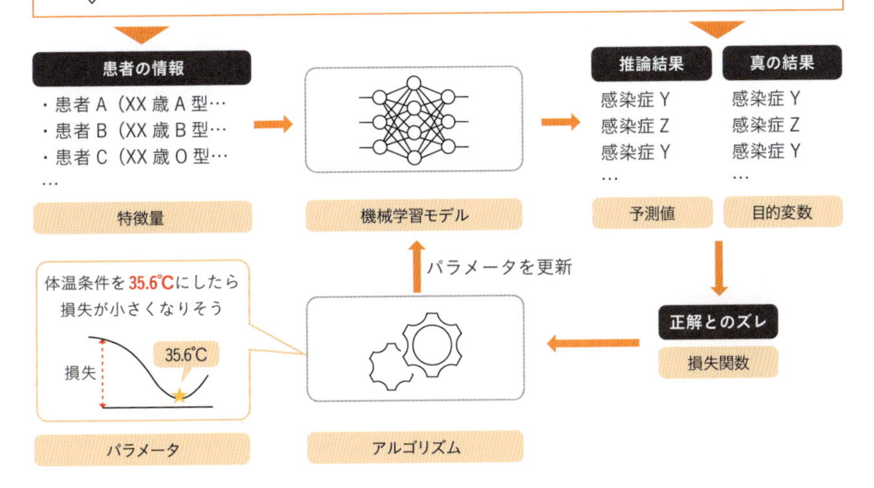

アルゴリズムが機能する前、すなわち学習する前のモデルで出力される推

[23] この手順書に従って雛形からモデルを作る造形師がコンピューターといったところでしょう。モデルが複雑になるとモデルのパラメータ数も増大するので、優秀な造形師、すなわち大規模な計算資源が必要になります。

論結果は正解（真の結果）とはほど遠く、ズレが生じています。このズレを損失（loss）と呼び、損失を計算する式（関数）を損失関数（loss function）と呼びます。

この損失を小さくするために、アルゴリズムはどのようにパラメータを変更すればよいかを計算[24]し、機械学習モデルに反映します。学習フェーズでは、この一連の処理を繰り返して、損失が小さくなるようにモデルを更新し続ける[25]作業を行います。

推論／利用フェーズ（inference phase, use phase）

学習フェーズで構築した推論モデルにデータを入力して出力を得るフェーズです。一般的に機械学習（すなわちAI）を利用する場面では、利用者側はこのフェーズしか使っておらず、AIの運用フェーズともいえます。

入力データ（input data）と出力データ（output data）

この例の場合、入力データは予測したい患者の属性や症状を指します。診断者が観測した患者の症状をモデルに入力します。

出力データについては、モデルから出力された表現では人間が解釈できないので、学習時に用いた変換法と同様な手段を用いて変換結果を出力し、診断者に回答されます。

図 2-02-3 推論／利用フェーズの中身

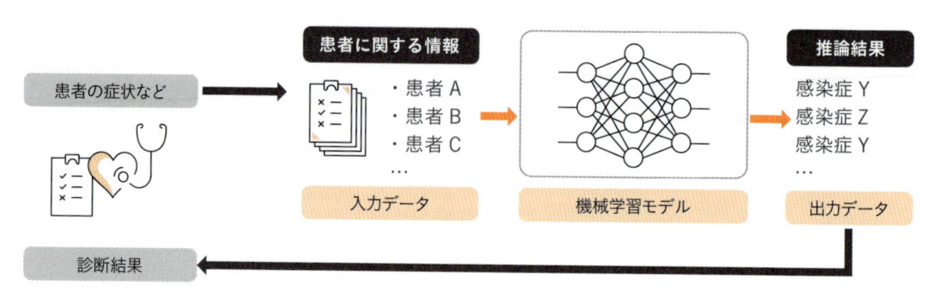

[24] 計算手法としては、たとえば勾配降下法が広く用いられており、次節以降で扱います。
[25] これ以上損失が小さくならなくなる時点まで計算を行いますが、過学習を防ぐために適当な時点で打ち切るような工夫もなされます。

機械学習の種類

機械学習は、学習方法によって図2-02-4のように大別されます[26]。なお、先ほどの感染症種別を識別する例では教師あり学習を意識していますが、アルゴリズムがモデルを構築するというコンセプトは学習方法によらず同様です。

図 2-02-4 機械学習の種類と代表的なモデル

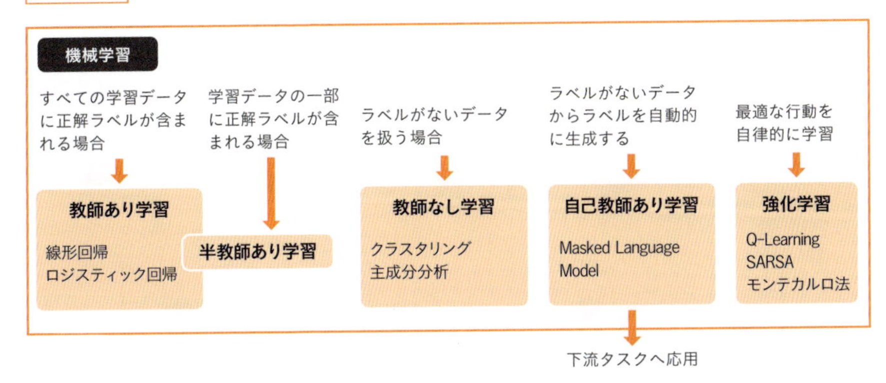

教師あり学習(supervised learning)

学習データに正解データが含まれている場合の学習手法です。たとえば、図2-02-5のように犬猫の「鼻の大きさ」「耳の尖り具合」という特徴に対して、それぞれ「犬」「猫」という正解(ラベル)を用意して学習します。

また画像に映っている物体を識別するには、「この画像には犬が映っている」のように各画像に正解が割り振られているデータを学習データとして、正解を予測する方法を学習します。犬や猫といった、データを特定のカテゴリに割り振る分類問題や、連続値を予測する回帰問題[27]に対して適用されます。本書では、このあと線形回帰とロジスティック回帰を取り上げて具体的に説明します。

[26] 特に「教師あり学習」「教師なし学習」「強化学習」の3つに大別して紹介されることがあります。
[27] 次節で線形回帰問題を具体例として理解を深めましょう。

図 2-02-5 教師あり学習のイメージ

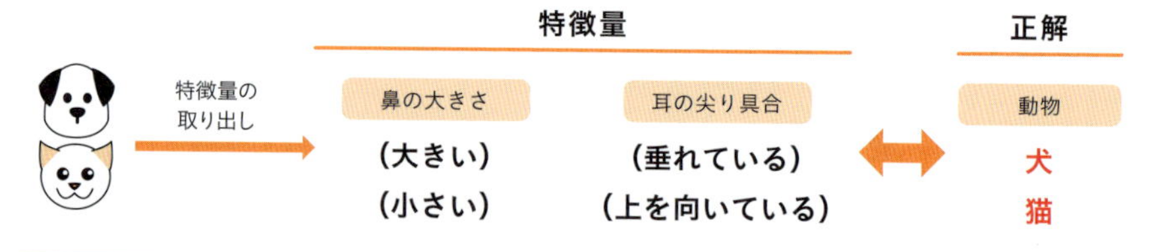

半教師あり学習(semi-supervised learning)

昨今のAIを学習するには大量のデータが必要で、すべてのラベルを用意することは困難です。そこで、一部のデータのみにラベルを付与して学習する手法が半教師あり学習[28]で、主に分類問題で用いられます。たとえば図2-02-6のように「鼻の大きさ」「耳の尖り具合」といった定量的な測定値(特徴量)と、「犬」「猫」のラベルから犬と猫とを識別する曲線を描くイメージです。

図 2-02-6 (半)教師あり学習のイメージ

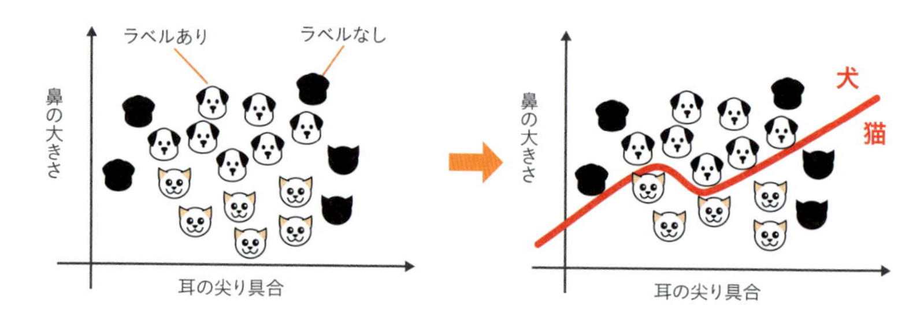

教師なし学習(unsupervised learning)

ラベルがないデータを学習し、データの構造やパターンを見つけ出す手法です。人間では気づきにくい(もしくはデータが多量で見きれない)データ内の隠れたパターンや構造を発見し、新しい知見を得るために用いられます。類似のデータをグループ化するクラスタリング(図2-02-7)といった手法が有名であり、顧客セグメンテーションなどに用いられます。

[28] 教師あり学習と教師なし学習の中間に位置する学習手法です。少量のラベルつきデータを用いてモデルを生成し、このモデルを使ってラベルなしデータに対して推論を行って、高い確信度を持つ新たなラベルつきデータとして学習に使用する "self-training"、どのラベルなしデータに優先的にラベルを付与すべきかを能動的に決定する "active learning" など、種々の学習方法が提案されています。参考:https://doi.org/10.1007/s10994-019-05855-6

図 2-02-7 教師なし学習「クラスタリング」のイメージ

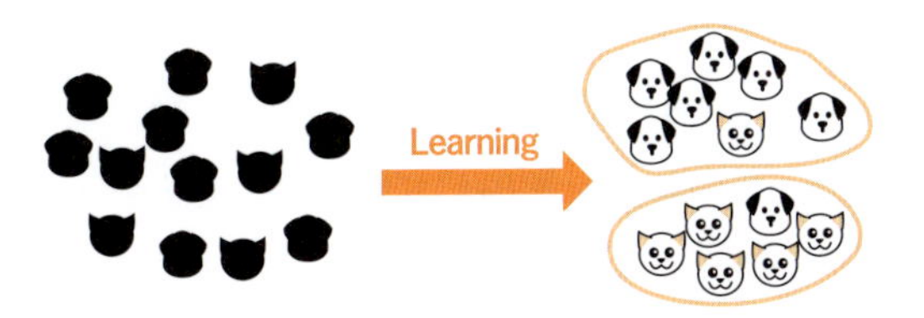

自己教師あり学習(SSL:Self-Supervised Learning)[29]

ラベルを含まない学習データから、ラベルを自動生成して疑似的なタスク（pretext task）を学習します。たとえば大規模言語モデルの学習では、図2-02-8に示すように与えられた文章の一部を穴埋めし、穴埋めされた箇所の単語や文章を予測[30]することによって、文章の構造や表現手法を獲得します。

図 2-02-8 自己教師あり学習のイメージ

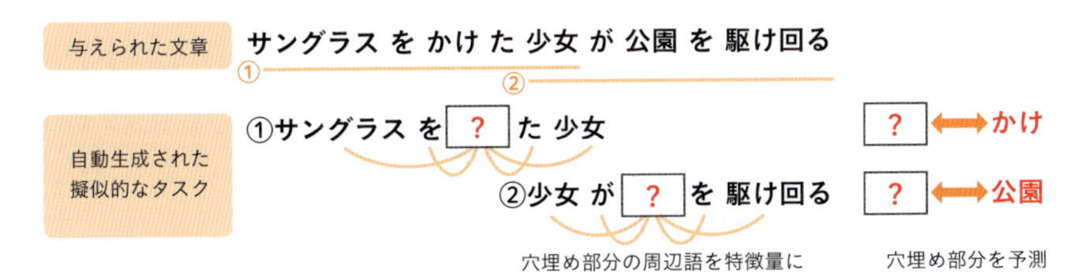

人間が個別の穴埋めタスクを定義しているわけではなく、与えられた文章から自ら穴埋め問題を生成して学習しているのです[31]。

換言して整理すると、先述した教師あり学習では人間が個々の穴埋め問題を作成する（穴を目的変数として個別に問題を作成するイメージ）必要がありましたが、自己教師あり学習では穴を自動的に決め、それを目的変数として学習するので、人間が目的変数を作成する必要はありません。したがって、データ

!

[29] 自己教師あり学習も、半自己教師あり学習も、頭文字は同じ SSL ですが、一般的に SSL と表記された場合には自己教師あり学習を指します。predictive learning（予測学習）、pretext learning（疑似学習）とも表記されます。教師あり学習に分類する文献（https://doi.org/10.1093/bib/bbab016, 2021）や、教師なし学習に分類する文献（https://doi.org/10.1007/s11831-023-09884-2, 2022）もあります。本書では独立した学習手法として取り上げました。

[30] ここでは、穴埋めした単語を中心として、その周囲から予測するという CBOW アプローチを図示しています。詳細は第 3 章で扱います。

[31] 機械学習において、従来は人間が AI にタスク（目的）を与える必要があるとされていましたが、このような学習法が新たに提案されたことにより AI の定義も変化しました（後述）。

を集められさえすれば自律的に学習を繰り返すので、大量のデータに対して膨大な学習を容易に行えるようになったのです。

このように構築されたモデルは、与えられたデータに対して大量の学習を行っているので、データの特徴を把握しています。一方で人間から明示的な目的を与えられずに学習が行われているため、このモデル単独では人間の意図に沿った回答を出力することは困難です。

そこで、この自己教師あり学習で学習されたモデルに対して、人間が期待する回答を出力する下流タスクをファインチューニング[32]させることによりChatGPTといった高性能なチャットボットが作られています。このように、自己教師あり学習は主に深層学習モデルの事前学習に用いられています。

強化学習（RL：Reinforcement Learning）

試行錯誤を通じて最適な行動（定義された報酬を最大化するような行動）を自律的に学習する方法です。ゲームプレイ[33]、自動運転車、ロボット制御などに応用されています。たとえばゲームの場合は勝敗やスコアといった報酬を定量化して与え、自動運転の場合は「車線の内側を走行したら加点」「人や物体に衝突したら減点」といった具合で報酬を計算して与えます。

種々の機械学習手法を組み合わせたChatGPT

今まで種々の機械学習手法について説明してきましたが、ChatGPTは複数の機械学習手法を組み合わせて実現されています（図2-02-9）[34]。

- **大量の文章に対して自己教師あり学習を行い文章構造に対する知識を獲得させる。このように作ったモデルを大規模言語モデル（LLM）と呼ぶ。**

[32] 学習済みのモデルを特定のタスクやデータセットに合わせて微調整するプロセスを指します。特に大規模なデータセットで事前学習されたモデルを、比較的小規模なデータセットでの特定のタスクに適用する際に用いられます。

[33] 人間がコンピューターゲームのハイスコアを目指して攻略法を研究する様子に似ています。Google DeepMindによって開発された囲碁AI"AlphaGo"は強化学習を活用して2015年に人間のプロ囲碁棋士を破りました。囲碁は「膨大な探索空間と碁盤の位置を評価することが難しく、AIにとって古典的なゲームの中で最も困難なゲーム」とみなされていたため、注目を集めました（参考：http://dx.doi.org/10.1038/nature16961）。

[34] ChatGPTの前身であるInstruct-GPTの論文（https://doi.org/10.48550/arXiv.2203.02155）を参考にしました。論文という形式では公開されていませんが、ChatGPTの学習法についてはOpenAIがブログ記事（https://openai.com/blog/chatgpt）を公開しており、同等な仕組みとなっています。

- **この大規模言語モデルに対して、人間がプロンプトに対する好ましい回答例 (demonstration) を作成し、これを正解として教師あり学習を行いチューニング[35]する。**
- **このチューニング済みモデルを使い、あるプロンプトに対する回答案をいくつか生成させる。この回答案を人間が順位づけし、この比較結果 (comparison) を学習して報酬モデルを作成。この報酬モデルは、人間の比較結果を再現できるようになる[36]。**
- **チューニング済みモデルに対して新しいプロンプトを入力して回答を生成させ、この回答を報酬モデルで評価し、より好ましい回答を生成するように強化学習を行う。**

人間からのフィードバックをもとに、教師あり学習と強化学習を行うコンセプトは理解しやすいのではないでしょうか。このように人間のフィードバックを学習プロセスに組み込む手法は、**RLHF(Reinforcement Learning from Human Feedback)** と呼ばれています。

ChatGPT、ひいては生成AIの起点となる大規模言語モデルがどのようにして作成され、なぜ知識を獲得したのかについては第3章以降で扱います。

図 2-02-9 ChatGPT の学習法（RLHF）

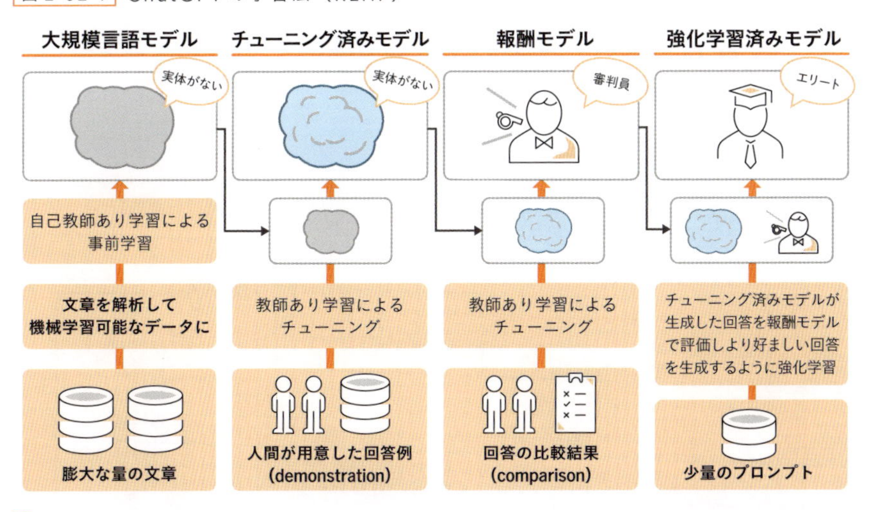

[35] すでにある大規模言語モデルに対してチューニングを行うので、supervised fine-tuning（SFT）と称されます。
[36] 人間の採点結果を模倣する採点官を作り上げるようなイメージです。

MEMO　AIに対する別の見方

本文中で紹介した自己教師あり学習は生成AIの基礎となる大規模言語モデルの学習に適用され、昨今の生成AIにおいて重要な技術となっています。ここで、前節で紹介したAIの定義に関する2020年のOECD勧告を振り返ってみましょう。同定義の中に「人間が定義した特定の目的に対して」という文言があります。本文で紹介した自己教師あり学習は疑似的なタスク（pretext task）を学習します。「疑似的な」と訳しましたが、ニュアンス的には「でっち上げ」となります[37]。すなわち、人間では明確なタスクを与えているわけではなく自律的に文章を学習しているため、何をどのように学んでいるかについては未解明な部分も多いのです[38]。少なくとも、この定義のままでは大規模言語モデル、ひいては生成AIを包含するのが困難であるため、2023年にOECDは勧告を次の通り更改しました。具体的には「人間が定義した特定の目的に対して」という記述が削除され、代わりに「明示的または暗黙的な目的に対して」（explicit or implicit objectives）という表現を用いています。

“明示的または暗黙的な目的に対して、受け取った入力から、予測、コンテンツ、推奨、または物理的または仮想的な環境に影響を与えることができる決定などの出力を生成する方法を推論する機械ベースのシステム。システムによって、自律性や導入後の適応性のレベルは異なる。”

本節の図2-02-1「機械学習の２つのフェーズ」と同様な事柄を、OECDは図2-02-10[39]のように表現しています。アルゴリズムなどの表現は使用せず「AI Model」という広い概念で、本節で述べた各種役割を包含しています。コンセプトとしては、外部環境から画像や文章といった情報（context）を認識（perceive）したあとに、AI Modelが受け取れる形式に加工してAI Modelに送り、Modelからの出力結果を望ましい形式に変換して外部環境に何らかの影響を与える、といった大きな概念になっています。

図2-02-10　OECDによる学習フェーズの表現

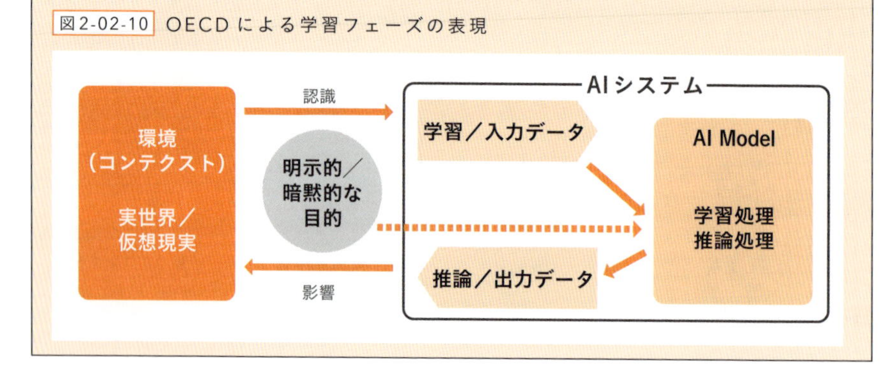

本章でこのあと学ぶこと

本章はAIと機械学習について理解を深めることが目的なので、これから代表的な次の3つのモデル「線形回帰」「ロジスティック回帰」「ニューラルネットワーク」を通じて、機械学習の基本を押さえていきましょう。なお、説明の都合上どうしても数式が登場しますが、数学が苦手な方は数式部分を理解しなくとも読み進められるようになっています。本文と図中の数式を比べて、「本文で述べられていることを数式で表すとこうなるのか」といった程度の理解でも大丈夫です。興味を持たれ、より深く知りたい方は注釈などにコメントを添えるので、それらを手掛かりにインターネット上の文献を参照されると理解を深めることができるでしょう。

線形回帰 ～"数字"を予測する～

数字（連続値）を予測する回帰モデルの中でも基本的な線形回帰を説明し、モデルとは何か？ パラメーターとは何か？ などについて具体的なイメージを深めていきましょう。

ロジスティック回帰 ～"ラベル(Yes/No)"を予測する～

ニューラルネットワークの基本となる単純パーセプトロンとは何か？ について学びましょう。

ニューラルネットワーク ～より複雑な問題を予測する～

昨今の生成AIを構成する深層学習の構造について理解を深めましょう。

[37] "pretext" という単語は、前を意味する接頭辞 "pre-" と織物を表す "texture" からなります。生地の前面を表すため、取り繕っている様や隠匿を意味する、どちらかというと悪い文脈で用いられる言葉です

[38] 第 3 章 MEMO「学習によって知識を得た大規模言語モデル？」を参照

[39] この図は AI の定義を更新したことをアナウンスするニュースレターに掲載された図表を筆者が編集したものです（出典：https://oecd.ai/en/wonk/ai-system-definition-update）。

03

線形回帰 ～“数字”を予測する～

球場のビール売上を来場者数から予測する（単回帰）

ここからは具体的な機械学習モデルとして線形回帰（linear regression）を学んでいきましょう。線形回帰モデルは直線で描かれる1次式によって推論を行う基本的なモデルです。まずは具体例として「**とある球場のビール巡回販売の売上を予測する**」タスクを考えましょう。

この球場では試合中に行われる売り子によるビールの巡回販売がビール売上の大半を占めており、重要な収入源となっています。事前に巡回販売によるビール売上を予測できれば、適切な人数の売り子と機材（ビールやビアサーバーなど）を手配でき、機会損失[40]や余剰な支出[41]を抑えられそうです。ここで、従来はベテラン社員の「経験と勘」を使って売上を予測していた業務を、線形回帰モデルを活用して業務改善していきましょう。

図 2-03-1　今回のケースにおけるモデルと実業務の関係

機械学習モデル

過去のデータ

売上

日付

自動で
モデル化

試合当日のデータ

予測売上

実際の使いどころ

予測売上に対して、
最適な売り子や機材を
準備する

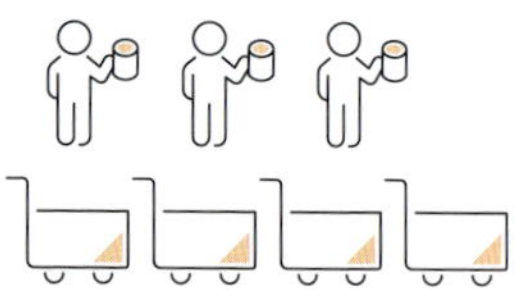

[40] リソース（今回の場合は売り子の人数や機材）の不足によって販売機会を逃すことで、本来得られるはずの利益を失うこと。チャンスロスとも呼ばれます。

[41] 本来必要なリソースよりも多く準備してしまうことで、今回は売り子が時間を持て余してしまったりビールの在庫が余ってしまったりする場合を指します。単純にロスとも表現され、機会損失とトレードオフの関係にあります。

図2-03-1に今回のケースにおけるモデルと実業務との関係を図示しました。今回は過去のデータから試合当日の売上を予測することが求められています。ビールの売上を左右する要因としては、来場者数[42]、気温や天候、客の年齢層、試合の盛り上がり度合い、キャンペーンの有無[43]、といったさまざまな要因が考えられます。まずは単純化のため、来場者数に絞って線形回帰モデルを構築していきましょう。

前節で紹介したように、教師あり学習は基本的に「学習」と「推論」のフェーズに分かれています。それぞれのフェーズについて詳しく見ていきましょう。

学習フェーズ

今回の線形回帰モデルの学習の流れは、図2-03-2のように整理できます。

図2-03-2 線形回帰モデルの学習フェーズ（単回帰）

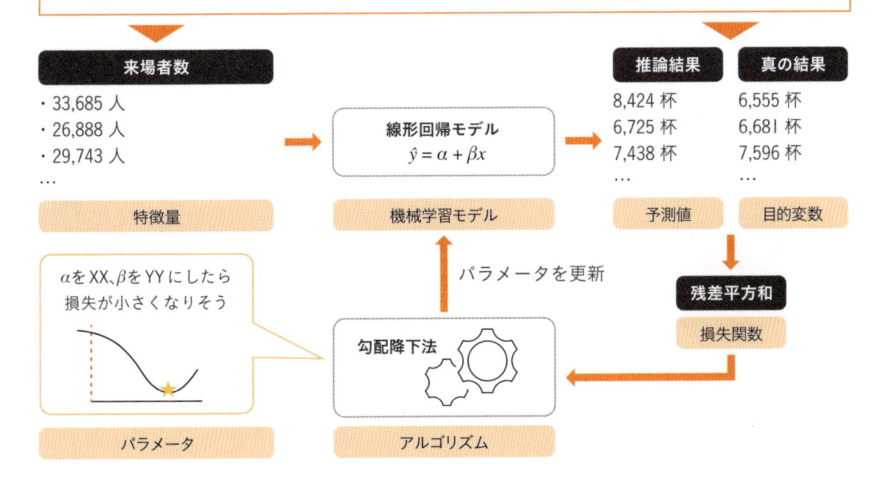

[42] 厳密には来場者数は試合が始まるまでわかりませんが、ここでは前売りチケット販売数などで正確に予測できるという仮定を置きましょう。気候などについても天気予報等で予測できるという同様な仮定を置いていると考えてください。
[43] 球場によっては、ビール半額デーや、震災復興チャリティとしてビール売上の一部を被災地に寄付するキャンペーンを行うことがあり、概して売上が増加するそうです。

今回は過去のデータの中から来場者数のみを特徴量として使用します。目的変数はビールの売上［杯］です。ここで、線形回帰モデルについて理解を深めるために、これらの特徴量と目的変数を可視化しましょう。

図2-03-3では、x軸（横軸）を来場者数、y軸（縦軸）をビール売上とし、黒丸は過去の売上実績を表しています。このような黒丸の羅列を眺めると、1本の直線が引けそうです。この直線は1次式で表すことができ、切片（α）と傾き（β）という2つのパラメータによって定義づけられます。前節において、モデルとは特徴量と目的変数を関連づける仕組みと説明しましたが、ここでは来場者数（x）からビール売上の予測値（$\hat{y}$）を出力する1次式がモデルとなります[44]。この1次式で表される直線は回帰直線とも呼ばれ、この回帰直線を求める手法を回帰分析と呼びます。特に、今回のように特徴量が単一の場合は単回帰分析とも呼ばれます。

図 2-03-3　特徴量と目的変数の関係

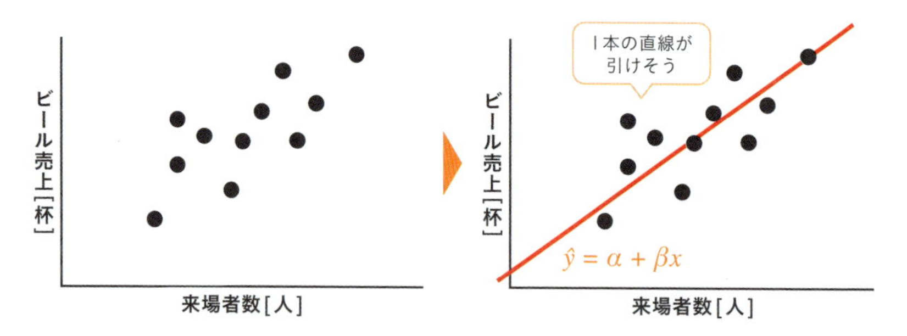

さて、図2-03-3のように「それらしい（もっともらしい）」直線を描くにはαとβを調整していけばよいのです。すなわち、雛形である「$\hat{y} = \alpha + \beta x$」に対して、アルゴリズムを用いて$\alpha$、$\beta$の組み合わせを計算してモデルを構築していきます。たとえば図2-03-4のように、αの値を大きくすると直線は上方に移動し、βの値を大きくすると直線の傾きが大きくなり右肩上がりになる、といった具合です。

[44] 1次式の数式としてα（アルファ）、β（ベータ）といったギリシア文字が出てきましたが、これらギリシア文字は数式を記述する際に広く用いられる記号です。数学者として高名なピタゴラス、アルキメデス、ユーグリッドらが古代ギリシャにゆかりがあることから、ギリシア文字を慣例的に用いています（諸説あり）。特徴量としてはxが記号として用いられ、予測値は$\hat{y}$（発音的には「ワイハット」「ワイキャレット」）と表現されます（英字yの上に載っている"^"はハット、キャレットと呼ばれ、予測値もしくは推定値であることを表現する記号です）。

図 2-03-4 1次式のパラメータを調整するイメージ

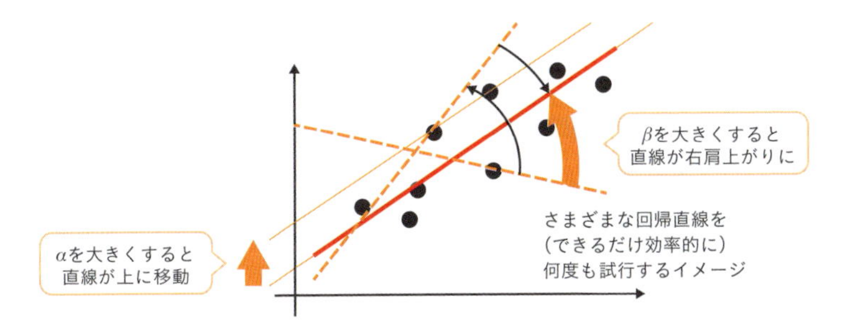

調整の方法はわかったとして、何をもって「それらしい」かを数学的に定義する必要があります[45]。この数学的表現を損失関数と呼び、線形回帰モデルの場合には、**残差平方和(RSS)**[46]が多用されています。少々堅苦しい名称ではありますが、図2-03-5を見ながらイメージをつかんでいきましょう。

図 2-03-5 1次式のパラメータを調整するイメージ

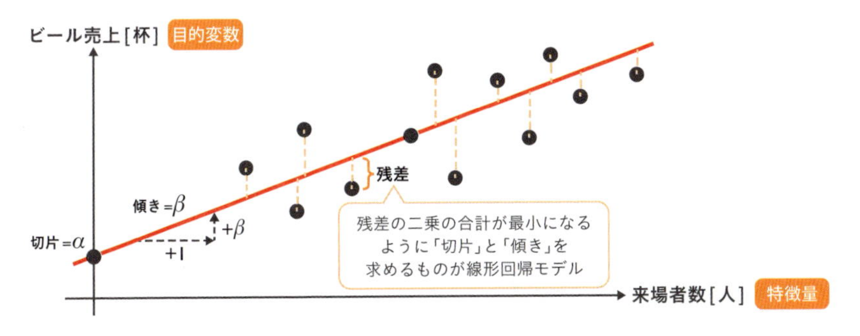

残差平方和という言葉を解釈すると、「残差を平方(二乗)して合計した値(和)」となります[47]。残差とは、黒丸で表現されている**実測値と予測値(すなわち直線上にある点)との距離**のことです。単純に、すべての実測値において残差を計算して和を計算してもよい気がしますが、残差をそのまま使うとマイ

[45]人間からすると、見た目で直線をよしなに配置することもできそうですが、ほかの人に説明するのは意外と難しいのではないでしょうか。損失関数は、このもどかしさを数学的に説明する表現であるという見方もできそうですね。

[46] 残差平方和はRSS(residual sum of squares)、SSR(sum of squared residuals)、SSE(sum of squared estimate of errors)とも表記されることがありますが、いずれも同等と考えてよいでしょう。また、合計値ではなく平均値を取った平均二乗誤差(MSE; mean squared error)も損失関数の1つです。今回は、著名なPython向けの機械学習ライブラリである"scikit-learn"に基づきRSSを採用しています(参考:https://scikit-learn.org/stable/modules/linear_model.html)。

[47]残差平方和(RSS; residual sum of squares)に対して別の説明をすると、平方(squared)とはある数を二乗すること、和(sum)は合計値を意味するので、残差(residual)を二乗した合計値のことです。

ナス値になることもあり、全体的な当てはまり具合を計ることが難しくなります。そこで、すべての残差をそれぞれ二乗したあとに合計を計算する手法が採られています[48]。ここでは、損失関数である残差平方和を最小化するαとβの組み合わせを求めることによって、線形回帰モデルを構築できるという点を押さえておきましょう。この最適なパラメータ（αとβ）の組み合わせが得られると線形回帰モデルが完成し、学習フェーズは終了です。

参考 アルゴリズムでパラメータを最適化する

損失関数を最小化するαとβの組み合わせを求めるにはアルゴリズムを用います。アルゴリズムとは、パラメータを調整する仕組みでした。今回は勾配降下法という手法を例として取り上げます[49]。前述の通り、αとβの組み合わせを決めれば回帰直線の形状を求められ、実測値との残差を計算することによって損失関数である残差平方和を求められます。これら3つの値（α、β、残差平方和）の関係は3次元空間に描画できます[50]。

図 2-03-6 勾配降下法でパラメーターを決めるイメージ

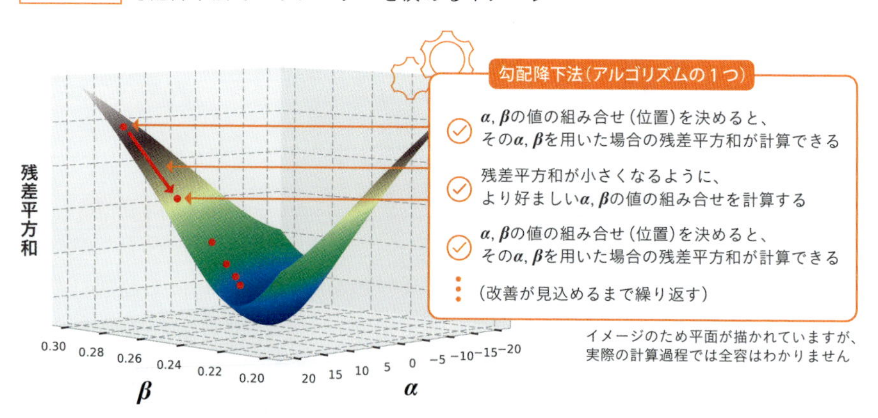

図2-03-6に示した通り、αとβの組み合わせによって残差平方和が算出できるため、図における高さ方向に残差平方和を表すと、この残差平方和の値

[48] 二乗することにより、残差が大きいほど過大に算出できるので、大きな間違いを重視して評価でき、学習しやすくなるというメリットもあります。

[49] 線形回帰分析の場合は、最小二乗法を用いることもできます。

[50] 図 2-03-6 のグラフを見る際には、αとβを緯度と経度、残差平方和を標高と考えると立体的なイメージが浮かびやすいかもしれません。

はお椀の底面のような立体的な曲面で表されます。図中において、あるαとβの組み合わせを決めると、その組み合わせに対応する残差平方和が計算され、残差平方和の値を高さ方向にプロット（点を打つイメージ）します。このαとβの組み合わせを大量に生成して、それらに対応する残差平方和の値を大量にプロットすると、図2-03-6のような曲面になります。このように損失関数から描画された曲面のことを損失面（loss surface）と呼びます。

アルゴリズムの役割は残差平方和を小さくすることであるため、お椀の最低位置に相当する部分のαとβの組み合わせを探すことになります。探し方としては、ある位置における曲面の傾きを求め、傾き具合に応じて次に進む方向と距離を計算しているのです。

最初から曲面の全容がわかればよいのですが、それを把握するためには無限のαとβの組み合わせを用いた場合の残差平方和を算出する必要があり不可能[51]なので、このような手法をとっています。

アルゴリズムは「このくらいの傾きなら、この方向にこのくらい進めばいいよ」といったような指示を出し、これ以上よくならない地点に到達するまで誘導しているのです。

推論／利用フェーズ

学習フェーズで得られた線形回帰モデルに対して、試合当日のデータ（x）を入れれば、当日の予想ビール売上（$\hat{y}$）が得られます（図2-03-7）。

このようにモデルを利用することで**学習には用いていないデータからでも予測値を算出[52]でき、モデル表現を解釈することで特徴量が予測値に与える影響を定量化[53]できる**といったメリットを享受できます。

[51] 今回の線形回帰モデルにおいては、このようなお椀形状になることが知られているため図を描けるのですが、実際の計算過程では曲面の全容はわかりません。ある位置の傾きしか知ることができないのです。いわば目隠し状態で自分の足の感覚を頼りに山下りをしているイメージです（そのまま "a blind-folded hiker" と比喩して解説する文献も散見されます）。

[52] 過去データから無限のパターンを獲得することは不可能です。今回の場合、たとえば過去データの来場者数を昇順で並べて「… < 26,888 人 < 29,743 人 < 33,685 人 < …」となったとします。仮に当日の来場者数が 29,000 人であった場合も、過去データは参照するパターンが存在しませんが、モデルを用いて予測可能です。

[53] 今回の線形回帰モデルの場合、βは直線の傾きなので、試合当日の来場者が 1 人増えるごとにビール売上がどれだけ変化するかを計算できます。たとえば、βが 0.25 だとすると、1 人当たり 0.25 杯、すなわち 4 人増えると 1 杯増える、といった具合です。

図 2-03-7 線形回帰モデルの 2 つのフェーズ

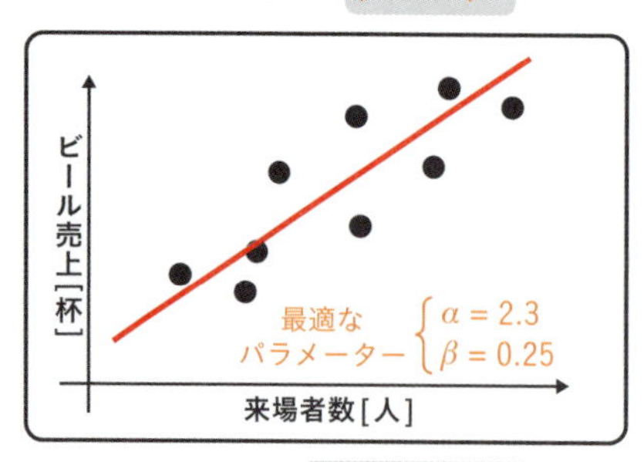

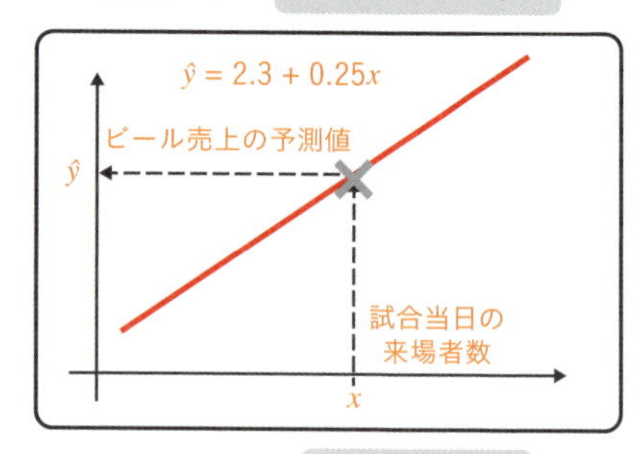

球場のビール売上を複数の要因から予測する（重回帰）

先ほどは1つの特徴量である来場者数（x）からビール売上を予想しましたが、売上を左右する要因は複数ありそうです。たとえば、暑いとビールの売上は伸びそうなので、気温を特徴量に追加し、来場者数（x_1）と気温（x_2）からビール売上を予測する線形回帰モデルを考えましょう。先ほどの単回帰分析と同様、1次式で表される回帰直線がモデルとなりますが、複数の特徴量を扱うので重回帰分析と呼ばれます。

図 2-03-8 線形回帰モデルの学習フェーズ（重回帰）

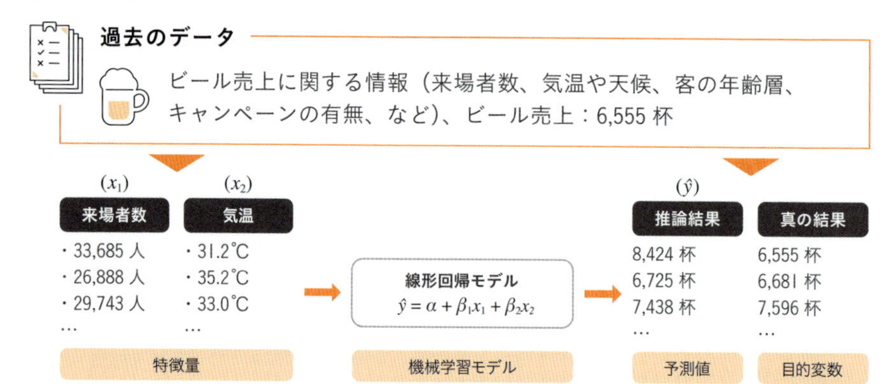

図2-03-8に学習フェーズの一部を描画しましたが、単回帰分析の図と大差ないことがわかると思います。単回帰分析も重回帰分析も基本的な考え方に違いはなく、単純に特徴量の数が増えているだけ、と捉えてください。

勾配降下法を用いてパラメータ（α、β_1、β_2）の組み合わせを最適化するという点も同じです。単回帰の場合はパラメータは2つでしたから、3次元空間に描画して紙面で説明できましたが、今回の場合はパラメータが3つになるため描画するとしたら4次元空間が必要です。人間にはイメージしにくいですが、アルゴリズムは先ほどと同様なコンセプトで4次元空間上のお椀の底（残差平方和が最低となるα、β_1、β_2の組み合わせ）を探してくれるのです。

参考 ほかの球場のビール売上を予測する（非線形回帰）

先ほどの例では、線形回帰モデルを使ってうまくビール売上を予測できました。このモデルの有用性に気づいた他球場からも、モデル構築のオファーが来たとしましょう。まず、先ほどと同様に、x軸（横軸）を来場者数、y軸（縦軸）をビール売上とし、この球場の過去の売上実績を黒丸でプロットし、図2-03-9を作成しました。

図 2-03-9 別球場のビール売上を考える

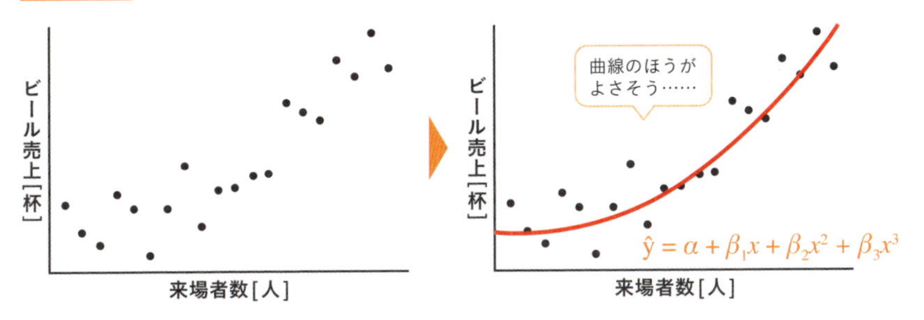

先ほどの球場と異なり、直線ではなく曲線にしたほうがうまい具合に黒丸を表せそうです。線形回帰モデルではx（重回帰の場合はx_1、x_2...）に関する1次式でモデルが表現されていましたが、この次数を上げることによって曲線を作れます。図2-03-9に例示した曲線はxの3次多項式[54]であり、このような多

[54]図に示した式では、xの最高次数が3（つまりx^3）なので、「独立変数xに対する3次多項式」と表現されます。

項式を用いる回帰分析を多項式回帰（polynomial regression）と呼びます。

多項式以外にも曲線を表す式は無数[55]に考えられますが、このように直線ではない非線形な関係を表現できるモデルが非線形回帰モデルです。

参考 そのほかの回帰モデル

本書で扱った線形回帰モデルや多項式モデル以外にも多くのモデルが存在します。目的変数と特徴量の関係が線形であっても非線形であっても、適切なモデルを選択すればよい具合にデータの関係性を表現できます。一般的に、モデルの表現力が上がるにつれてモデルの内部構造は複雑化し、最適化するパラメーターの数も増加してアルゴリズムを実行する際の計算負荷が増えます。一方で、モデルが異なるだけで図2-03-2「線形回帰モデルの学習フェーズ」で説明したように機械学習の処理自体は大差ありません。

本書では詳細な説明は割愛しますが、ご興味があれば次のモデルについて調べてみてください。

- **Ridge 回帰、Lasso 回帰、Elastic Net**（線形回帰モデルの派生系モデル）
- **決定木**
- **ランダムフォレスト**（XGBoost、LightGBM などの派生系モデルも多数存在）
- **SVM**（Support Vector Machine）

決定木とは?

上に挙げた決定木（decision tree）とは、木のような構造を持つ機械学習モデルです。前節で「患者の属性や症状から感染症種別を判別する」タスクを考えた際の図2-02-2に登場したモデルです。フローチャートを辿るように推論を行うモデルで、図示すると木が逆さになったように表現できることから、決定**木**と呼ばれています。

[55] 指数関数（exp）、対数関数（log）、ガウス関数、三角関数などが挙げられ、これらを組み合わせてより複雑な曲線を表現することも可能です。

図2-03-10 決定木モデルのイメージ

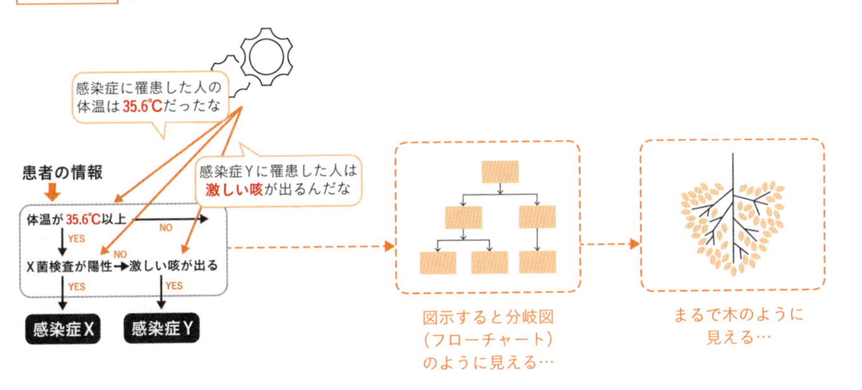

この決定木自体の仕組みはシンプルですが、たとえば木の深さ、分岐を作成するために必要な最低データ数、葉の数の上限などさまざまなパラメータ[56]によって決定づけられます。

線形回帰モデルでは切片（α）や傾き（β）といった線の形状を表すパラメータが、決定木モデルでは木の形状を示すパラメータに置き換わったと考えてください。

この決定木の仕組みを拡張してランダムフォレスト、XGBoost、LightGBMといったモデルが派生しているのですが、根本的には**木**構造を有しているので、「ツリー系モデル」と呼ばれます。各モデルの内部構造については本書では触れませんが、「ツリー系モデル」といった表現は書籍などで散見されます。この表現を見かけた際には小難しさを感じずに、上図のような分岐構造を持つ機械学習モデルの1つだったな、と捉えてみてください。

[56] 実際にはさらに多くのパラメータが存在します。本文中のパラメータは、scikit-learnという著名なPythonの数値計算ライブラリ内では、max_depth（木の深さ）、min_samples_split（分岐を作成するために必要な最低データ数）、max_leaf_nodes（葉の数の上限）という名称で表されています。もし興味があれば、インターネットでこれらを調べるとさらに理解を深められると思います（たとえば「決定木 max_leaf_nodes」で検索）。

04

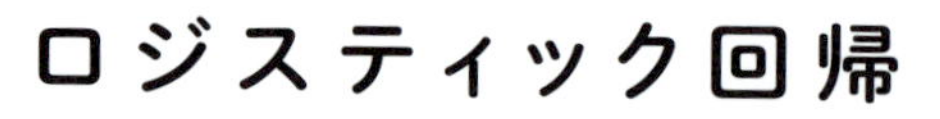

ロジスティック回帰 ～“ラベル(Yes/No)”を予測する～

前節では売上という連続値を推測するタスクに対して、線形回帰モデルを使ってアプローチしました。本節では目的変数が2値の出力（たとえば「Yes」または「No」）になるような分類問題を解くことを考えます。

本節で扱うロジスティック回帰モデルはシグモイド関数[57]で描かれる曲線によって推論を行うモデルです。まずは具体例として「とある宿予約サイトのメール配信先ユーザーを選定する」タスクを考えましょう。

メール配信先ユーザーを選定する（ロジスティック回帰）

とある宿泊予約サイトの運営会社を考えてみましょう。宿の予約を行いたいユーザーは、同社のサイトでユーザー登録を行い、宿泊場所や日程を検索し、予約します。このサイトから宿泊予約を行うことで、同社は宿泊先から仲介手数料を得るというビジネスモデルです。

この会社のビジネス拡大にとって重要なのは、ユーザー数を増やすこと、各ユーザーに継続してサイトを利用してもらって宿予約をしてもらうことです。ユーザーの体験を向上させるための施策として、登録ユーザーへのメール配信があります。配信メールのコンテンツに予約サイトへのURLなどを埋め込んでおくことで、ユーザーがそのURLをクリックし予約のコンバージョン（成約、CV）が発生すれば、手数料としての売上が発生します。

こういったメールを、登録ユーザー全員に配信してしまうのも一手ですが、興味のないユーザーにメールを配信することはビジネス上のリスクにつながります。皆さんも思い当たるかもしれませんが、自分にとってまったく

[57]ロジスティックシグモイド（logistic sigmoid）関数とも。シグモイド関数の一種で、出力値が0～1の間に値になります（後述）。機械学習の分野では、単にロジスティック関数、もしくはシグモイド関数と表記されます。

興味のない内容が届いたと感じたユーザーは、メール配信を停止（オプトアウト[58]）してしまう可能性があるためです。ユーザーがオプトアウトすると、そのユーザーにはメールを送信できなくなってしまうため、将来的に発生するメール経由での期待売上を損失してしまう可能性があります（図2-04-1）。

図 2-04-1 メール配信先ユーザーを選定する

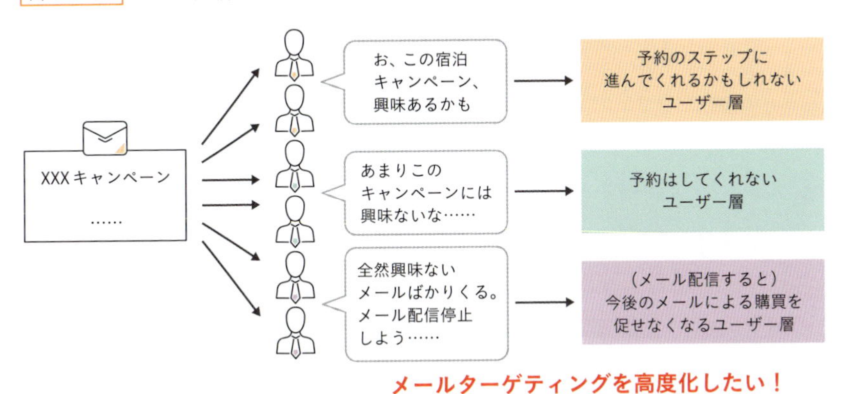

よって、このタスクにおいてはメール配信を最適化し、ユーザーにとって価値のある情報のみを提供することが重要です。具体的には過去のデータからユーザーの行動パターンを分析し、どのような特徴を持つユーザーがメールのリンクをクリックしやすいのか、あるいはクリックしないのかをモデル化します。たとえば、過去の予約履歴、メール開封率、ウェブサイト上での行動履歴、ユーザーの属性（年齢、性別、居住地など）などが特徴量として考慮されるかもしれません。

このモデルが完成すれば、新しいユーザーデータが入力された際に、そのユーザーがメールのリンクをクリックするかどうかを予測可能になります。予測結果に基づいて、クリックする可能性が高いとされるユーザー群に対してはメールを送信し、そうでないユーザーには送信を控えるなど、より戦略的なアプローチができるようになります。図2-04-2に、今回のケースにおけるモデルと実業務との関係を図示しました。

[58] このようにメール受信者が個別に受信拒否してしまう行為をオプトアウト（Opt-out）といいます。逆に、ユーザーが情報を受け取る際や自らに関する情報を事業に利用される際などに、許諾の意思を示すことをオプトイン（Opt-in）といいます。

図 2-04-2 メール配信先ユーザーを選定する

機械学習モデル

過去のデータ

ユーザーの属性
過去の行動履歴

自動で
モデル化

ユーザー情報

クリック予測
(する/しない)

実際の使いどころ

クリック予測に従ってメールを
送付するユーザーを選定する

クリックすると予測された
ユーザーに対して
メールを送付する

ロジスティック回帰を活用することで、メールマーケティングの効率を向上させられます。無関心なユーザーに不要なメールを送ることなく、関心の高いユーザーに的確にアプローチすることで、ユーザーの満足度を保ちつつ、売上の向上にもつながるでしょう。また、モデルの精度はデータが蓄積されることで向上するため、継続的な分析と改善が事業成功の鍵となります。

本章第2節で紹介したように、教師あり学習は基本的に「学習」と「推論」のフェーズに分かれているので、それぞれ詳しく見ていきましょう。

学習フェーズ

今回のロジスティック回帰モデルの学習の流れは、図2-04-3のように整理できます。前節の単回帰／重回帰分析と同様な絵図となっていますが、次の点が異なっています。

- **モデルに使われている数式がシグモイド関数である**
- **ロジスティック回帰モデルで出力される値はCV確率 (P：probability) であり、ある閾値 (たとえば図2-04-3では0.5) より大きい場合にCVする (つまりYes) と予測する**
- **線形回帰ではモデルから出力された値を用いて目的変数と直接比較できたが、今回はCVする／CVしないという2値 (1/0) への変換が必要**

- **損失関数が交差エントロピー (cross entropy)[59] である**

図 2-04-3 メール配信先ユーザーを選定する

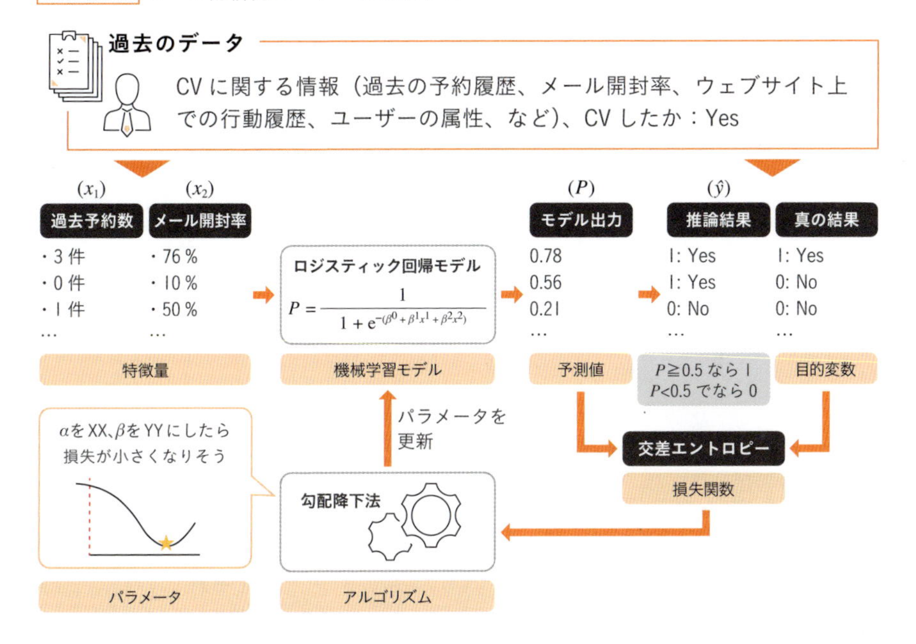

上述した3点以外は線形回帰モデルと大差ありません。まずシグモイド関数について、線形回帰で用いた直線と比較してみましょう。図2-04-4ではx軸（横軸）に過去予約数を取り、y軸（縦軸）でCVした（1）／CVしなかった（0）という2値を表し、黒丸は過去のユーザーのCV実績を表しています。

これらのデータに対して、線形回帰モデルを適用しようとすると、当然右肩上がりの直線になるように学習するはずです（線形回帰モデルでは学習を繰り返すことで、最適な直線を求めるのでした。前節参照）。しかし、今回の目的変数は0か1です。仮に直線として学習してしまうと、過去予約数がとても多い（少ない）ユーザーは1(0）を上回る（下回る）値として学習・予測してしまいそうです。したがって結論としては、分類問題に対して線形回帰モデルを適用することは不適切であるといえます。

[59] 線形回帰モデルでは残差平方和（RSS）など、残差の二乗値を用いる損失関数を用いていました。ロジスティック回帰で同様に残差平方和を計算しようとすると、非線形なシグモイド関数に対してさらに二乗を計算する損失関数となります。損失関数が複雑になると最適解を見つけるのが難しくなるため、ロジスティック回帰用の損失関数として交差エントロピーを導入しているという背景があります。交差エントロピーを紹介するには数学的な説明が必要になってしまうので、本書では扱いませんが、ロジスティック回帰モデルの回帰曲線とデータの差分を数値化している関数だと押さえておけばよいでしょう。

図 2-04-4 線形回帰とロジスティック回帰の違い

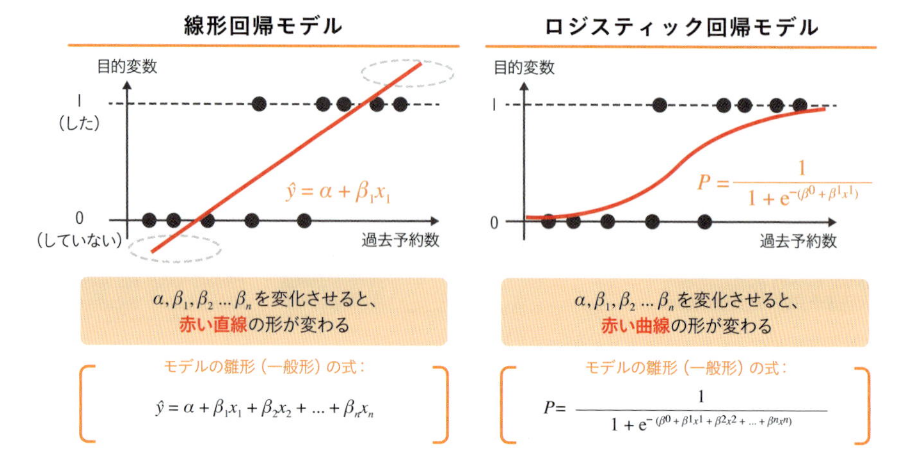

これに対して、シグモイド関数は特徴的なS字型の曲線を描き、0から1の間の値を出力します。このS字型の形状は図2-04-4内の式(一般形)によって描かれる曲線なのですが(この数式自体は理解しなくても問題ありません)、数式内に線形回帰モデルと同様にβ_1、β_2といったパラメータが含まれている点に注目してください。線形回帰モデルの形状がパラメータによって決定されたのと同様に、ロジスティック回帰モデルにおいてもパラメータによってS字型の形状が決定されます。モデルの学習過程において、交差エントロピーが最小となるようなパラメータの組み合わせを、アルゴリズムが探索することによってロジスティック回帰モデルが完成します。

この学習済みロジスティック回帰モデルにより出力される値は0から1の間なので、CVする確率Pとして考えることができます。次の図2-04-5に示すように、ロジスティック回帰モデルの推論/利用フェーズにおいては、まず入力された特徴量をモデルに入力して確率Pを計算し、そのPの値が、所定の閾値(たとえば0.5)と比較して大きいか小さいかで、最終的なモデルの予測値($\hat{y}$)を0か1で出力します。機械学習モデルは数字しか扱えないので、この先の読み替え作業は人間の仕事となります[60]。すなわち、モデルの出力が

!

[60] そもそも学習する際に、CVした(1)/CVしなかった(0)といった具合で、目的変数を1か0の数字としてモデルに渡しています。モデルにとっては、この数字が何を表すかわからないままの状態で学習と推論を行っているので、モデルの出力結果を人間が読み替えねばならないという点は、ある意味で当然な流れかもしれません。このように、機械学習モデルが解釈可能な数字表現に特徴量や目的変数を変換するという作業が必要であり、第3章以降のテーマでもあります。

1であれば「CVする」に、0であれば「CVしない」に読み替えてやれば、最終的に任意のユーザーがCVするかどうかを、予測結果として得ることができます。

図2-04-5 ロジスティック回帰の推論フェーズ

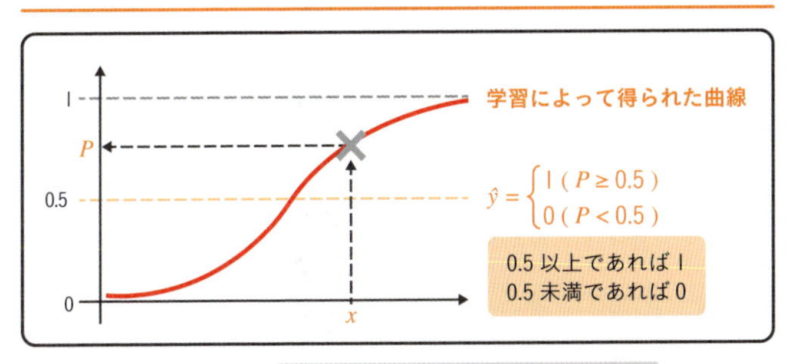

線形回帰と同様に、ロジスティック回帰モデルの場合にも複数の特徴量を扱うことができ、特徴量が増えるにつれて最適化対象となるパラメータも増えていきます。

ここで、ロジスティック回帰モデルを別の表現で図示してみましょう。図2-04-6の上段は今までの表現1で、下段が新しい表現2です（上下段の役割が揃うように図示してあります）。

表現2は情報伝達に着目して描かれており、ニューラルネットワークを図示する際に多用される表現です。

図 2-04-6 ロジスティック回帰のモデル表現

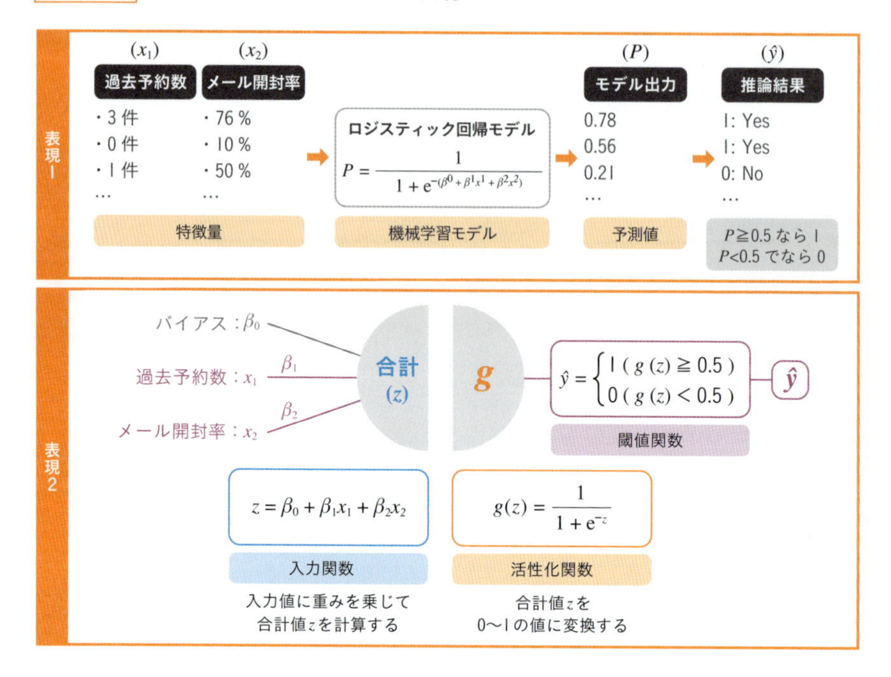

今まで特徴量と呼んでいた入力データ（x_1、x_2...）に、それぞれの重み（β_1、β_2...）を乗じて、合計したものを入力関数（z）と呼びます。つまり、zは$\beta_1 x_1 + \beta_2 x_2 + ...$といった具合に、入力データの数だけ重みと掛け算された値が合計されたものとなります。

ここで、入力データと同列にバイアス（β_0）という項目が現れていますが、これはデータから明示的に入力されるものではなく、学習過程によって得られる値となるため、灰色で示しました[61]。

この入力関数を受け取って、0から1の値を入力する関数が活性化関数です。ロジスティック回帰モデルの場合にはシグモイド関数が使用されます。

ロジスティック回帰モデルの場合は、最後に1か0の2値を出力するため、閾値関数を使って最終的な出力を得ます。この一連の流れを、もう少し簡便に表現すると図2-04-7のようになります。ここで、先ほどは入力関数の部

[61] バイアスは線形回帰モデルでいえば、1次方程式の切片の項に相当します。学習によってモデルの形状が決まれば自ずと算出される項目であり、モデル形状を表現する項目と考えられます。入力データ値に起因する偏り（バイアス）を是正するために導入されると説明されることもありますが、モデルの特性を決定づける要素の1つだと考えておけばよいでしょう。

分を合計値のzで表しましたが、合計値ではなく合計するという処理を表すべくΣという記号で表しています[62])。閾値関数を表すノードにはグラフ形状を図示していますが、これは活性化関数$g(z)$（横軸で表現）がある値を超えると、出力$\hat{y}$（縦軸で表現）が急激に0から1に増加することを表現しています。

図 2-04-7 ロジスティック回帰の簡易的なモデル表現

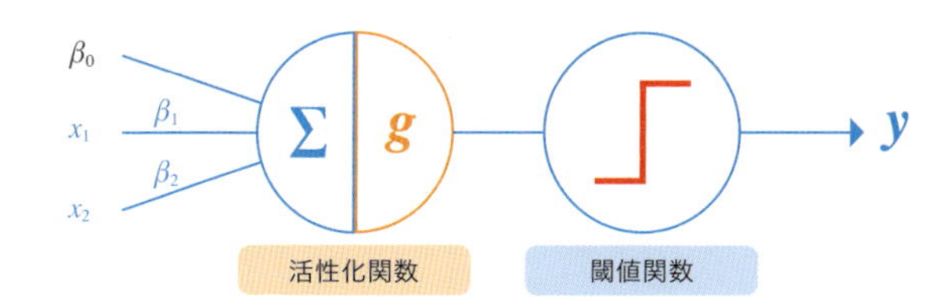

このように、複数の信号を受け取って1つの信号を出力する仕組みを単純パーセプトロンといいます。パーセプトロンはニューラルネットワークに用いられる考えなので、詳細な説明は次節のニューラルネットワークに譲りますが、ここではロジスティック回帰モデルが上図の通り表現できるという点を押さえておきましょう。

参考 複雑な損失関数の最適化について

ロジスティック回帰モデルの損失関数としては、交差エントロピー損失関数が使用されると述べましたが、仮に残差平方和（RSS）を損失関数として用いた場合はどうでしょうか。球場のビール売上を来場者数から予測する単回帰で損失関数を可視化したのと同じように、今回は特徴量が1つである次のロジスティック回帰モデルの損失関数を可視化してみましょう（図2-04-8はグラフを見る角度が異なるだけで、形状は同一です）。

[62] Σはシグマと発音されるギリシア文字で、現代のアルファベットの「S」（合計値を表すsumの頭文字）に当たる文字となります。

図2-04-8 ロジスティック回帰モデルの損失関数の可視化イメージ

$$P = \frac{1}{1 + e\text{-}(5 + 10x)}$$

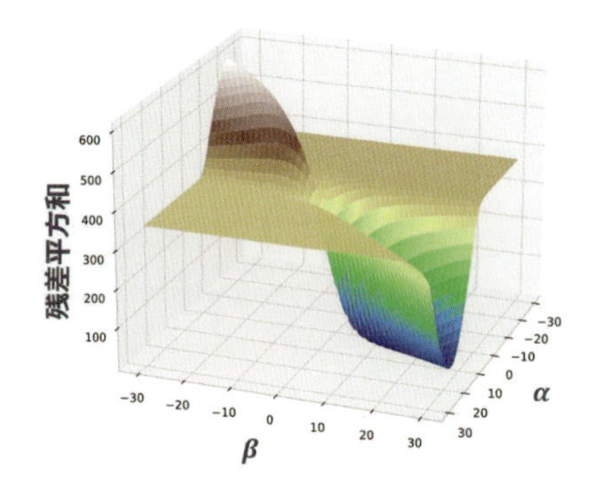

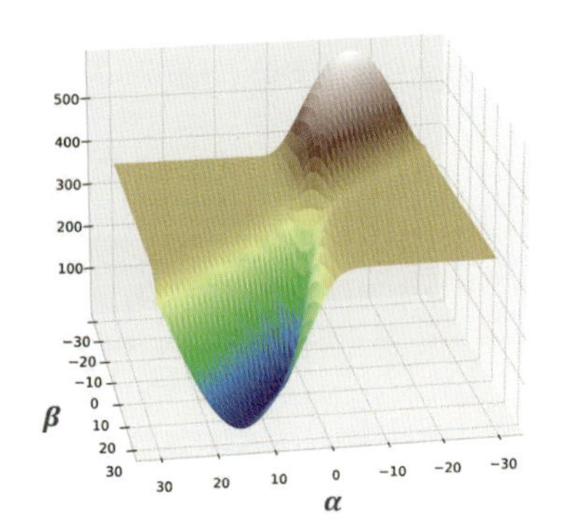

線形回帰の例ではお椀の底のような形状になっていましたが、ロジスティック回帰モデルの場合は複雑な形状になっています。アルゴリズムとして勾配降下法を用いる場合には、ある地点の傾きをもとに、次はどの方向へ、どの程度進めばよいかを判断しながら、残差平方和が最も小さくなる地点まで進むのでした。一方、このような損失関数の曲面である場合、傾きがほとんどない地点もあるため、最適化が困難となります[63]。

どのような損失関数を選択するにせよ、モデルが複雑になるにつれて曲面の複雑さは増大します。昨今の複雑なニューラルネットワークにおいて損失関数を同様に可視化してみると、たとえば次図2-04-9のような曲面になっています[64]。この損失関数は複雑ですが、基本的な考えとしては残差平方和[65]を含む関数が用いられています。

!

[63] ちなみに単純なロジスティック回帰モデルの場合、交差エントロピー損失関数を使えば比較的きれいなお椀型となりますが、今回はRSSを用いた場合の曲面の複雑さを説明するために取り上げました。パラメータの数がたった2つしかない単純なロジスティック回帰モデルであっても、損失関数はこのような複雑度合いになってしまうのです。

[64] 図2-04-9の損失曲面は、2018年公開の論文 "Visualizing the Loss Landscape of Neural Nets"（https://doi.org/10.48550/arXiv.1712.09913）で使用されたコードを使用して描画しました。画像認識に使われるResNetというニューラルネットワークの損失曲面を表したもので、次のサイトへアクセスすればWebブラウザ上で3次元的に動かして眺めることもできます（https://www.telesens.co/loss-landscape-viz/viewer.html）。

[65] このような残差平方和は、値同士の距離（残差の場合は、予測値と正解値との距離）と考えることができます。このような距離は、ユークリッド距離（Euclidean distance）、ユークリッドノルム（Euclidean norm）、L2ノルムなどと表現されます（ちなみにノルムとは幾何学的ベクトルの長さを表します）。文献や文脈によって使用される表現は変わりますが、いずれも同様なものを指していると考えてよいでしょう。

図 2-04-9 ニューラルネットワークの損失関数の可視化イメージ

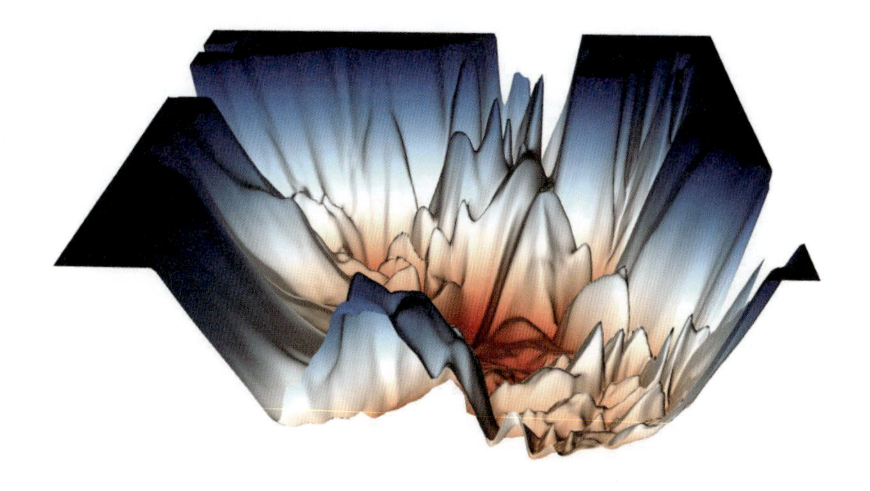

アルゴリズムは、目隠しで山下りをさせられているようなものですから、このような複雑な地形であれば探索に時間がかかってしまう（つまりモデル学習に必要な計算時間が多くなる）のもイメージできるのではないでしょうか。

05

ニューラルネットワーク〜より複雑な問題を予測する〜

昨今の複雑なAIの基本となる（人工）ニューラルネットワークですが、先ほどのロジスティック回帰をもとに理解を深められます。まずニューラルネットワークがどのように誕生したのか歴史を少し紐解いてみましょう。

ニューラルネットワークは人間の脳神経細胞（ニューロン：neuron）を模倣して作られています。生体のニューロンは、電気信号を受け取る多数の枝（樹状突起）、電気信号を送る1本の突起（軸索）、樹状突起からの入力信号を統合する細胞体から構成されます。入力信号の合計値がある閾値以上になると、神経細胞の電位が突発的に高くなります。この現象は発火（neuronal firing）と呼ばれ、発火した電気信号は軸索と末端のシナプスを通してほかのニューロンへ伝達されます。実際には、電気信号（インパルス）がシナプスまでくると、末端から神経伝達物質が放出され、受け取り側のニューロンにある受容体（レセプター）でキャッチされます。その量が一定以上になったときに電気信号が生まれる仕組みです。

図 2-05-1 ニューロンと人工ニューロンの比較

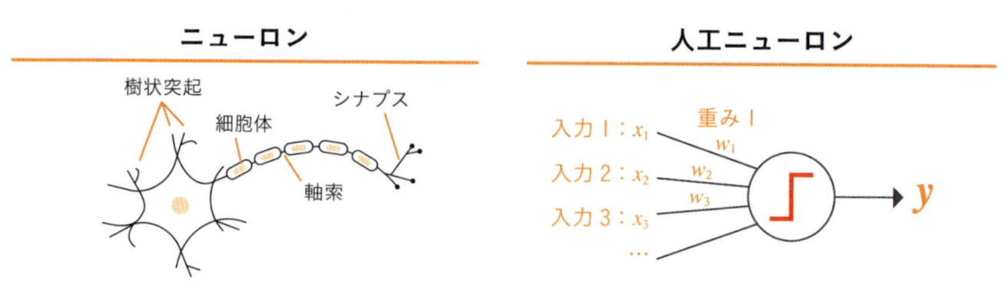

人間の脳全体には数百〜1千億のニューロンで構成された複雑なネットワークが存在するとされているので、このネットワークを模倣すれば高度な知能を再現できそうです。ニューロンの数学的なモデルは1943年に提案さ

れ、この形式ニューロン[66]は昨今のニューラルネットワークの原型となっています。図2-05-1には、形式ニューロンの模式図が描かれています。仕組みとしては単純で、0か1の入力データ（x_1、x_2、x_3...）に、あらかじめ決めておいたそれぞれの重み（w_1、w_2、w_3...）を乗じて合計し、この合計値がある閾値よりも高ければ1、低ければ0を出力します[67]。複数の入力（刺激）から1つの出力（反応）を生み出すプロセスを数学的に表現したものとも考えられます。この原始的なモデルは手動で重みを設定する必要があるなど、実用面で課題を抱えていました。

実用的なパーセプトロンの考案

この形式ニューロンの考え方をもとにして、1957年に米国で実用的なパーセプトロン（perceptron）が考案されました[68]。具体的には、バイアス項を導入して重みとバイアスを調整[69]できるようにしたのです。

現在のニューラルネットワークで用いられているパーセプトロンはおよそ図2-05-2のように模式化でき、これを単純パーセプトロンと呼びます。前節で紹介したモデル表現と近しいことがわかります。すなわち、活性化関数にシグモイド関数を採用し、最後に2値化する（閾値に応じて0か1に変換する）閾値関数を追加すれば、ロジスティック回帰モデルとなります。このように活性化関数は自由に選択可能であり、これによりニューロンの特性を変えられます。

!

[66]形式ニューロン（formal neuron)、あるいは論文著者らの名を取ってマッカロック・ピッツモデル（McCulloch-Pitts Model）などとも呼ばれます。著者の Warren MuCulloch 氏は脳神経学者で、Walter Pitts 氏は記号論理学者でした（参考：https://doi.org/10.1007/BF02478259)。

[67]マッカロック・ピッツモデルは、実際のニューロンの発火現象を再現するために形式ニューロンの入出力が 0 と 1 に固定されており、論文中では "all-of-none process" と表現されています。神経細胞は、受けた刺激がある閾値を越えると興奮する、越えなければ興奮しない、という生物現象に由来します。この形式ニューロンは単純ですが、AND や OR などの線形分離が可能な論理回路を表現できることが知られています。

[68]アメリカ海軍研究局（the United States Office of Naval Research）らの援助を受けて、Frank Rosenblatt 氏が 1957 年にパーセプトロンの最初の実用的な実装を行っています。20 × 20 に配置された計 400 個の光検出器からなる機械 "Mark-I Perceptron" を用いて、画像を分類することに成功しました。1958 年に公開された論文（https://doi.org/10.1037/h0042519）は、視覚と脳機能をモデル化したものです。

[69]バイアス項の導入によって実質的に機械学習可能な状態になり、実用的な情報処理装置が実現できたのです（バイアス項が未導入だとモデルの表現力が著しく下がってしまいます。線形回帰モデルで考えると、切片を導入しない場合は原点を通る直線しか描けず、学習データに対する当てはまりが悪くなります）。ちなみに "Mark I Perceptron" は電気モーターで計算を行う仕組みで、装置の写真を含む操作マニュアルが公開されています（https://apps.dtic.mil/sti/tr/pdf/AD0236965.pdf)。

また、人工ニューロンの図において円形で表された関数部分をノード(node)、ノードから伸びる線をエッジ(edge)と呼びます。

図 2-05-2 単純パーセプトロンのモデル表現

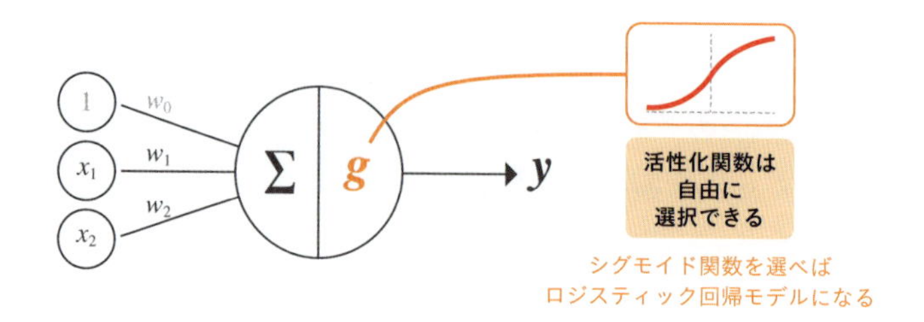

活性化関数は無数に提案されていますが、大まかに図2-05-3の5通りに分けられます[70]。本書では関数の名前や特性までは説明しませんが、さまざまな形状の関数が存在するイメージを持ってもらえればと思います。

図 2-05-3 活性化関数の種類

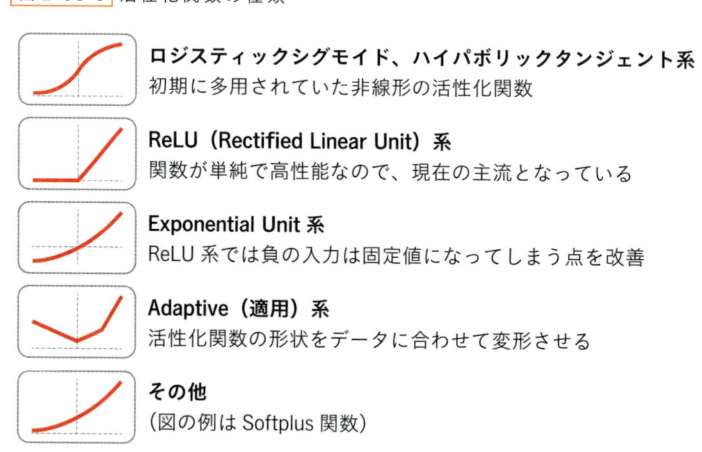

[70] 本文中の図は、2021 年に公開された活性化関数に関するサーベイ論文(https://doi.org/10.48550/arXiv.2109.14545)の区分を参考にしています。同論文はニューラルネットワークにおける活性化関数の包括的な概要と、最新の活性化関数の性能比較がを取り上げています。100 を超える文献が引用文献一覧に掲載されているので、活性化関数について深く知りたい方はご参照ください。

ニューラルネットワークはニューロンの組み合わせ

ニューラルネットワークは、このような単純パーセプトロンを複数つなぎ合わせたもので、たとえば図2-05-4のような構造となっています。

図 2-05-4 ニューラルネットワークのモデル表現

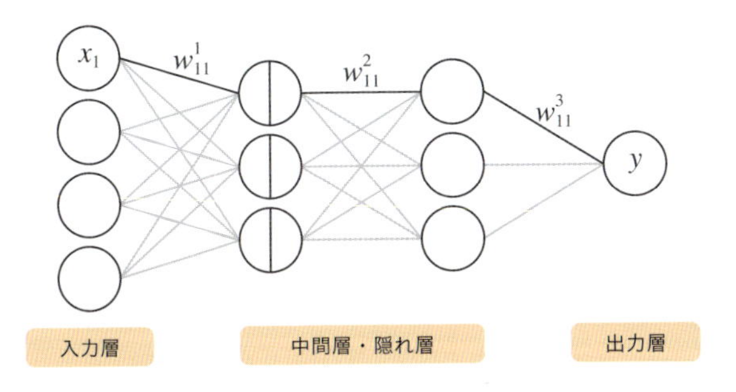

ニューラルネットワークが最初に情報を受け取るのが入力層です。入力層から情報を受け継いで計算を行うのが中間層（隠れ層とも呼ばれます）です。中間層が多いほど複雑な分析ができることが知られています[71]。中間層の数に決まりはなく、扱う情報に応じて任意に設定できます。最後の層は出力層と呼ばれ、結果を出力します。ニューラルネットワークは回帰問題、分類問題いずれにも対応できます。

中間層の厚みが増したニューラルネットワークはディープ（深層）ニューラルネットワーク[72]と呼ばれ、与えられたデータに適合する複雑な関数をネットワーク内で作り出し、あらゆる事象を模倣できる[73]とされています。ここで、注意したいのが必要となるパラメータ数の量です。図2-05-4では、中間層が2層しかありませんが、4つの特徴量を受け取って1つの出力を得

[71] 中間層が多くなるにつれて必要となる学習データや計算時間が必要となりますが、適切に学習を行えばモデル精度は高くなる傾向があります。また、中間層を持たず入力層と出力層のみからなり単一のニューロンを有するネットワークを単純パーセプトロンとみなすこともできます。

[72] 何層以上となったらディープになる、といった明確な指標はありませんが、3層以上の中間層があればディープニューラルネットワークであるとみなす場合があります。

[73] これをディープニューラルネットワークの万能近似定理（universal approximation theorem）と呼び、さまざまなタスクにおいてディープニューラルネットワークが用いられている理由でもあります。

るのに、合計で24個の重み（すなわちパラメータ）[74]が存在します。層が増えるほどに調整すべきパラメータの数は増大するので、大規模なニューラルネットワークの学習には莫大な計算リソースが必要になります。

万能そうに見えるディープニューラルネットワークですが、実務においてディープニューラルネットワークにデータを直接入力して使用する例は稀です。線形回帰やロジスティック回帰は統計的な分析の観点で使用されますが、これらのモデルに入力するようなデータ量では、ディープニューラルネットワークにとっては少なすぎます。

ディープニューラルネットワークは、自然言語解析や画像解析といった複雑なデータを扱う際に用いられることが主であり、第3章以降で各事例について説明します。

!

[74]図 2-05-4 内の重み（w^1_{11}、w^2_{11}、w^3_{11}…）を数えると 24 個になります。ちなみに、たとえば w^1_{23} の上つき添え字（1）は第 1 層目に向かう重み（結合重み）であることを表し、下つき添え字（23）は、第 0 層（つまり入力層）の第 2 ノードと、第 1 層の第 3 ノードをつなぐ重みであることを表しています。

第 3 章

自然言語処理入門

01

自然言語処理で何ができるのか？

第2章では、AIや機械学習の仕組みについて理解を深めました。本章では生成AIへの序章として、自然言語処理について紹介します。自然言語処理はNLP（Natural Language Processing）とも呼ばれ、私たちが使う自然言語（日本語や英語といった話し言葉）で書かれた文章をAIが読み取り、実行する処理です。自然言語処理の技術は、テキストの解析から意味の理解、さらには生成まで、幅広い領域にわたっています。この分野の発展には、統計学的手法や機械学習、最近では深層学習が大きく貢献しています。自然言語を処理することにより、AIは質問に答えたり、文章を要約したり、さらには人間の言葉で新しい文章を生成することが可能になります。

自然言語処理（NLP）は大きく自然言語理解（NLU）と自然言語生成（NLG）に大別されます。簡単にまとめると、文章から文脈や意味合いを抽出する処理がNLUであり、文脈や意味合いから文章を生成する処理がNLGとなります（図3-01-1）。

図3-01-1 自然言語処理

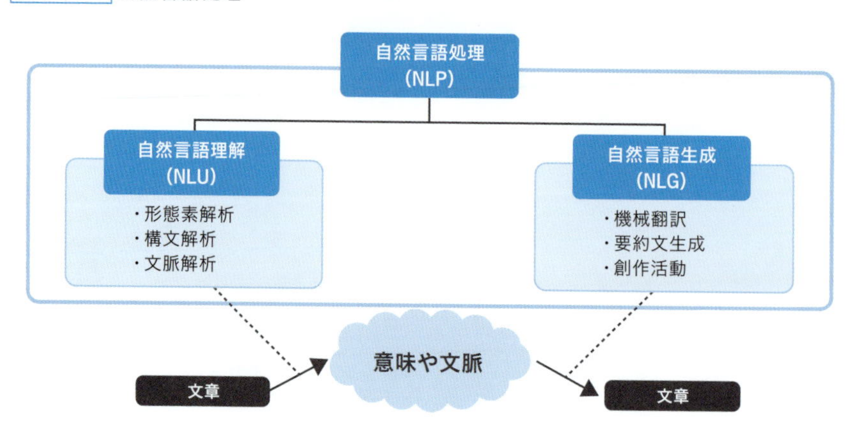

自然言語理解(NLU：Natural Language Understanding)

自然言語理解は、AIが人間の言葉を理解し、その意味や文脈を把握するプロセスです。形態素解析、構文解析、文脈解析などを行って文章の内容を理解する処理であって、文章中の意図や情報を正確に解釈することを目的とします。NLUのアプリケーション例としては、文章分類、文脈認識、感情分析、情報抽出などがあります。ユーザーが入力した自然言語のプロンプト（クエリを含む）に基づいて正確な情報を提供したり、テキストから特定の情報を抽出したりするのに役立ちます。

Google検索エンジンのアルゴリズムに使用されるようになったBERTなどが有名です。

自然言語生成(NLG：Natural Language Generation)

自然言語生成は、入力された文章の続きを生成したり文章の変換を行ったりする処理であって、AIが自然言語で新しいテキストを作り出すプロセスです。NLGの用途として、機械翻訳、要約文生成、AIによる創作活動などがあります。創作活動の例としては、ビジネスレポートの自動生成、顧客サービスでの自動応答生成など、多岐に渡るアプリケーションが登場しています。

OpenAIのGPTなどが有名です。

自然言語理解(NLU)の使いどころ

音声認識

スマートフォンやスマートスピーカーなどのデバイスでは、NLU技術を用いてユーザーの発話からコマンドを認識し、音楽の再生、ニュースの読み上げ、天気予報の提供、スマートホームデバイスの制御などを行います。多少の表現の揺らぎがあっても、ユーザーが実行したい処理を意図通りに実行したり、知りたい内容に対して回答したりすることが可能になります。

情報抽出と知識管理

NLU技術は、大量の文書やテキストデータから重要な情報を抽出し、構造化するのにも用いられます。インターネット検索はもちろん、企業において契約書、報告書、学術論文などから必要な情報を迅速に見つけ出し、効率的な知識の管理と活用に役立ちます。

感情分析

NLUの応用例として、感情分析があります。これは、文章に含まれる感情や意見を識別する技術です。ソーシャルメディアの投稿、製品レビュー、顧客フィードバックなどから、ポジティブ、ネガティブ、ニュートラルなどの感情を自動で判定します。企業は感情分析を活用して市場のトレンドを把握したり、顧客満足度を評価したりすることが可能となります。

自然言語生成（NLG）の使いどころ

機械翻訳（MT: Machine Translation）

機械翻訳とはある文章に対して自然言語処理を行い、別の言語に変換するものです。生成AI技術は翻訳ツールとして開発されたものではありませんが、ある文章を特徴量空間に埋め込み（第1章参照）、別の言語として取り出すという所作によって、翻訳でも高い能力を発揮します[1]。

コンテンツ生成

特定のデータに基づき、人間にとって読みやすい概要を自動で作成する応用例です。近年ではGoogle検索結果に生成AIによる検索体験（SGE: Search Generative Experience）が追加されています。同社は、目的の情報をすばやく簡単に見つける新たな方法と位置づけています[2]。

[1] 2023年1月に第1版が公開された論文（https://doi.org/10.48550/arXiv.2301.08745）では「データが豊富なヨーロッパ言語等においては商業翻訳製品（Google翻訳など）と競合する性能を発揮する一方で、データが少ない言語や遠い言語では大幅に遅れをとっている」旨の結論でした。その後にChatGPT-4が公開されたことによって論文も更改され、2023年11月に公開された第4版では「GPT-4では翻訳性能は大幅に向上し、遠い言語であっても商業翻訳製品と遜色ない性能である」旨の結論が述べられています。なお、当該論文における翻訳性能の評価にはBLEUスコアが使用されています。BLEUスコア（Bilingual Evaluation Understudy Score）は機械翻訳結果の精度評価指標として広く利用されており、自動翻訳と人間が作成した参考翻訳との違いを測定するものです。参考翻訳文と同一の単語列を含む出力文が高いスコアを算出するため、出力文において文法的な誤りが存在しても高いスコアを算出してしまうという欠点もあり、人間が翻訳文を評価した場合には異なるスコアが算出される場合があります。GPT-4が人間の翻訳者を完全に置換でき得るかという点については注意して考える必要があるでしょう。

[2] 同機能は2023年8月から日本国内でも試験提供が開始されました。参考：https://japan.googleblog.com/2023/08/search-sge.html

図 3-01-2 SGE の例

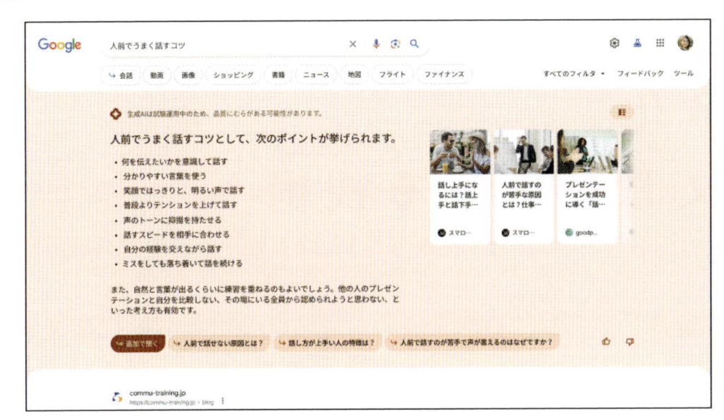

Google で検索すると、検索ワードをもとに生成されたコンテンツが表示される

チャットボット

チャットボットについてはChatGPTを想像するとよいかもしれません。自然言語生成（NLG）技術を利用して、人間との会話をシミュレートする応用例です。

世界で1億人以上のユーザーを有する言語学習サービス「Duolingo」は2023年にOpenAI社のGPT-4を採用し、言語学習者が対話型AIチャットボットを通して会話力を鍛える機能を提供しています。学習者はチャットボットからフィードバックや励ましの言葉を受け取ることもできます[3]。

どのように機械学習すればいいの？

自然言語処理は我々の身近なアプリケーションに広く応用されているというイメージを持つことができたと思います。第2章で学んだように、あらゆる機械学習モデルは数字で処理を行います。自然言語を何らかの形で数字表現に変換する必要があります。次節では、文章を数字表現に変換する技法を紹介します。

[3] 同機能は2023年3月に「Duolingo Max」として公開されました（参考：https://blog.duolingo.com/duolingo-max/）。一方で2023年時点では一部の言語に限り提供されており、米国や英国などの一部地域でiOS版のみの提供となっています。

02

離散化
～文章を区切る技術～

第1章で言及した通り、自然言語から成る文章は本質的に連続的で複雑なデータであり、時に長い文脈を持ち、一部を切り出しただけでは意味を成さないこともあります。また、機械学習モデルで自然言語を処理する際にはモデルが受け取れる形式で受け渡さなければなりません。たとえば過去のビール売上に関連する数字で表された特徴量を扱う場合、最初に「来場者数」「気温」といったデータを構造化[4]してモデルに入力すればよい一方、文章データの場合は連続する文章表現を直接モデルに入れられないので、適当に文章を区切ったうえで数値表現に変換する必要があります。

機械学習モデルはいくつかの特徴量をもとにして推論を行います。たとえば「来場者数」と「気温」という2種類の特徴量から「売上」を予測するように学習したモデルに対して、推論段階で「湿度」という新たな特徴量を追加して推論を実行することはできません。特徴量の数を文章の長さとして例えると、10単語から構成される文章を学習したモデルは10個の特徴量を入力として受け取りますが、11単語以上（あるいは9単語以下）で構成される文章を入力しようとしても、学習時に想定された入力個数ではないので推論を実行できません。世の中にはさまざまな長さの文章がありますが、文章の長さに応じたモデルを用意しておくわけにはいかないので、何らかの手法を用いて、任意の長さの文章を所定の長さ（固定長の数字データ）に変換する必要があります。このように区切った各単位を数値化して特徴量とすれば、先に学んだ機械学習で処理ができそうです。整理すると、文章を固定長の数字データ

!

[4] 構造化とはデータを整理して体系的に配置するプロセスで、端的にいえばExcelやCSVファイルのように「列」と「行」の概念を持たせることです。構造化データは検索、集計、比較などが容易になり、機械学習モデルへの直接的な入力が可能となります。一方で、日常で目にする契約書、帳簿、提案書など、フォーマット（構造定義）がないデータは非構造化データといい、構造化データと区分されます。

に変換し、コンピューターが処理しやすい形式に変換（離散的な要素に分割）する必要があります。

図3-02-1 文章を離散化するイメージ

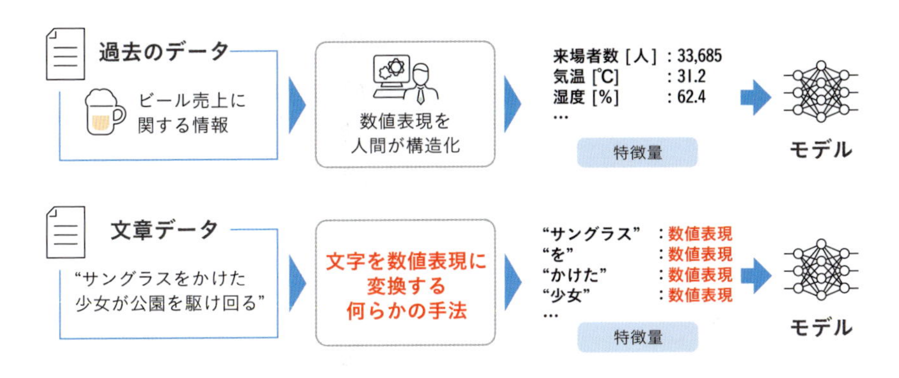

文章を区切る

文章を数字に変換するにあたって、まず文章を適当に区切ることが必要になります。たとえば、図3-02-2に例示したように、ほぼ同じ意味を持つ文章Aと文章Bを考えます。人間が読むと、これらが同等な意味を持つ文章だということがわかりますが、これは私たちが文章を文節で区切って各節の意味を無意識的に捉えているからです。仮に各文章を区切らずに単一の塊として捉えてしまうと、これ以上分解して意味を解析できなくなってしまいます。私たちはすでに文章を読解する能力を身につけているのでイメージしにくいかもしれませんが、コンピューターにとっては1つの文章を分解する術がないと、1つの絵画あるいは象形文字のように認識するしかないのです。これもまた、人間が見れば絵画の一部が少し違うだけだろうと思ってしまう部分ではありますが、絵画の一部が似ているという認識すらコンピューターにはできません[5]。それどころか、文章AとBは大半が一致している文字の羅列であるにも関わらず、軽微な違い（それも「駆け回る」と「走り回る」という同

[5] 詳細は第6章で説明します。

等な挙動を表す別表現）があるだけで、コンピューター上は別物と認識されてしまうことになります。他方で、逆に細かな粒度（たとえば1文字ずつ）で文章Aと文章Bに出現する文字をバラバラにするとどうでしょうか。この例では、文章Aと文章Bでは「駆」「け」と「走」「り」という文字が違うだけなので、両文章が類似しているということはコンピューターでもわかるかもしれません[6]。しかし「サングラス」という5文字で構成される、意味がある単語まで5つの文字にバラバラにしてしまったことにより、単語としての意味が逸失してしまうことになります。単語としての意味を失ってしまうと、より大きな塊である文章についても理解することが困難になりそうです。

図 3-02-2 文章を区切るイメージ

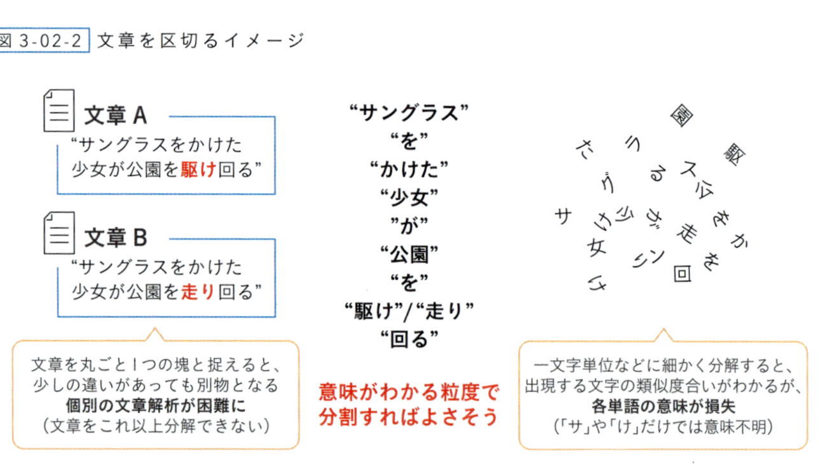

機械学習モデルで自然言語を扱う際には（上述した両極端の分割手法を踏まえて）、ほどよい粒度で区切ることができれば（人間が文節に区切って文章を読解するのと同じように）、文章の意味を解析できそうです。この適切な単位を「トークン」（token）、トークンに分割することをトークナイズ（tokenize）[7]と呼びます。英

[6] 異なる文字列（たとえば、文章Aと文章Bという2つの文章）の類似度を評価する指標として、レーベンシュタイン距離（Levenshtein distance）が有名です。1文字ずつ文字を挿入、削除、置換するという処理を何回実行すれば、文章Aを文章Bに一致させられるかを文字列間の距離としてスコア化したものです。図3-02-2の例では、文章Aから2回の置換処理（「駆」→「走」、「け」→「り」）を行えば文章Bになるため、距離は2となります（挿入、削除、置換、の各処理に異なる距離を割り振って算出する手法もあるので参考値と捉えてください）。このレーベンシュタイン距離の考え方は、英単語のスペルチェッカーや、OCR（スキャン画像やカメラ写真等から文字を認識する技術）の文字訂正などに応用されています。このように単語のtypoを検出するには便利な考え方ですが、文章を1文字ずつ分解してしまうと単語の意味が損失し、文章全体としても意味を捉えることは厳しくなりそうですよね。なお、レーベンシュタイン距離のように文字列間の類似度合い（遠さ）を指標化したものを編集距離（edit distance）といい、ほかにもいくつかの手法が提案されています。

[7] 日本語では「分かち書き」と表され、語や文節の間を1字分空けて書くことを指します。

語などのヨーロッパ系言語の場合は、すでに文章がスペースで区切られているので機械的に区切って処理できますが、日本語の場合は明示的な区切り記号がないので工夫が必要です。

本節では、具体的な区切り方についていくつかの手法を紹介します。

形態素解析

たとえば、図3-02-3の自然文章（日本語）を考えたときに、要素ごとに空白で区切りを入れます。この各要素のことを形態素（morpheme）[8]と呼びます。形態素解析を端的に説明すると、「『少女』は名詞」といった具合に語彙や文法をルール化して分割します[9]。

形態素を品詞単位で区切ると、たとえば名詞や形容詞といった特定の品詞だけ抜き出して分析を行ったり、係り受けにより文章を解析したりできそうです。係り受けとは「文中の言葉同士の関係性」のことで、係り受け解析とは文中の各要素（単語ないし文節）がどのように関連し合っているかを解析する技術を指します。これは、文を構成する要素間の「係り受け関係」を明らかにすることで、文の意味構造を理解するための重要な手段です。日本語では動詞や助詞などが、文節間の関係性を示す重要な因子となり、これらを解析することで文の全体的な意味を捉えられます。

たとえば「サングラスをかけた少女が公園を駆け回る」という文章において、「少女が」が「駆け回る」に係る主語であること、「公園を」が「駆け回る」に係る目的語であることなど、各文節がどのようにほかの文節に関連しているかを解析します。この解析により、文の構造を理解し、より複雑な自然言語処理タスクへの応用が可能となります[10]。

[8] 形態素はトークンと同様、文章の分割単位のことです。トークンはスペースなどの区切り文字や一定の長さで分割された任意の文字列片です。たとえば「I have a cat」という英文は空白文字によって区切ることで「I/have/a/cat」の4つのトークンに分割でき、また機械的に空白記号を含んで2文字ずつで区切って「I␣/ha/ve/␣a/␣c/at」と6つのトークンに分割することもできます。このように、トークンが文章の物理的（ないし計算機科学的）な分割単位であるのに対して、形態素は言語の意味的な分割単位であると説明できます。

[9] 多くのルールを辞書のように定義するのが最もシンプルな手法なのですが、2000年前後からは日本語文章の単語出現頻度を考慮して機械学習を行う形態素解析手法（Mecab、Kuromoji、JUMAN、Chasenなど）が現れました。昨今は深層学習を利用した手法（JUMAN++、など）も提案されています。

[10] 図3-02-3中の係り受け解析には自然言語処理ライブラリ「GiNZA」（ギンザ）を用いました。「GiNZA」は株式会社リクルートのAI研究機関であるMegagon Labsと国立国語研究所との共同研究により生まれた日本語自然言語処理オープンソースライブラリです。先進的な自然言語処理ライブラリ「spaCy」をフレームワークとして使用しており、日本語の形態素解析器「SudachiPy」を使用しています。参考：https://www.recruit.co.jp/newsroom/2019/0402_18331.html

図 3-02-3 係り受け解析

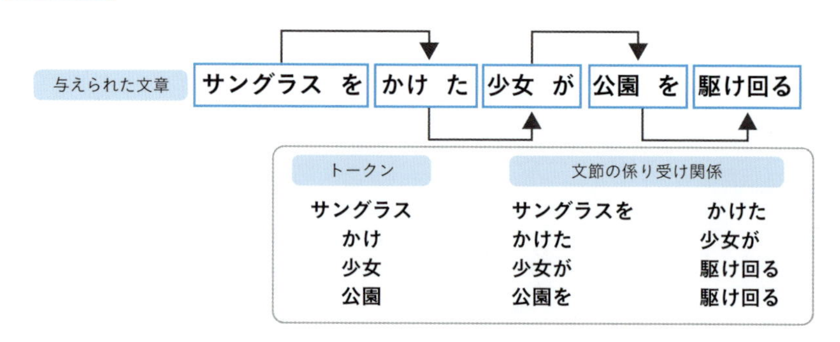

サブワード分割

先ほどのように形態素や文節で文章を区切ってしまえば離散化自体は可能そうですが、世の中にあるすべての単語を列挙するのは非現実的です。仮にできたとしても、ほぼ無限の語彙数（vocabulary）が必要となり、計算量が増えてしまいます。さらに、学習時に登場しなかった未知語に対してはうまく対処できません[11]。

こういった背景から考案されたのが、単語をさらに小さな単位（サブワード）に分割するサブワード分割です。極端な話ですが、英語文章をすべてサブワードに分解すると、大文字と小文字のアルファベットで計52種になります。ここまで分割すると、すべての英文は52種の語から構成されることになるため、語彙数（vocabulary）を圧縮できます[12]。論文1本でも学習させれば、全アルファベットが使用されていると思われるので、基本的に未知語（というより未知の文字）に遭遇することはなくなるでしょう。たとえば、図3-02-4のような具体例を考えます。

!

[11]たとえば、「マイナポイント」という語句が辞書に登録されていないと「マイナ」「ポイント」といった具合で、意図せずに分割されてしまうことが考えられます。これは 2013 年に公開された "unidic-mecab-2.1.2" という辞書を用いた場合の分割例です。マイナポイント事業が開始されたのは 2019 年なので、辞書作成当時は未知語でした。日本語形態素解析における未知語処理手法として、既知語からの派生ルールを用いる方法などが提案されています。参考：https://doi.org/10.5715/jnlp.21.1183

[12]このような手法を、character 分割、文字トークン化、"character-level tokenization"、"character-based tokenization algorithm" などといいます。

図 3-02-4 サブワード分割のイメージ

文章データ

...**pneumonoultramicroscopicsilicovolcanoconiosis** is a specific type of **pneumoconiosis** caused by the inhalation of **volcanic silica**

※簡便のため、太字部分のみトークン化する想定

❶機械的な分割（空白区切り）	❷サブワード分割	❸文字トークン化
pneumonoultramicroscopicsilico-volcanoconiosis, pneumoconiosis, volcanic, silica	pneumono, ultra, micro, scopic, silico/silica, volcano/volcanic, coniosis	e, s, u, l, m, i, r, p, v, a, o, n, c, t
使用トークン：4種	使用トークン：7種/9種	使用トークン：14種

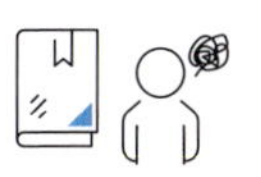

pneumono: 肺
volcano/volcanic: 火山
coniosis: 塵肺疾患

e? s? u?

全単語を辞書に載せられない（これから誕生し得る肺疾患名を含めて網羅することは不可能）

何となく意味がわかる

文字単独では意味を推測できない

この例では、次の旨の英文が与えられたと仮定します。

- **超微視的珪質火山塵肺疾患は火山塵の吸引によって引き起こされる塵肺の1つである**

英語文章は空白文字で文章が分かれているので、機械的に分割してトークン化する手法[13]（図中①）が考えられます。与えられた文章を空白文字で区切ってトークン化したあと、今回は次の4つの単語に注目することにします。

- **超微視的珪質火山塵肺疾患（pneumonoultramicroscopicsilicovolcanoconiosis）**[14]
- **塵肺疾患（pneumoconiosis）**
- **火山の（volcanic）**
- **珪質（silica）**[15]

[13] ヨーロッパ系言語（ドイツ語、ロシア語、英語など）のトークン化を行うライブラリとして有名なものに mosestokenizer があります。基本的には空白文字で区切られます（例："Hello, AI!" を "Hello"+","+"AI"+"!" に分割する）

[14] 同疾患は 45 文字の英単語で表現されます。英語辞書として著名な OED（Oxford English Dictionary）に掲載されている中で最も長い単語の 1 つです。

[15] "volcanic silica" で「珪質（シリカ ; SiO2）の火山塵」を表します。

この世に存在するすべての単語を掲載した辞書があれば、その辞書に含まれている単語すべてをトークンとしてモデルに与えられます。一方で、超微視的珪質火山塵肺疾患のような低頻度語を含めて網羅すれば膨大な辞書となってしまい、かつ未知の単語に対しては対応できなくなってしまいます。

次に、注目する4単語についてアルファベットで1文字ずつ分割することを考えます（図中③）。4つの単語に含まれるアルファベットは14種類なので、14種のトークンが得られます。この手法はシンプルですが、各トークンに注目すると「e」や「s」単独になり、元々の単語の意味を損失してしまいます。このように文字ごとに区切ってしまうと単語やフレーズのような、より大きな意味の単位が失われるため文脈を捉えるのが難しくなり、文章の意味を理解することが困難になります。たとえば日本語でも、「火山」という単語を考えたとき、この単語単独で"volcano"という意味を持つため、「火」（"fire"）と「山」（"mountain"）という2つに分割しないほうが、文章中における本来の意味を保持することができそうです。

そこであらかじめ用意した大量単語を学習して、その中で隣り合う頻度が高い文字列を結合するルールを作っておけばどうでしょう。たとえば、"**pneumo**nia"（肺炎）、"**pneumo**thorax"（気胸）など、学習した文章中においてpneumo[16]の出現割合が高ければ単独のトークンと定義する、といった具合です。このように分割する手法がサブワード分割（図中②）であり、もともとの単語の意味をある程度保ちつつ、複雑な単語（未知の単語[17]）に対しても効果的に分割できます。

実際には、機械学習によって適切なサブワード単位が決定されます。単語単位に分割し、分割された各単語に対して、サブワード分割手法（BPE[18]、WordPiece[19]など）を用いてサブワード単位に分割します。これらの手法は主

[16]"pneumo-" は、肺や空気に関する単語に使われる接頭辞です。

[17]仮に "pneumonoultramicroscopicsilicovolcanoconiosis" という単語が学習データの中に入っていなかった（未知語であった）場合でも、pneumono（肺）、ultra（超）、microscopic（微視的）、silico（珪素）、volcano（火山）、coni（塵）、osis（疾患）といったサブワードに分割できます。各サブワードには（少なくともアルファベット1文字以上の）意味が含まれているため、分割前の単語に含まれた意味をある程度保持することが期待できます。

[18]BPE（Byte Pair Encoding; バイトペア符号化）とは、文字のつながりを見て、頻出する文字同士を結合させる手法です。要するに、単語内のつながりやすいアルファベットの組み合わせをサブワードとするものです。日本語においてはもともとの語彙数がアルファベットよりも段違いに多いので、そのペアを探して登録することを繰り返すと、語彙数がかえって多くなってしまうことが知られています。

[19]考え方としてはBPEに近いです。WordPieceは最も頻度の高いシンボルペアを選択するのではなく、一度語彙に追加された学習データの尤度（もっともらしさ）を最大化するものを選択します。

に教師なし学習が用いられていて、文章データさえあればトークナイザを構築できます。サブワード単位に分割された語を言語モデルへの入力に用いることで、低頻度語に対して頑健性を向上させます。

次に日本語でサブワードを学習する場合を考えましょう。英文の場合は空白文字で機械的に区切ることができましたが、日本語の場合は形態素解析を行って文章を区切る必要があります。図3-02-5のように、形態素辞書を用いて単語単位に分割する点が、英文との違いです。図3-02-5では、先に提示した英文の日本語版を例として用います。簡便のため、「超微視的珪質火山塵肺疾患」「火山塵」「肺疾患」の3単語に注目します。

図3-02-5 日本語におけるサブワード分割のイメージ

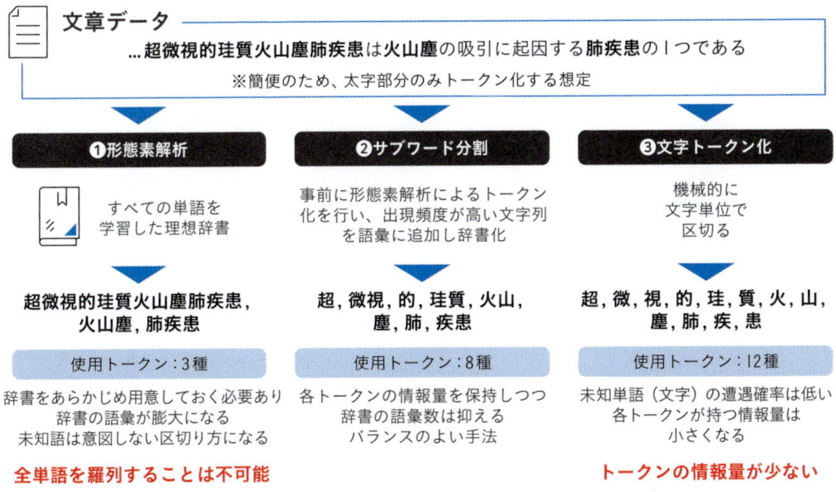

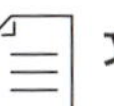

文章データ

…**超微視的珪質火山塵肺疾患**は**火山塵**の吸引に起因する**肺疾患**の1つである

※簡便のため、太字部分のみトークン化する想定

❶形態素解析

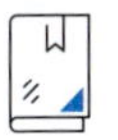

すべての単語を
学習した理想辞書

超微視的珪質火山塵肺疾患, 火山塵, 肺疾患

使用トークン：3種

辞書をあらかじめ用意しておく必要あり
辞書の語彙が膨大になる
未知語は意図しない区切り方になる

全単語を羅列することは不可能

❷サブワード分割

事前に形態素解析によるトークン化を行い、出現頻度が高い文字列を語彙に追加し辞書化

超, 微視, 的, 珪質, 火山, 塵, 肺, 疾患

使用トークン：8種

各トークンの情報量を保持しつつ
辞書の語彙数は抑える
バランスのよい手法

❸文字トークン化

機械的に
文字単位で
区切る

超, 微, 視, 的, 珪, 質, 火, 山, 塵, 肺, 疾, 患

使用トークン：12種

未知単語（文字）の遭遇確率は低い
各トークンが持つ情報量は
小さくなる

トークンの情報量が少ない

日本語の場合には文章を区切るに当たって形態素解析が必要です（図中①）。ここですべての単語が網羅されている形態素辞書があるとすれば、「超微視的珪質火山塵肺疾患」を単一のトークンとして認識できますが、全単語を網羅した形態素辞書は非現実的です。日本語の場合も大量単語を学習し、隣り合う頻度が高い文字列を結合するルールを作り、それに基づいてサブワード分割を行うこと（図中②）によって、各トークンの情報量を保持しつつ辞書の語彙数を抑えることが期待できるのです。

SentencePiece

日本語の場合はサブワード分割を学習する際にトークンに分割する必要があり、最低限の辞書は必要になってしまいます。それなら最初から形態素に分けずにトークン分割してしまおう（つまり図3-02-5の①を経ずに直接②を実行する）、という考え方に基づく手法がSentencePieceです。この手法は言語に関する事前知識を必要とせず、生のテキストデータから直接サブワード単位を学習します。英語圏言語で用いられている空白スペースも文字として扱うので、日本語や中国語のように、空白文字区切りではない言語と同様に扱うことが可能です。この手法はGoogleが開発し、GitHub上でオープンソースとして公開[20]されているため、研究者や開発者は自由に利用できます。SentencePieceは、特にTransformerベースのモデル（たとえば、BERTやGPT）の前処理として使用されています。

まとめ

形態素による係り受け解析は、助詞や名詞のデータベースに基づく、人が作成したルールに基づく（ルールベース）処理によって文章を解析します。この手法はコンピューターが自然言語の文法的構造を理解するうえで重要であると考えられています。このようなルールベースのアプローチは、特定の言語の文法規則や特性を詳細に反映できるため、高い精度での解析が可能です。一方で、ルールの作成とメンテナンスに多大な労力がかかり、未知の表現や言語の変化に対応するためには定期的な更新が必要になるという課題もあります。

BERTやGPTといった現代的な機械学習モデルでは、文章をトークンに変換したあとの各トークン間の関連性を学習して、人が作成したルールに依存せずに自ら係り受けの学習（に近いこと）をしていると考えられます。このように自ら特徴を学習するには、Attention機構という要素技術が重要なのですが、こちらについては第5章で触れます。

[20] GitHubはソフトウェア開発のプラットフォームで、個人や企業を問わず幅広いユーザーがコードを共有しています。8,000万件以上ものプロジェクトが管理されており、SentencePieceは次のURLにてApache2.0ライセンス下で公開され、なおも継続的に開発とメンテナンスが行われています。参考：https://github.com/google/sentencepiece

OpenAIのGPTシリーズでは、tiktokenというトークナイザ[21]が使用されています。図3-02-6に「こんにちは。今日の天気は？」を分解した様子を紹介します。「こんにちは」は単一のトークンとして処理されていますが、それ以外の文字は単独で区切られています。なお、GPT-3.5やGPT-4では、「cl100k_base」というエンコーダー（encoder）が使用されています。エンコーダーとは、第1章で述べた通り潜在表現を獲得する機能ですが、ここではトークナイズを行ったうえで各トークンをIDに変換する処理を指します。たとえば「こんにちは。今日の天気は何ですか？」という文章をトークナイズすると、次の12トークンに分割されます。

['こんにちは', '。', '今', '日', 'の', '天', '気', 'は', '何', 'です', 'か', '？']

これらの各トークンにはIDが割り振られているため、モデルの内部において各トークンは文字ではなくIDで識別されることになります。たとえば上の文字の場合、トークンIDは次のようになります。

[90115, 1811, 37271, 9080, 16144, 36827, 95221, 15682, 99849, 38641, 32149, 11571]

図3-02-6 GPTにおける文章の区切り方

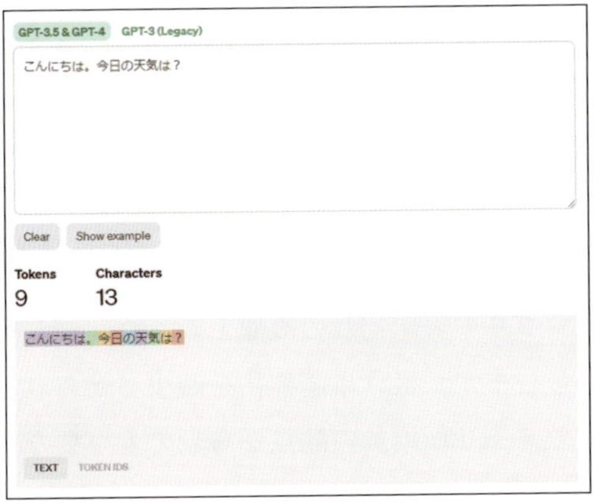

人間の感覚からすれば、「今日」や「天気」という語句は単独で取り出したほうが意味を成しそうですが、多言語の大量文章を学習した結果、これらは分けたほうが都合がよいという結果になったのでしょう。現代的な機械学

[21] 高速BPEトークナイザで、トークナイザの挙動はOpenAIのWebページ上で確認できます。参考：https://platform.openai.com/tokenizer

習モデルで使用しているAttention機構が強力なのは、人が作成したルールに依存せずに、広域的なトークン（人間が単語として捉えている単位とは異なる、大量の学習によって区切られた単位）間の関連性を学習可能である点です。たとえば係り受けを学習するにあたって、人間が作成したルールに基づいて分割された単語間の係り受けを学習する限り人間の性能を超えることは難しいでしょう。これが、昨今の大規模言語モデルがルールベースの形態素解析ではなく、さらに細かいトークン単位での学習を行う大きな理由です。

Attention機構を採用した現代的な大規模言語モデルは、単語やフレーズの分割方法に対する人間の直感的な理解を超える能力を持っており、これらのモデルは大規模なデータセットから複雑な言語パターンを学習することで、より洗練された言語理解と処理を実現します。この進歩は、人間が作成したルールベースのシステムでは到達できない新たな可能性を開くものであり、自然言語理解の分野における今後の研究や応用に大きな影響を与え続けるでしょう。

参考 前処理手法

ここでは、参考として文章を離散化する際に用いられる前処理手法を紹介します。実際には、分析対象となる文章に合わせて複数の手法を組み合わせて適切な分析を行います。

正規化（表記揺れを是正）

文字種の統一、つづりや表記揺れの吸収といった、同じ意味を持つ単語表現を統一する処理をします。扱う単語種類を減少させられるので、後続の処理における計算量やメモリ使用量の観点から見ても重要な処理です。

文字種の統一

アルファベットの大文字を小文字に変換する、半角文字を全角文字に変換する、といった処理を行います。たとえば「Cat」の大文字部分を小文字に変換して「cat」にしたり（ケースノーマライゼーション）、「ﾈｺ」を全角に変換して「ネコ」にします。このように文字種の区別なく同一の単語に変換することで情報を一貫して扱えるようになります。Unicode正規化[22]と呼ばれる手法が有名です。

数字の置き換え

文章中に出現する数字を別の記号に置き換えます。たとえば、ある文章中に「2017年10月10日」のような数字を含む文字列が出現したとしましょう。数字の置き換えではこの文字列中の数字を「0年0月0日」のように変換してしまいます。自然言語処理のタスクにおいては、文章に含まれる数字自体は役に立たないことが多いからです。

具体例として、ニュース記事のジャンルを分類するタスクを考えてみましょう。この場合、記事の公開日付はジャンル分類に直接影響を与えないため、数字の置き換えを行っても問題ありません。他方で、経済ニュースの分析のように記事に記載されている具体的な数字（たとえば株価や経済指標）が重要な役割を果たす場合には、数字の置き換えは適切ではないでしょう。自然言語処理における数字の扱いは、タスクの性質に大きく依存します。数字を無視することで情報の損失が生じる可能性があるため、数字を置き換えるかどうか、またどのように置き換えるかを慎重に検討する必要があります。たとえば文脈に応じて数字を保持するか、特定のタグで置き換えるか、あるいは完全に除去するかなど、タスクの目的に応じて最適な処理方法を選択することが重要です。

辞書を用いた単語の統一

辞書[23]を用いた単語の統一では、各単語を代表的な表現に置き換えます。たとえば、「オレンジ」と「orange」という表記が入り混じった文章を扱うときに、どちらかの表現に寄せて置き換えてしまいます。これにより、以降の処理で2種類の単語を同じ単語として扱えるようになります。置き換える際には文脈を考慮する必要があります。

!

[22] Unicodeとは、さまざまな言語や記号に番号（文字コード）を割り当てて定義した標準規格。全角半角の統一以外にも、「①」と「1」といった等価な文字表記を統一する処理も実行可能です。

[23] 有名な辞書としてWordNetが挙げられます。単語間の意味的関係を体系的に整理した大規模な辞書データベースで、単語を「シノニムセット（synsets）」と呼ばれる同義語のグループに分類し、これらのグループ間のさまざまな意味関係（たとえば、上位語／下位語関係、部分／全体関係など）を定義しています。異なる単語が同じ概念を指している場合や、同じ単語が複数の意味を持つ場合、WordNetを使用してこれらの単語や意味の関係を特定し、文脈に応じて表記揺れを是正できます。

ストップワード(stop word)の除去

ストップワードとは、自然言語処理を実行する際に一般的で役に立たない等の理由で処理対象外とする単語のことです。たとえば、助詞や助動詞などの機能語（「は」「の」「です」「ます」など）が挙げられます[24]。これらの単語は出現頻度が高い割に役に立たず、計算量や性能に悪影響を及ぼすため除去されます。ストップワードの除去にはさまざまな方式がありますが、ここでは以下の2つを紹介します。

辞書による方式

あらかじめ定義されたストップワードのリスト（辞書）を使用して文章からストップワードを除去します。この辞書は、その言語で一般的に使用される前置詞、冠詞、接続詞などの単語を含んでおり、自然言語処理においてほとんど意味を持たないと考えられる単語から構成されます。辞書を用いる利点として、シンプルで実装が容易である点が挙げられます。一方で、辞書が固定されているため、特定のドメインやコンテキストに特有のストップワードをカバーしきれない可能性があります。

出現頻度による方式

テキスト全体での単語の出現頻度を分析し、あまりにも頻繁に出現する単語や、逆にほとんど出現しない単語をストップワードとして扱います。頻繁に出現する単語は、一般的に内容の理解にあまり寄与しないと考えられるため、ストップワードとして除外されます（たとえば「の」「あの」「この」など）。一方、非常に稀にしか出現しない単語も重要な意味を持たない場合が多いため、除去の対象となることがあります。与えられたデータに対して柔軟にストップワードを定義できますが、単語の出現頻度だけを基準にして機械的に除去してしまうと、重要な情報を持つ可能性のある単語を除去してしまうリスクも伴います。また、複数の文章中における各単語の出現頻度に基づいて単語の重みを調整するTF-IDFといった手法をもあります（後述）。

[24] 英語のストップワードとしては、"the"、"a/an"、"is"、"at"、"which"、"on" などの前置詞、冠詞、接続詞が挙げられます。

まとめ

自然言語で書かれた文章の前処理には、先述した正規化やストップワードの除去といった処理以外にも複数の手法が考えられます。各言語に特有なルールを適用する必要もあるかもしれません。たとえば日本語では、ひらがなとカタカナ、漢字の使用に関する正規化が必要になる場面もあるでしょう。文章データから分析に不要な表現の揺らぎを取り除き、データを機械学習モデルやその他の分析手法で扱いやすい形に整形する処理は分析精度の向上に不可欠です。どのような前処理手法を適用するか、またその程度は、次のような観点で慎重に選択する必要があります。

文章データの性質

文章で扱われている言語や専門分野によって、適切な前処理手法が異なります。例として、技術文書や医療記録などの特定のドメインでは、稀有な専門用語であっても重要な意味を持つと考えられるため、これらをストップワードとして除外すべきではないでしょう。SNSの投稿、ニュース記事、学術論文など、テキストの形式や出典によって、言語の使用法やスタイルが異なるため、前処理のアプローチも変わってきます。たとえば、絵文字や顔文字は、その感情的な表現に意味があったり、何かを代替して表現していたりする場合があるため、どのように処理を行うかを検討する必要があります。

分析の目的

分析の目的に応じて特定の単語やフレーズが重要である場合や、逆に無視すべき場合もあります。たとえば、感情分析では否定語が重要な役割を果たすため、これらを除外しないようにする必要があります。

03

単語文書行列 ～BOWとTF-IDF～

前節では文章をトークンに分割するイメージについて理解を深めました。一方で、このままではまだ数字ではないので、モデルに入力するため（数値的に解析可能な形式に変換するため）には何らかの処理が必要になります。ところで一般的に数字というと「171」や「65」といった整数、あるいは「3.14…」といった小数を思い浮かべるかと思いますが、こういった私たちが普段目にする数字単独では、何かしらの大小（たとえば身長や体重）しか表せません。このような数値表現をスカラーといいます[25]。一方で、これらの数字を組み合わせた概念をテンソルといいます（図3-03-1）。

図 3-03-1 テンソルのイメージ

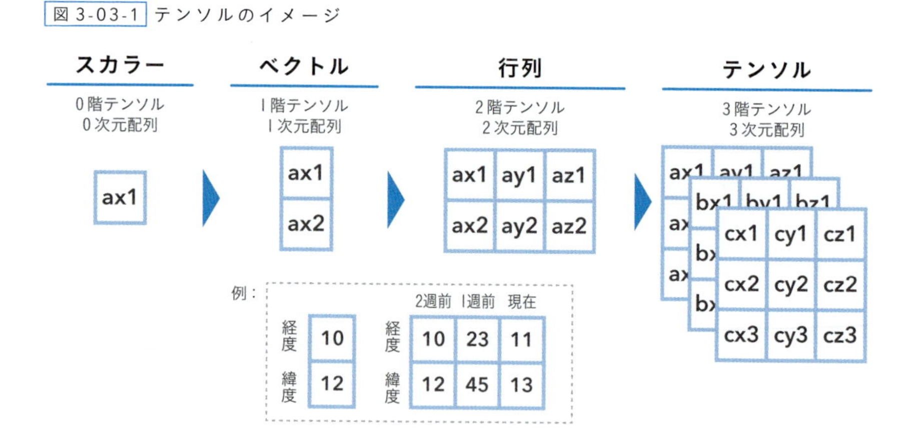

このスカラーを複数集めて意味を持たせることを考えましょう。たとえば2つのスカラーを緯度経度として定義します。すると1つ1つのスカラー

[25]スカラー（scalar）とは主にベクトルと対比する場面で用いられることが多い表現であり、実数（real number）を指します。実数とは世の中に実在する数で、整数や小数などを含みます。対して、世の中に存在しない数を虚数（imaginary number）といいます。ベクトルは大きさと方向の意味を持ちますが、スカラーは大きさしか表すことができません。

では意味を成さなかったのが、2つのスカラー（角度）をセットとして地球上の地点を表せるようになります。このように複数のスカラーを集め、各スカラーに（方向や角度といった）ある方向性の意味を持たせた数字表現を「ベクトル」と呼びます。緯度経度はもともと数値なのでイメージしやすいかもしれませんが、甘みや酸っぱさといった量的な尺度も図3-03-2のようにベクトル化できます。ベクトルを生成することによって、たとえばイチゴとキウイは比較的近しい位置にあるので似たような性質を持っている、という解釈を行えます。

図 3-03-2 さまざまなベクトル表現のイメージ

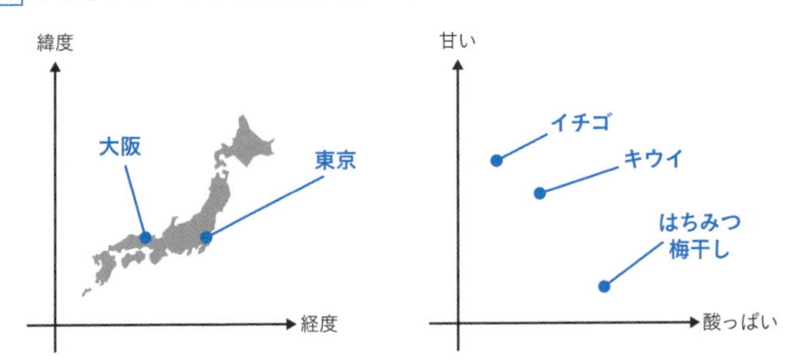

さらに複数のベクトルを寄せ集めて、それぞれを2週前／1週前／現在のAさんの所在地として定義すると、これらの位置情報（緯度経度）と時間情報を表す数字表現を獲得できます。このように複数のベクトルを集めた数字表現を「行列」と呼びます。

図 3-03-3 ベクトルを集積した行列のイメージ

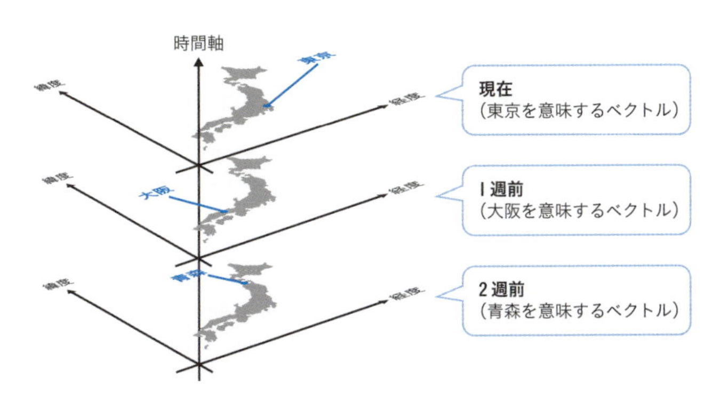

スカラーに始まった数字表現を段階的に集積することで、「スカラー」→「ベクトル」→「行列」へと発展しましたが、これらの数字表現をまとめてテンソルと表現します。つまり大本となるスカラーは0階テンソル（0次元テンソルとも表現されます）となり、徐々に階数が上がっていくにつれて、テンソルに含まれる情報の粒度が増大します（図3-03-1では3階テンソルまでしか図示していませんが、上限なく増やせます）。

人間にとってはせいぜい行列ぐらいまでしかイメージしにくいですが、コンピューターはテンソルという表現を使って高度な情報を整理できるのです[26]。

ここまでの話で、文章という情報量が大きなデータをテンソルに変換できれば、モデルが処理できる数字表現を獲得できるとイメージできたと思います。文章をトークンに変換したあと、何らかの方法でテンソルに変換すればよいのです。たとえば、各トークンに対して文章に出現する単語の頻度を数値化すれば、各トークンの特徴を表現できそうです。このように作成したデータを単語文書行列（document-term matrix）といい、文章を数字表現に変換する基本的な手法です。本節では、文章データを構造化データに変換する手法としてBOWとTF-IDFを紹介します。

Bag of Words（BOW/BoW）

Bag of Words（BOW）モデルは、テキストデータの分析においてよく用いられる手法の1つであり、文章内に含まれる単語の出現回数に基づいて固定長のベクトルとして表現します。たとえば、次の3つの映画レビューがあった場合、BOWモデルは各文章に含まれるすべてのトークンを収集し、各トークンがその文章に何回出現するかをカウントします。

① 脚本が秀逸で映画全体を通して感動した

!

[26] この部分だけ切り取ると「コンピューターってすごいんだな」と思われるかもしれませんが、よくよく考えてみると我々の頭の中でも高度な情報処理が行われているはずです。第1章のMEMO「大規模言語モデルと人間の脳は同じ構造？」で紹介しましたが、脳と大規模言語モデルの構造が類似するとの研究結果もあるほどで、私たちが意識していないだけで実は脳内ではコンピューターと同じような手法で、目や耳から取り入れた情報を変換して処理しているのかもしれないですね。

② 映画の登場人物の心情描写が不足しており映画全体としては残念だった

③ 登場人物の心情描写が不足していたのは残念だが、脚本は秀逸で感動する映画

図 3-03-4　Bag of Words のイメージ

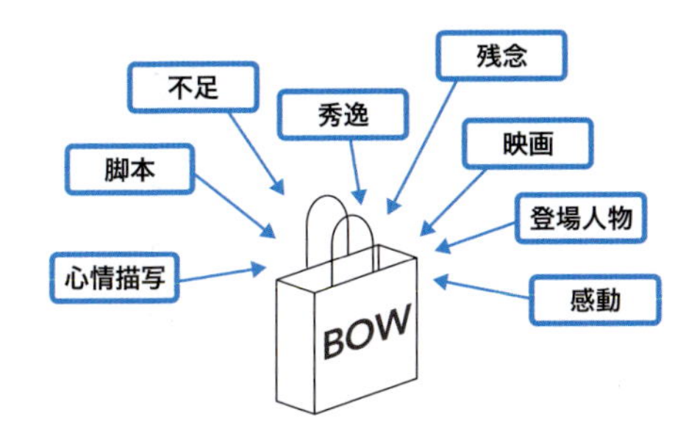

図3-03-4のように、全文章から収集した全種類のトークンをバッグに入れるイメージです[27]。各文章に出現するトークンは、このバッグ内のトークンで網羅されているはずなので、バッグ内のトークンを各列にとって、各文章における出現回数を集計して表にまとめてみます。この表内は数字の羅列であり、文字表現を数字表現に変換できました（図3-03-5）。

図 3-03-5　Bag of Words で数字表現（ベクトル表現）を獲得するイメージ

	脚本	秀逸	映画	全体	登場人物	心情描写	不足	残念	感動
文章①	1	1	1	1	0	0	0	0	1
文章②	0	0	2	1	1	1	1	1	0
文章③	1	1	1	0	1	1	1	1	1

文章①のベクトル表現：[1, 1, 1, 1, 0, 0, 0, 0, 1]
文章②のベクトル表現：[0, 0, 2, 1, 1, 1, 1, 1, 0]
文章③のベクトル表現：[1, 1, 1, 0, 1, 1, 1, 1, 1]

ベクトルの成分の大きさに色付けを行った可視化例

文章①のベクトル表現：[1 1 1 1 0 0 0 0 1]
文章②のベクトル表現：[0 0 2 1 1 1 1 1 0]
文章③のベクトル表現：[1 1 1 0 1 1 1 1 1]

[27] 簡便のため、例文中に含まれる「した」「の」といった助詞や助動詞は無視しています。実際の分析でも、このような品詞は文章の意味合いを推測するうえでは相対的に重要性が低く除外される場合があります。

図3-03-5の表を眺めてみると、もとの文章を読まなくても次のような分析はできそうです。

- **文章①には「脚本」「秀逸」「感動」といったトークンが出現するので、脚本に対してポジティブな感想を持っている**
- **文章②には「心情描写」「不足」「残念」といったトークンが出現するので、登場人物の描き方に対するネガティブな感想を持っている**
- **文章③には「脚本」「心理描写」「秀逸」「不足」「残念」「感動」といった多くのトークンが出現するが、何に対してポジティブ（あるいはネガティブ）な感想を持っているかわからない**

上記の通り、BOWモデルは文章を固定長のベクトルに変換する単純で直感的に理解しやすい手法です。一方で全種類のトークンを同じ重要度で考えるため、レビュー結果の特徴が込められていない「映画」というトークンと、レビュワーの感想である「残念」や「感動」といった、レビューを参考にするあたって重要なトークンとが（出現回数が同じであれば）同値な特徴量として算出されるという短所があります。

TF-IDF（Term Frequency-Inverse Document Frequency）

TF-IDFはBOWモデルをさらに洗練させた手法です。文章内におけるトークン出現頻度（TF）だけでなく、そのトークンが各文章の特徴づけにおいてどれだけ重要であるかという点（IDF）を加味して重みづけを行います。

たとえば先ほどの映画レビューの文章を考えてみましょう。3つの文章すべてに「映画」というトークンが出現するため、各文章の特徴を考える手がかりとはならず、重要度は低そうです。このように、多くの文章で登場するトークンは個々の文章を特徴づける単語として重要度合いを下げるというコンセプトを定式化した値がIDF(inverse document frequency)[28]です。図3-03-6

[28]別の言い方をすると、トークンの文章間出現頻度（DF）の逆数（inverse）です。すべての文章において共通して出現するトークンの重要度は低く（IDF値が小さくなる）、出現頻度の低い単語は逆に重要度が上がります（IDF値が大きくなる）。また、IDF値の計算式はいくつか存在し、scikit-learn（著名なPython用の機械学習ライブラリ）では、IDF=log(全文章数/あるトークンが出現する文章数)+1と定義されています(本文中の式に1を加えたもの)。いずれの定義においても、考え方の大筋は同じです。

の定義式を使って計算すると、「映画」のIDF値は0と計算され、それ以外のトークンについては3つの文章中、いずれも2つの文章に出現するので、log(3/2) ≒ 0.41と算出されます[29]。

図 3-03-6　IDF値の計算イメージ

$$\mathrm{IDF}=\log\left(\frac{全文章数}{あるトークンが出現する文章数}\right)$$

	脚本	秀逸	映画	全体	登場人物	心情描写	不足	残念	感動
全文章数	3	3	3	3	3	3	3	3	3
トークンが出現する文章数	2	2	3	2	2	2	2	2	2
IDF値	0.41	0.41	0	0.41	0.41	0.41	0.41	0.41	0.41

次に、各文章において使われているトークンを定量化してみましょう。図3-03-7のように、ある文章に注目したとき、その文章における各トークンの出現割合を求めることで、当該文章を特徴づけるトークンを定量化できそうです。この指標をTF(term frequency)と呼びます。たとえば「この映画は脚本が**感動**的だし、心情描写にも**感動**したし、全体的に**感動**した」といった文章があれば、「感動」というトークンが当該文章中で相対的に出現頻度が高いため、「感動」というトークンがこの文章を最も特徴づけている、という考え方になります。TF値は、この考え方を指標化したものです。

図 3-03-7　TF値の計算イメージ

$$\mathrm{TF}=\frac{ある文章内における、あるトークンの数}{ある文章内における、全トークンの数}$$

	脚本	秀逸	映画	全体	登場人物	心情描写	不足	残念	感動
文章①	1/5	1/5	1/5	1/5	0	0	0	0	1/5
文章②	0	0	2/7	1/7	1/7	1/7	1/7	1/7	0
文章③	1/8	1/8	1/8	0	1/8	1/8	1/8	1/8	1/8

[29] 本文中の対数(log)の底としては10を用いました(常用対数といいます)。scikit-learnのTfidfVectorizerでは、ネイピア数(e)を底にした自然対数が用いられています。対数は、入力された値の大小差が顕著な場合（一般的な単語と珍しい単語で大きな差が生じてしまう場合）に、適度に値のスケールを揃える作用があり、どのような値を底として選択した場合にも同様に働きます。

第3章　自然言語処理入門

全トークンの重要度はIDF値で定量化できているので、各文章におけるトークンの重要度合いであるTF値を組み合わせれば、各トークンの重要度（多くの文書で登場するほどIDFが低く、登場頻度の少ない特異な（レア度が高い）トークンであるほどIDF値が高くなる）を考慮したうえで、各文章の特徴（文章内で出現割合が高ければTF値は高くなる）を表現できそうです。このように、両者を掛け合わせた指標をTF-IDFと呼び、BOWと同様にベクトル表現として獲得できます。

図 3-03-8 TF-IDF 値の計算イメージ

		脚本	秀逸	映画	全体	登場人物	心情描写	不足	残念	感動
IDF値 ※全文章で共通		0.41	0.41	0.0	0.41	0.41	0.41	0.41	0.41	0.41

×

		脚本	秀逸	映画	全体	登場人物	心情描写	不足	残念	感動
TF値	文章①	1/5	1/5	1/5	1/5	0	0	0	0	1/5
	文章②	0	0	2/7	1/7	1/7	1/7	1/7	1/7	0
	文章③	1/8	1/8	1/8	0	1/8	1/8	1/8	1/8	1/8

＝

		脚本	秀逸	映画	全体	登場人物	心情描写	不足	残念	感動
TF-IDF値	文章①	0.082	0.082	0.0	0.082	0.0	0.0	0.0	0.0	0.082
	文章②	0.0	0.0	0.0	0.0	0.059	0.059	0.059	0.059	0.0
	文章③	0.051	0.051	0.0	0.0	0.051	0.051	0.051	0.051	0.051

文章①のベクトル表現：[0.082, 0.082, 0.0, 0.082, 0.0, 0.0, 0.0, 0.0, 0.082]
文章②のベクトル表現：[0.0, 0.0, 0.0, 0.0, 0.059, 0.059, 0.059, 0.059, 0.0]
文章③のベクトル表現：[0.051, 0.051, 0.0, 0.0, 0.051, 0.051, 0.051, 0.051, 0.051]

先に紹介したBOWでは「文章中に各トークンを含む／含まない」でしか文書の特徴を抽出できなかったのに対し、図3-03-8の表を眺めてみると各トークンの重みが評価されているため、より詳細な文書の特徴を抽出できていることがわかるでしょう。

TF-IDFを使うと、一般的なトークン[30]が複数の文章を跨いで高頻度で出現しても、重要度は低く評価され、特定のトピックに特化した単語が強調されるのです。

!

[30]たとえば「その」「この」などの指示語、「した」「の」などの助詞や助動詞、「です」や「ます」の文末敬体などです。「、」「。」といった句読点も、IDF値で低く産出されるでしょう。一方で、これらのトークンについてはストップワードとしてあらかじめ分析対象から除外しておくのも一手です。

TF-IDFを用いた検索の例

このTF-IDF値は、検索を行う際によく用いられます。たとえば、ある地域に出店する複数のカフェでさまざまなコーヒーが提供されていると想像してください。この地域では「水出しコーヒー」はごく一部のカフェでしか提供されていないとします。仮に、この地域のカフェの口コミが集まる掲示板で「美味しい水出しコーヒーが楽しめるカフェ」という文言で検索したとしましょう。

図3-03-9 水出しコーヒーを提供するカフェを検索するイメージ

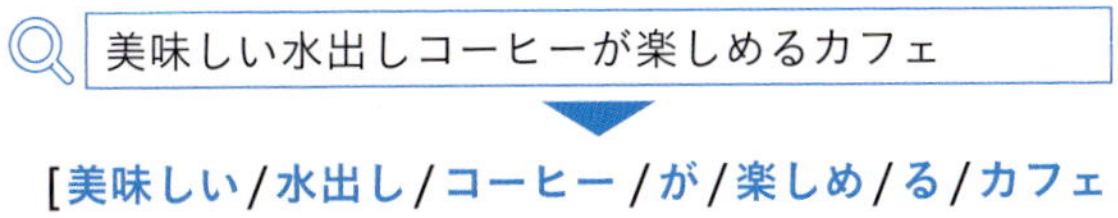

美味しい水出しコーヒーが楽しめるカフェ

[美味しい/水出し/コーヒー/が/楽しめ/る/カフェ]

掲示板ではカフェごとにさまざまなレビューが集まっているので、事前に各カフェのレビューを分析してTF-IDF値を算出しておけば、各カフェの特徴を定量化しておけます。

図3-03-10 カフェの特徴を示すTF-IDF値

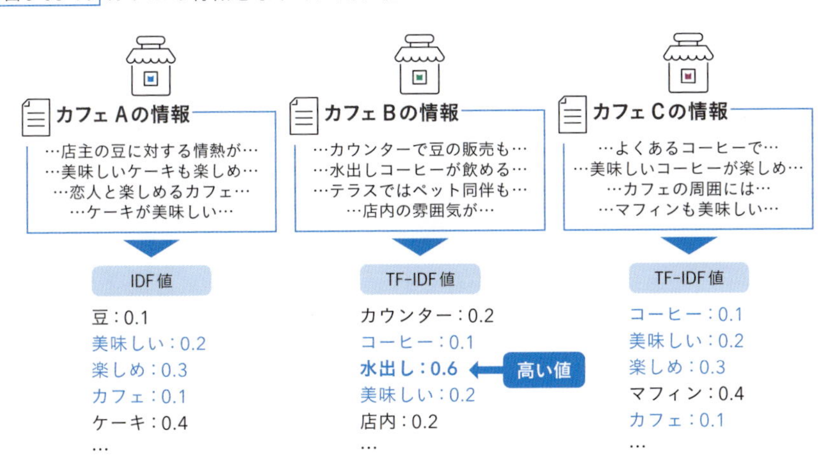

カフェを検索するにあたっては、今回の検索語句をトークン化して、そのトークンがレビューに数多く含まれるカフェを抽出すればよさそうです。図

3-03-10では、今回の検索文言に含まれる代表的なトークン[31]を青色で示しました。このトークンの数だけに注目すると、カフェCがトークンの一致度合いが高そうです[32]。ただし、よく考えてみると「コーヒー」「カフェ」といったトークンは、カフェのレビューにおいては頻繁に用いられるため、今回の検索においては重要度合いを下げたほうがよさそうです。人間の感覚的には「わざわざ**水出し**コーヒーと書くほどだから、レビューに**水出し**コーヒーと明示的に記載されているカフェを優先的に検索結果として提示すればよい」とわかりそうなものです。このようなキーワード（重要単語）に対する人間の感覚を定量化したものがTF-IDF値であるとイメージするとわかりやすいかもしれません。

ここでTF-IDFの考え方を導入してみましょう。この地域では水出しコーヒーを提供するカフェの数は少ないので、「水出し」というトークンの頻出度合いは低く（つまりIDF値は高く）なり、「コーヒー」や「カフェ」といったトークンは複数のカフェのレビューに登場するのでIDF値は低くなります。図3-03-10にある3つのカフェのレビュー分量が同程度だとすると、カフェBにおける「水出し」のTF-IDF値は際立って高くなります。反対に、「コーヒー」という普遍的なトークンについては低い値が算出されます。この青色で示されたTF-IDF値の合計値が高い順にカフェを提示すれば、検索実行者の意に沿った検索結果となりそうです。

トークンの重要度合いを考慮して文章の特徴を抽出するTF-IDFですが、TFの計算過程で文章の長さを考慮できないという短所があります。TFの計算式の分母は「ある文章内における、全トークンの数」なので、仮に10個のトークンで構成される文章と、1,000個のトークンで構成される文章では、同じトークンであってもTF値が変化してしまいます[33]。このようにTF-IDFでは文書の長さによって計算結果に影響が出てきてしまいます。

[31] 先の例と同様に、文章中の「で」「が」「る」といった文字は無視します。

[32] 検索文言に含まれる4種のトークン（「コーヒー」「美味しい」「楽しめ」「カフェ」）がカフェCのレビューに含まれています。カフェBでは、3種のトークン（「コーヒー」「水出し」「美味しい」）しか含まれていないので、BOWに基づいて計算するとカフェCのほうが類似度は高くなります。

[33] たとえば、10個のトークンで構成される文章Aと1,000個のトークンで構成される文章Bにおいて「水出し」というレアなトークンが各2つ含まれていた場合、TF値はそれぞれ2/10と2/1,000となり、100倍の差が生じます。今回の例では、「水出し」コーヒーを提供していること自体が大きな特徴になりますが、文章Bでは含まれるトークン種が多いがために、文章内における「水出し」というトークンに対する重要度が相対的に低く算出されているのです。

この点を改良したBM25という手法[34]があり、この手法を採用した有名な検索エンジンとして、オランダに本社を置くElastic社が提供するElasticsearchがあります。このElasticsearchはWikipedia、Amazon、GitHubといったサイト内検索に用いられており、主要機能はオープンソースで公開されています。

まとめ

本節では、文章データを機械学習モデルに投入する手前のデータ変換手法として、BOWとTF-IDFを紹介しました。これらの手法は、文章に含まれるトークンの出現順序に関係なく処理を行うため、文脈情報が無視され、文の意味を正確に捉えるのは難しい場合があります。たとえば「山より海が好き」という文と「海より山が好き」という2つの文章を考える場合、これらの文章は同じベクトル表現になります。両文ともに「海」「山」「より」「が」「好き」という単語が1回ずつ出現するためBOWで作成したベクトルは両文章で一致し、ともに合計トークン数が一致するのでTF-IDF値も同一になるためです。このように、文脈や単語間の関係性を無視するため、文の意味を完全には捉えられないという欠点もありますが、文章分類や検索、さらには感情分析など、多岐にわたる身近なアプリケーションで応用されます。

TF-IDF手法を用いた文章分類問題については、第4章で実際に解いていきます。

MEMO 文字の揺らぎをどう吸収するか

本文中で紹介したTF-IDFの考え方は、シンプルながら検索システムでは有効に作用します。ただ、分割単位がトークンなのでトークンの表記揺れをうまく吸収する工夫が必要です。たとえば"swimming"は泳ぐことを表す"swim"の活用形の1つですが、つづりは異なれど同一のトークンとして扱ったほうが検索する場面では便利そうです。

[34] BM25はElasticsearchにおける標準の類似度ランキング（関連性）アルゴリズムです。BM25のアルゴリズムについては本書では紹介しませんが、Elastic社のBlogで紹介されています。参考：https://www.elastic.co/blog/practical-bm25-part-2-the-bm25-algorithm-and-its-variables

このようにトークンの語幹（今回の例では"swim"）を取り出す処理をステミング（stemming）といい、その単語の原型に変換します。動詞の活用形に留まらず、複数形を単数形に変換するなどの処理を行います。なお、機械的なステミング処理では、単純に過去形の"ed"や複数形の"s"や"es"を語尾から削除する処理が実行されます。不規則な複数形（"mouse"/"mice"、"foot"/"feet"など）や不規則動詞（"go"/"went"/"gone"など）については対応できない場合もあります。

Wikipediaの検索機能を使って"Swim suit"で検索してみると、検索にヒットした語句が太字で強調された状態で検索結果が一覧表示されます。太字の語句を確かめると、"Swim"ではなく"swimmeres"が強調されるなど、文頭の大文字小文字や活用形の差分にとらわれずに目的の記事をトップに表示していることがわかります。

図3-03-11 英語版Wikipediaで"Swim suit"で検索した例

実は私たちが身近に用いている検索システムの裏側には、このような工夫が実装されており、検索結果画面を注意深く観察してみると工夫の断片を類推できるかもしれません。ちなみにWikipediaのサイト内検索にはElasticsearchが用いられており、本文中で紹介したステミング機能を実行する"Stemmer token filter"が実装されています（参考：https://www.elastic.co/guide/en/elasticsearch/reference/current/analysis-stemmer-tokenfilter.html）。

最近では深層学習を用いた手法が台頭しており、より複雑な文書やクエリ（検索語句）の関連性を捉えることが可能になっています（Googleの検索機能は、Transformerがベースの自然言語処理モデルが用いられているといわれています）。それでもなお、TF-IDFはその理解のしやすさと速度的な優位性から、多くのアプリケーションで基礎的な技術として利用され続けています。

04

word2vec(skip-gram、CBOW)

前節で紹介したBOWやTF-IDFは、トークンの出現頻度に基づいて文章データをベクトルデータに変換しました。同じように、トークン単位でベクトル化する手法を考えます。つまり単語を固定長のベクトルで表して構造データとして扱うことで、より詳細に各単語や文章の意味を捉えることが期待できます。

単語の埋め込み

たとえば、「カフェ」「喫茶店」「パーラー」といったトークンがあったとき、これらは実質的に同じ意味だと考えられるので、同じような値を持つベクトルに変換しておいたほうが、まるっきり別のデータとして扱うよりも都合がよさそうです。図3-04-1のように、ベクトル表現がない状態では、文章から抽出した各トークンに識別番号(ID)を割り当てることしかできません。具体的には、図中の"304"や"242"といった数値は、それぞれ「カフェ」と「喫茶店」を一意に識別するために便宜的に割り振っただけで、数字の大小には意味がありません(免許番号のような識別子と考えてください)。機械学習モデルは数字表現であれば入力として受け取れるので、"304"や"242"という値を入力値として与えて解析できますが、これらの値自体にも(単なる識別子以上の)意味を持たせることによって、より詳細な分析ができそうです[35]。

[35] このように、数字に単なるID以上の意味を持たせる方法がベクトル化であるともいえます。少し飛躍した例えかもしれませんが、免許番号の上2桁は免許証の交付を初めて受けた公安委員会、その次の2桁は取得年を表すなど、一部の数字には意味があります。このように12桁の数字の羅列に過ぎない免許番号であっても、有識者にとっては単なるID以上の意味が読み取れます。ベクトル化を行うことによって、人間にとっては無意味に思える数字の羅列であっても、コンピューター上では「カフェ」っぽい数字の羅列、あるいは「喫茶店」っぽい数字の羅列、といった具合で数字自体に意味を持たせることができるのです。

図 3-04-1 トークンをベクトルで表現するイメージ

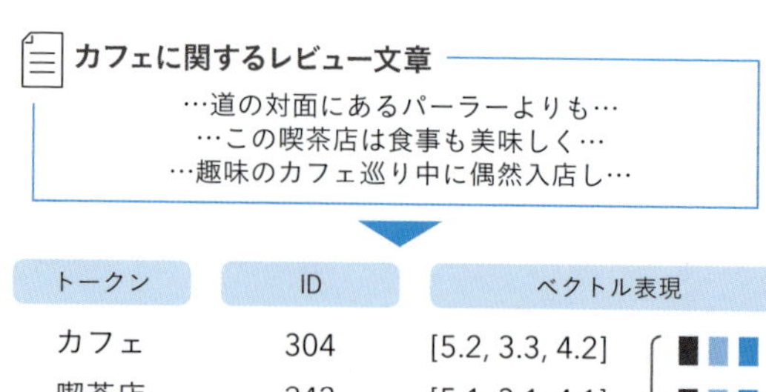

トークン	ID	ベクトル表現
カフェ	304	[5.2, 3.3, 4.2]
喫茶店	242	[5.1, 3.1, 4.1]
パーラー	110	[5.3, 3.2, 4.2]

ここで、各トークンの意味を表現する3次元ベクトルを獲得したと考えましょう（具体的なベクトル化の考え方は後述します）。各トークンのベクトル表現は3つの成分（3つの値）で構成されているので、図3-04-2のように3次元グラフ上に描画できます[36]。

図 3-04-2 トークンのベクトル表現を 3 次元空間上に描画

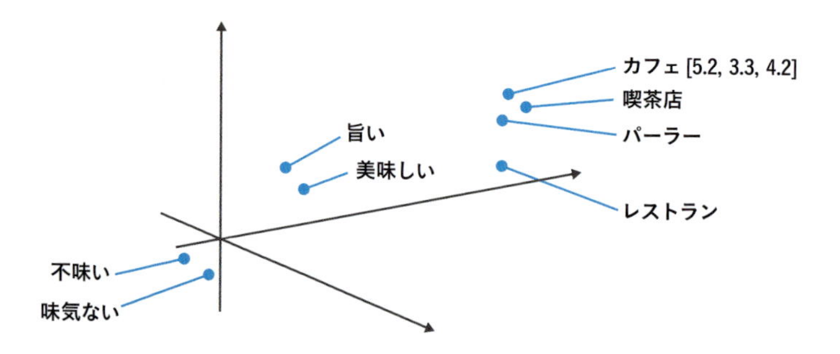

図3-04-2を見ると、ベクトル成分が近い値を持つ「カフェ」「喫茶店」「パーラー」は同じような場所に点が存在します。仮に「レストラン」というトークンがあったとすれば、これら3者と同様に飲食店の1形態なので、さほど遠くはない位置に現れるでしょう。

対して、「旨い」「美味しい」といったポジティブな表現や、「不味い」「味

[36] テンソルを紹介した図 3-03-1 では、図中の軸に「緯度」「経度」といった方向性が定義されていました（人間が緯度経度を直行する軸として定義していた、といったほうが正しいかもしれません）。一方で、word2vec を用いた場合には内部のアルゴリズムが自動的に軸を定義しているため、人間は各軸の意味合いについて推測できるかもしれませんが、完全に捉えることは困難です（具体的に「旨い」「美味しい」「不味い」「味気ない」というベクトルを可視化することによって、図 3-04-2 の高さ方向は「美味しさ」を表している、といった推測ができるぐらいです）。

気ない」といったネガティブな表現は、先ほどの飲食店を表すトークン群とは性質が異なる[37]ので、3次元空間上でも別の場所に出現します。ポジティブな表現とネガティブな表現とが混在していますが、これらのトークンの持つ意味合いは逆なので、3次元空間上でも反対側（ないし遠くの位置）に出現します。ベクトル表現を用いて各トークンの意味合いを数字化することで、意味的な近さや意味づけの方向性を定量的に評価できるため、少なくともトークンIDの状態よりも多くの情報を持たせられます。

このように単語やフレーズを多次元空間上の表現に変換することを「埋め込み」(embedding) と呼びます[38]。

単語の典型的な埋め込み手法として、word2vec[39]があります。この手法では、単語の意味は周辺の要素（文脈）によって形成される、という分布仮説 (distributional hypothesis)[40]に基づいて、単語を特徴量空間に埋め込みます。分布仮説とは、ある文章内において興味の対象となる単語とその単語近くにある語句とは、何らかの意味的関係性があるという仮説です。たとえば「犬」と「猫」は異なる動物を指しますが、似たような文脈（たとえば「ペット」「飼う」「かわいい」といった表現が出現する文脈）で使われることが多いため、意味的に関連があると捉えます。一方、「犬」や「猫」と「自動車」はまったく異なる文脈で使われることが多く、意味的な関連は遠いといった具合です。

[37] カフェなどは飲食店を示す一般名称ですが、旨いなどは主観的な評価を表す形容詞なので、意味合いという面でも、品詞という面でも異なります。

[38] 第1章でも特徴量空間に埋め込むイメージを紹介しましたが、本節では具体例として単語の特徴量空間への埋め込みが取り上げられていると考えてください。

[39] 発音すれば察しがつくかもしれませんが、word2vec は "word to vector" の意です。このように単語を数値で置換する数略語（ヌメロニム：numeronym）はプログラム内の関数やソフトウェア名称としても用いられる略記法です。ヌメロニムで置換された数字は、省略された単語の文字数を示している場合や、同等の発音を有する数字を表す場合があります（"to" は2文字ですし、発音的にも "two" と似ています）。仮想環境の管理を行う Kubernetes（クバネティス）という有名なソフトウェアがありますが、中の8文字分を省略して "K8s" と短縮表記されることがあります。

[40] 分布意味論（distributional semantics）とも呼ばれます。1950年代に言語学者の John R. Firth 氏が広めた "You shall know a word by the company it keeps."（単語は、その周辺にある文脈から知ることができる）という考えに基づいています。

図 3-04-3 周辺から単語の意味を類推する分布仮説のイメージ

①「猫」が登場する文章

…窓辺でのんびりと日向ぼっこをするかわいい猫の姿が…
…飼い主が帰宅すると、猫がいつものように出迎えて…
…近所の屋根の上で、気ままに散歩する野良猫の姿が…
…ネコカフェでたくさんの猫たちと触れ合い、鳴き声に癒され…

②「犬」が登場する文章

…玄関前で犬がしっぽを振りながら飼い主を待っている…
…ドッグカフェではたくさんの犬たちが飼い主と一緒に…
…公園で子供たちが楽しそうに犬と遊んでいる姿が…
…野良犬の大きな鳴き声が聞こえ…

③「自動車」が登場する文章

…ドライブ中に突然の故障で自動車が止まってしまい…
…交通安全教習では自動車の安全な操作方法を丁寧に指導…
…隣に停まった黒い高級自動車が…
…野良猫が自動車のボンネットに足跡を残して…

分布仮説のイメージを図3-04-3に示しました。人間であれば図中の青文字で記した単語部分を隠しても、その周囲の単語（文脈）から類推できると思います（文章①②は、犬や猫以外の単語が入るかもしれませんが、「かわいい」「鳴き声」「飼い主」といった表現が周辺に含まれるため、少なくとも愛玩動物であることは類推できるでしょう。同様に文章③も、自動車ではなくとも周辺の表現から少なくとも乗り物だと類推できるはずです）。人間は文脈の意味合いを理解して単語を推測できますが、AIの世界では、このような人間の感覚を数字表現に変換する必要があります。本節では、この意味的な関係性を定量化する手法であるCBOWモデルとskip-gramを紹介します。

CBOW（Continuous Bag of Words）

CBOWは、興味がある単語の近傍に存在する複数の要素（文脈）から、その単語を予測するように学習する手法です。図3-04-4のように、たとえば「脚本が秀逸で映画全体を通して感動した」という文章を考えます。今回は簡便のために図中で太字で示した単語のみを考慮するとして、「映画」という単語に注目します。

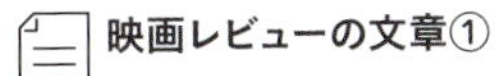

図3-04-4 CBOWの考え方

映画レビューの文章①

脚本が**秀逸**で**映画全体**を通して**感動**した

※簡便のため、太字部分のみトークン化する想定

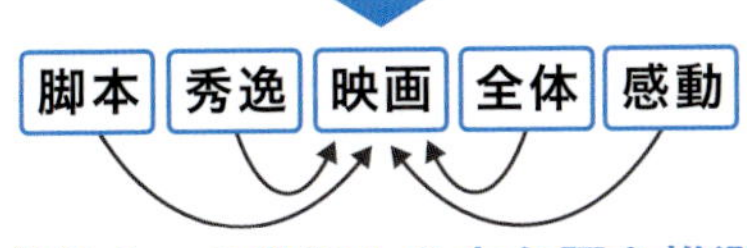

前後2つの単語から中心語を推測

この「映画」の周囲2単語[41]から、「映画」という単語を推論できるようモデルを学習します（学習時には「映画」を正解として、モデルが出力した確率の交差エントロピー誤差[42]が最小となるようにネットワークの重みを調整します）。

つまり、CBOWとは周辺語（コンテキスト）から中心語（ターゲット）を推論するニューラルネットワークと説明でき、図3-04-5のように図示できます[43]。

図3-04-5 CBOWのネットワークイメージ

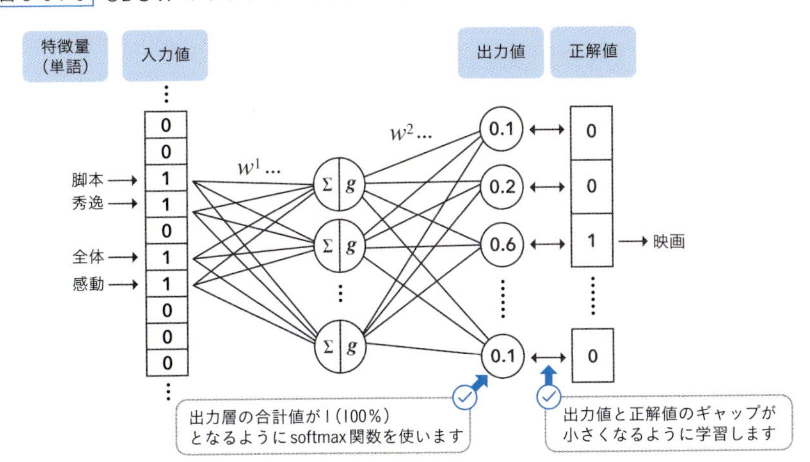

[41] このように、注目した単語からどの程度離れた単語までを考慮するかという指標をウィンドウサイズと呼びます。今回はウィンドウサイズを2として、注目単語の前後にある2単語ずつ（計4単語）を周辺語（コンテキスト）として取り出しています。なおCBOWの論文は2013年に発表されており、10年足らずでChatGPTが登場するという時の早さに驚きます。参考：https://doi.org/10.48550/arXiv.1301.3781

[42] ロジスティック回帰モデルの節（第2章第4節）で紹介した誤差関数です。本文の例では、正解である「映画」以外の単語が選ばれる確率が小さくなる（誤差関数が小さくなる）ようにモデルを学習します。

[43] 図3-04-5の注記にあるsoftmax関数は、正規化指数関数（normalized exponential function）とも呼ばれ、与えられたベクトルの値（ベクトルの各成分）を0～1の値に変換する関数です。この関数から出力される値の合計（ベクトルの各成分の合計値）は常に1（つまり100%）になります。このように一定の規則に基づいて値を変換して利用しやすくする処理を正規化（normalization）といいます。

なお、今回は「映画」を中心語として例示しましたが、実際には長い文章中にある単語の数だけ、組み合わせを考慮します。

CBOWの模式図は、図3-04-6のようにイメージ化されることもあります。CBOWは注目単語の前後にある周辺語を入力として用いるので、前に出現する周辺語と、注目単語のあとに出現する周辺語とで入力が2つに分かれるような描き方となっていますが、先ほどの図3-04-5と同等です。なお、図3-04-6の右側の表現はCBOWの原論文に倣っています。

図 3-04-6 CBOWの別表現

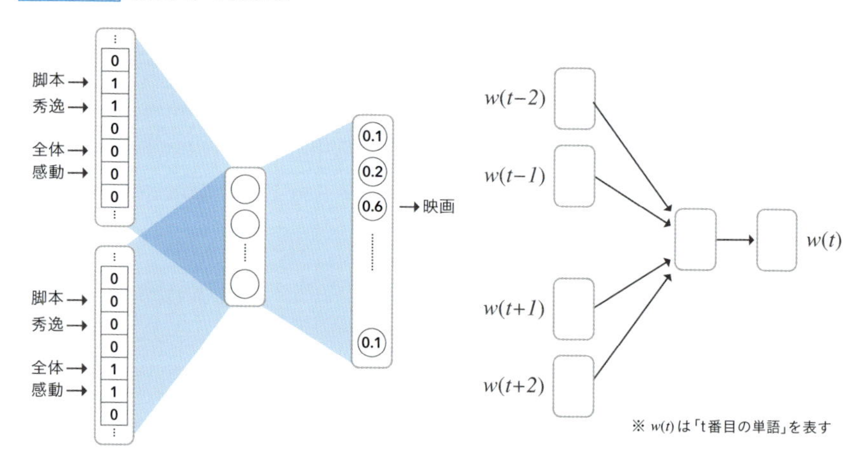

skip-gram

skip-gramはCBOWとは逆のアプローチとなっており、中心語から周辺語を予測する手法で次ページの図3-04-7のように図示できます。

図 3-04-7 skip-gram の簡略図

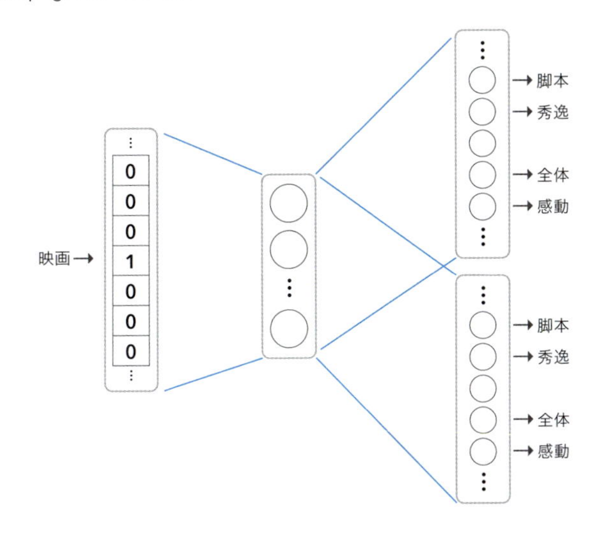

CBOWと比べて、skip-gramモデルのほうがよい結果が得られるとされており、コーパス（corpus）が大規模になるにつれて頻出する単語や類推問題の性能の点において優れた結果が得られる場合があります。コーパスとは、平たくいうとモデルが学習する際に用いる語彙集のようなもので、自然言語の文章体系的に集積したデータベースを指します。新聞記事、書籍、Webページなど、さまざまなジャンルの文章を大量に集めて構造化したものです。

なお、skip-gramは文章の数だけ損失を求める必要があるため学習コストが大きく、学習が高速なのはCBOWであると知られています。

BERTやTransformerベースの表現

本章では、文章から数値表現を獲得する基本的な手法について理解を深めました。昨今のChatGPTをはじめとする大規模言語モデルにおいては、より高度で複雑な手法が用いられており日々進歩していますが、本章で述べたような「トークン化」「ベクトル化」は要素技術としてChatGPTなどでも用いられています。次の章では、実際に自然言語処理を用いてどのようなタスクを解決できるのか理解を深めていきましょう。

MEMO 学習によって知識を得た大規模言語モデル？

GPTは大量の文章を学習することで文章を読解し生成する能力を獲得しています。ここで、皆さんが第二言語を学習する場面を想像してみてください。文法や単語をある程度覚えたら、大量の文章を読解して、文章の構成を把握する能力を鍛えることになるかと思います。その際、その言語で書かれている多くの文章を読むことになるので、言語を習得すると同時に、文章に書かれている知識も自然と頭に入ってくるのではないでしょうか。少し筆者自身のエピソードをお話しすると、筆者は以前TOEFL（北米留学生向けの英語能力試験）の問題集を解いていた時期があったのですが、近代米国史に関する文章が多く出題されるので、米国第3代大統領がThomas Jeffersonであって建国の父と称されていること、禁酒法を制定したのが憲法修正18条で撤廃したのが修正第21条であることなど、断片的な記憶があります。これを知識と呼べるかと問われると怪しいですが、特に米国史を勉強したいわけではなかったにも関わらず、英文を読解している中で文中の知識が意識せず記憶されるというのは、少し不思議な気がします。

近年の研究によると、大規模言語モデルが学習を行う過程でも同様な現象が起こっている可能性が示唆されています。2023年10月にMIT（マサチューセッツ工科大学）が公開した論文（https://doi.org/10.48550/arXiv.2310.02207）によれば、大規模言語モデルが大量のデータを学習したことによって、我々が生活する空間や時間といった概念を、構造的な知識として獲得した可能性が述べられています。一方で「それらしい」文章を統計的に生成しているに過ぎず知識とはいえない、という研究者もいます。

大規模言語モデルが獲得した知識が人間の知識と同質かどうかについては意見が分かれるところですが、単純な計算処理を大量に組み合わせることで、研究者にも予想できなかった能力を獲得してきたという点は興味深いですね。今後も研究が継続され、新たな能力が発見されるかもしれません。

第 4 章

自然言語処理実践
～文章分類問題を解いてみよう～

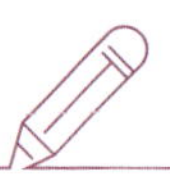

01 文章分類問題とは

前章では、自然言語をどのように処理して機械学習モデルで扱えるように変換するか理解を深めました。また、自然言語処理は大きく「自然言語理解」と「自然言語生成」に分類されることや、おおまかな使いどころについて紹介しました。本章では文章分類問題のより具体的な解像度を上げるために、実務で用いられている具体例を考えていきます。前章の学び（文章をどのように数字表現に変換するかという点）についても実際にPythonコードを実行して、プログラム上ではどのような処理が行われているか体感して理解を深めていきましょう。

図4-01-1 文章分類問題のイメージ

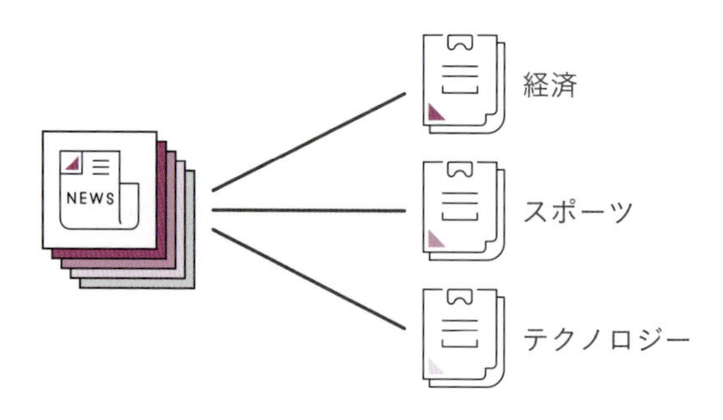

文章分類の仕組み

文章分類問題は、文章をあらかじめ定義されたカテゴリに自動的に分類するタスクです。この問題は自然言語処理分野における基本的な課題の1つで、多くの応用が存在します。たとえばメールを「スパム」または「非スパム」に分類したり、ニュース記事を「経済」「スポーツ」「テクノロジー」といったジャンルに分類したりします。

トークンだけでも意味が類推できる

第3章では文章をトークンに分割して数字表現を得ましたが、イメージをさらに具体化するためにTV番組表の文字情報から番組ジャンルを推測する過程を考えてみましょう。ここでは番組表からトークンを抜き出し、TF-IDF値[1]を計算します。平たくいえば、この値が大きなトークンは当該ジャンルの特徴を代表していることになります。

図4-01-2 TV番組情報を分析してTF-IDF値を算出する

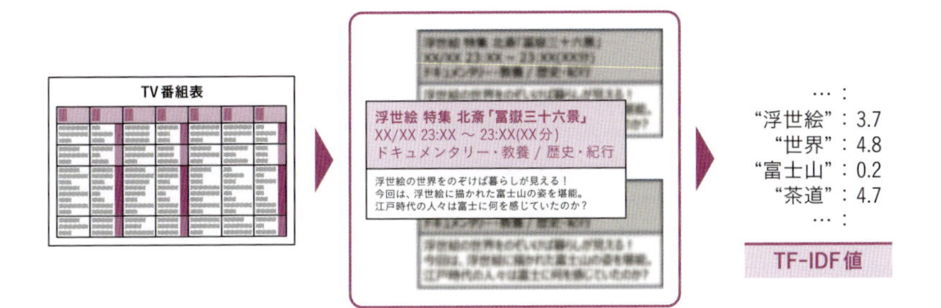

上記の処理で得られたTF-IDF値の大きさを各トークンのフォントサイズとして、ジャンルごとにランダムに配置してみましょう（この際、TF-IDF値が小さなトークンは除外します）。このように可視化した絵図をワードクラウド（wordcloud）と呼びます[2]。ここでは具体例として、とある放送局の「福祉」「教養」という2つのジャンル[3]のワードクラウドを図4-01-3に示すので、それぞれどちらのジャンルに属するか当ててみてください。

[1]TF-IDFは第3章で学んだように各トークンのレア度を指標化する手法です。今回の例では、すべての番組情報に対する、特定ジャンルの番組情報で使われているトークンのレア度を指標化していることになります。たとえば、ドキュメンタリーというジャンルにおいて、「浮世絵」というトークンの頻出回数が多く（TF値が大きい）、他ジャンルよりも「浮世絵」というトークンの出現回数が多い（IDF値が大きい）ほど数字が大きくなるといった具合です。

[2]ワードクラウドという名前を聞いたことがなくても、同様の絵図を見たことがある人は多いのではないでしょうか。本文ではTF-IDF値を用いましたが、単純に各トークンの登場回数をフォントサイズとして表している場合などもあります。

[3]テレビ番組のジャンルには国際規格（ARIB STD - B10）が存在しており、地上波放送の番組表には同規格に則ったジャンルコードが設定されています。ここでは、「0xb：福祉」「0x8：ドキュメンタリー / 教養」という2つのジャンルコードを使用して、NHK教育テレビジョンの番組表から番組名と番組内容を取得しました。

図 4-01-3 あるジャンルに属する番組群のワードクラウド

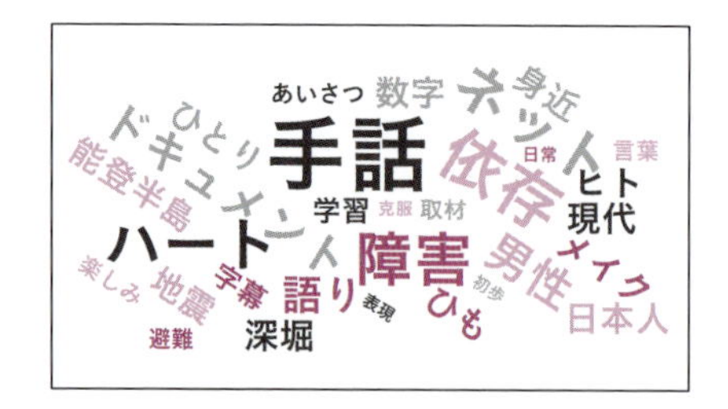

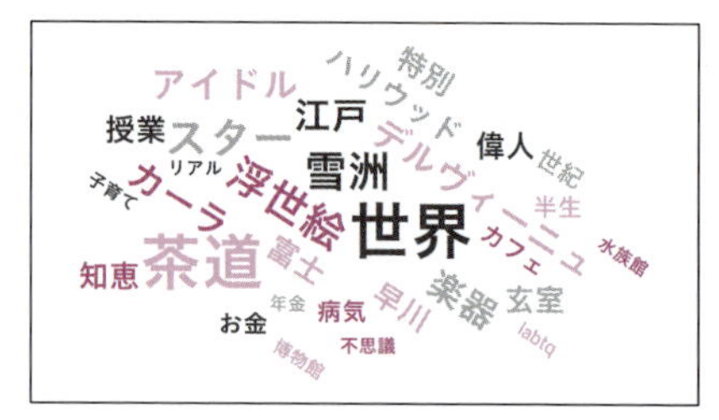

正解は左が「福祉」ジャンルで、右側が「教養」なのですが、正しく類推できたでしょうか。正解したとしても、なぜわかったのかという判断理由を言語化するのは意外と難しいのではないでしょうか。左側のワードクラウドでは「障害」「依存」「手話」といった、社会福祉に関する言葉が並んでいます。他方では、「浮世絵」「偉人」「茶道」といった、やや趣味性が高い言葉が並んでいます。おそらく皆さんはこれらの言葉については経験的に学習済みであるため、各トークンの意味合いを解釈でき、ジャンルを見分けることができたのだと考えられます。このように代表的なトークンを可視化しただけでも、各トークンの意味合いがわかっていれば、これらのトークンを群として見た際に、どのような特徴をもったジャンルなのか類推できるという点を実感できたかと思います。

上の例では人間的な感覚で番組ジャンルを分類しましたが、機械学習モデルにおいても同等のことが起こっていると考えられます。すなわち、文章からトークンを抽出して学習[4]を行うことで、各トークンの意味合いを習得して文章分類が実現できるのです。

不適切文章を見分けてみよう

ここで、第2章で扱ったロジスティック回帰と、第3章で紹介した文章を数値表現に変換する処理を組み合わせて、スパムメールを判別する分類問題

[4] ここでの学習とは教師あり学習を指し、たとえば「障害」「依存」「手話」といったトークンが含まれていれば「福祉」ジャンルである、といった具合で機械学習モデルを訓練することです。人間はこれらのトークンの意味合いを経験的に獲得済みですが、文章分類問題を解くモデルを構築する際には学習から行う必要があります（近年ではGPTをはじめとした学習済みモデルも公開されていますので、ゼロからモデルの学習を行わなくとも、文章分類問題を解くことが可能になっています。この点については第5章で述べます）。

を解くことを考えましょう。先ほどの番組ジャンルを判別する処理と本質的な考え方は同じです。

まずEメールのタイトルや本文といった情報をモデルに入力することを考えます。自然言語で書かれているEメールを直接モデルに投入することはできない[5]ので、文章に前処理を行って数字表現に変換する手法（TF-IDFによるベクトル化など）を適用します。図4-01-4に示すように、数字表現に変換してしまうと人間にとっては解釈が困難にはなりますが、モデルに投入可能な状態にすることはできました。この数字表現をロジスティック回帰モデルに入力すれば、0か1の値を出力させられます[6]。この出力値に対して「1であればスパムメール」「0であれば通常のEメール」というラベルをつけて読み替えれば、スパムメールの判別が可能となります。

図4-01-4 ロジスティック回帰で文章分類問題を解くイメージ

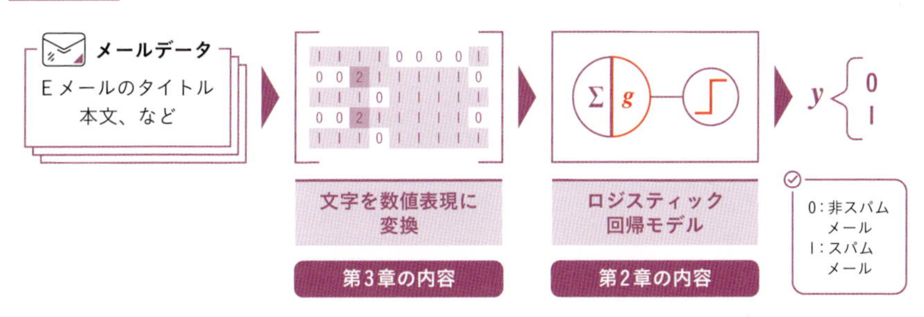

図4-01-4に示したように、ここまでの知識で簡単な文章分類問題を解決できてしまうのです。実際には、ロジスティック回帰モデルよりも複雑なモデルが使用される場面が多いかもしれませんが、どのようなモデルを使うにしろ大きな流れとしては同図の通りと考えてよいでしょう。昨今の高度な生成AIは、より複雑な仕組みで文章を数字表現に変換し、より高度なモデルで学習を行って期待する出力を得ているのです。

本章の後半では、図4-01-4のイメージを映画レビューの分類問題に置き換えて、実際にPythonコードを実行してさらに理解を深めたいと思います。

[5] そもそも機械学習モデルは数字しか扱うことができないのでした。
[6] 学習済みのロジスティック回帰モデルにデータを入力すると、推測値$\hat{y}$が0か1のいずれかの値で返ってくるのでした。

身の回りで使われている文章分類技術

前節では文章分類問題の処理の流れについて理解を深めましたが、ここでは実際的な応用事例について具体例を紹介します。

SNSや掲示板への不適切投稿の自動判別

昨今はFacebookやX（旧Twitter）をはじめとしたSNSや、オンライン掲示板上におけるコミュニティが大きな影響力を持ちつつあります。これらのコミュニティを健全に運営するためには、暴力的な内容や差別的な表現を含む不適切なコメントを監視して排除することが重要です。

人間が投稿文章を読んで判断する場面を考えると、まずは文章データを識別し、次にその内容がコミュニティのガイドラインに違反しているかどうかを、過去の判断結果を参考にして判断することになるでしょう。機械学習モデルを用いる場合も同様のプロセスとなります。文章データをモデルが識別できるような形に変換し、過去のデータを学習することで、不適切な表現を学習します。このトレーニングには教師あり学習[7]が一般的に使用され、数多くの例とそれに対するラベル（適切、不適切）がモデルに供給されます。

Facebookでは、AIを用いて不適切な投稿を削除していることを公表しており、2020年第4半期において削除されたヘイトスピーチ[8]投稿の97％は、自動的に発見され除去されたとのことです[9]。

YouTubeも不適切コメントを自動削除する機械学習モデルを開発しており、2022年上半期のみで11億件以上のスパムコメントが除去されたと公表

[7] 今回の例では、過去の判断結果が正解データに相当します。人間もガイドラインだけで不適切投稿を判断することは難しいでしょう。特に（不適切かどうかの判断に迷うような）際どい内容の投稿であれば、恐らく過去の判断結果一覧を参照しながら判断することになるかと思います。機械学習モデルの場合は、過去の判断結果に倣うように判断を行うことになります。

[8] ヘイトスピーチとは、国籍、人種、民族等を理由として、差別意識を助長しまたは誘発する目的で行われる排他的言動を指します。なお、2016年には「ヘイトスピーチ解消法」が施行されています。

[9] 97％という数字は、Meta社が2021年に公開した記事（https://about.fb.com/news/2021/02/update-on-our-progress-on-ai-and-hate-speech-detection/）内に記載されていたものです。同年には米ウォールストリートジャーナル紙が、実際にはそれほどの検出精度はないとする内部リークに基づいた記事を公開し、その記事に対してMeta社が反論とも受け取れる記事を公開するなどしているため、数字自体は参考値だと考えてください。近年のプラットフォームには荒らし投稿を自動で非表示に（ないし削除）する機能がありますが、定量的な精度を公開しているプラットフォームは多くありません。

しています[10]。またコメントを投稿できるYahoo!ニュースを提供しているヤフー株式会社は、「深層学習を用いた自然言語処理モデル（AI）」を利用してコメントを評価できるツールを無償で公開しています[11]。

肯定的か否定的かを判別（感情分析・極性分類）

通販サイトで買い物をする際、商品レビューを参考にする人も多いでしょう。仮に、自分が商品を製造する立場であるとしたら、レビューを読んで商品のどこが市場に受け入れられているか分析できるし、次の商品企画の参考にできるでしょう。この際、各レビューの文章が肯定的（ポジティブ）なのか、否定的（ネガティブ）なのかを自動で分類できれば、たとえば否定的なレビューのみを抽出すれば、商品の改善ポイントを効率的に分析できそうです。このように文章の書き手の感情を分析する手法を感情分析といいます（文章が肯定的なのか、否定的なのかという極性を分類することから、極性分類ともいわれます）。

事前に各トークンが持つ感情の極性（肯定的な感情を表現しているのか、否定的な感情を表現しているのか）を定義した辞書を用意しておけば、ある文章内に肯定的なトークンが多く含まれていれば、文章全体としても肯定的であると推測できそうです。このように、トークンごとの極性を辞書化したものを極性辞書といいます。たとえば「幸せ」「感嘆」は肯定的な語、「弱気」「失望」は否定的な語、「挨拶」「気質」は中立的な語、といった具合に定義しておきます。日本語の極性辞書は多く研究されており、人手で評価極性情報を付与したり[12]、機械的な手法を組み合わせて辞書を作成[13]する例もあります。

[10] 出典：https://support.google.com/youtube/thread/192701791

[11] 同社は2020年から、建設的な内容のコメントに対して高いスコアを付ける「建設的コメント順位付けモデル」を提供しています（https://news.yahoo.co.jp/newshack/information/comment_API.html）。不適切コメントに対処するためには、このモデルで算出されたスコアが低いコメントを優先監視対象として早期に対処する仕組みを構築すればよさそうです。

[12] たとえば、東北大学の乾・岡崎研究室が公開している日本語評価極性辞書が有名で、5,280件の語句の極性が登録されています（https://www.cl.ecei.tohoku.ac.jp/Open_Resources-Japanese_Sentiment_Polarity_Dictionary.html）。

[13] たとえば、マクロ経済分野に特化した景気単語極性辞書を機械学習によって作成した研究があります（https://doi.org/10.5715/jnlp.29.1233）。この研究では日本経済新聞の新聞記事から景気関連の単語を選定し、複数人のエコノミストによる極性情報の付与を行ったうえで、教師あり学習を行って辞書を構築しています。この場合の極性は、景気が上向きになるようであれば肯定的、景気悪化を示唆するものであれば否定的、といった意味になります。この極性分析を活用すれば、経済ニュースを指数化して景気動向をいち早く捕捉するようなこともできそうですね。

分類精度について

文章を分類する機械学習モデルができたとして、どのようにモデルの性能を評価すればよいか考えてみましょう。スパムメールを分類するモデルを例にして、10,000件のEメールの中に10件のスパムメールが混入していたとすると、すべてのメールを非スパムメールと分類してしまっても、正解率は99.9％（10,000件中、10件のスパムメールを見抜けなかったが、残り9,990件は非スパムなので正解となる）となります。つまり実質何もしていない（すべてのメールを非スパムとして通過させる）モデルなのですが、高い正解率となります。スパムメールの場合は、仮にスパムメールが受信ボックスに入ってきても手動で削除すれば済みますし、大した問題にはならないかもしれませんが、コミュニティに投稿された不適切コメントを正しく分類できないと運営上の問題となります。

最も身近な精度指標である正解率（accuracy）ですが、上記で取り上げたスパムメールのように偏りがあるデータ（不均衡データと呼びます）に対しては、評価指標としてうまく機能しないことがあります。

見逃してしまうことがビジネス上のリスクになる場合には、見逃さない確率（実際に不適切コメントのうち、見逃さずに不適切コメントと予測できる割合）を重視してモデル評価を行います。この確率のことを再現率（recall）と呼びます。再現率が重要視される場面としては医療診断が挙げられます。たとえば、がんを早期段階で発見できれば治る可能性は高まると考えられるので、各自治体ががん検診を実施しています。がん検診の判定で「がんである（=1）」と判定されたら後続の精密検査に移行しますが、この段階で「がんではない（=0）」と判断されてしまう[14]と、がんを発見するチャンスを逸してしまうことになるので、再現率を高くすべきだと考えることができます。

逆に、スパムメールの場合には、非スパムメールを間違えて迷惑メールフォルダーに分類してしまうほうがビジネス上のリスク（大事なお客様からの

[14] 誤って陰性と判断してしまうことを「偽陰性」と呼びます（「ぼんやり者の誤り」とも表現されます）。逆に、実際にはがんがないのに「がんである（=1）」と判定されることを「偽陽性」と呼びます（「あわて者の誤り」とも表現されます）。偽陽性の場合には、本来受ける必要のない精密検査で心身に負担がかかりますので、こちらも決して好ましい事象とはいえませんが、がんを見逃してしまった場合との影響の大きさを比較して、一般的には再現率を重視したモデルが好まれます。

メールをうっかり見逃してしまったら心証を悪化させてしまうかもしれません）になるため、スパムと予測したメールのうち、実際にスパムである割合、つまり早とちりして誤検出しない確率を重視したほうがよさそうです。この確率を適合率（precision）と呼びます。

これら3つの指標でスパムと非スパムを評価すると図4-01-5のようになります。この表を混同行列（Confusion Matrix）と呼びます。

図 4-01-5 混同行列

		モデルによる推定	
		スパム	非スパム
真の状態	スパム	**真陽性**（True Positive：**TP**）	**偽陰性**（False Negative：**FN**）
	非スパム	**偽陽性**（False Positive：**FP**）	**真陰性**（True Negative：**TN**）

図 4-01-6 3つの指標

正解率 $$Accuracy = \frac{TP + TN}{TP + FP + FN + TN}$$

再現率 $$Recall = \frac{TP}{TP + FN}$$

適合率 $$Precision = \frac{TP}{TP + FP}$$

一般的に、再現率と適合率はトレードオフの関係になることが知られており、分類モデルを導入する際には実務におけるビジネス課題（見逃しと早とちりで、どちらを重視すべきか）を具体化して、最適な指標を考慮することが求められます[15]。

[15] もちろん、見逃しもせずに誤分類もしないという完璧なモデルが作成できればよいのですが、そのようなモデルを実現するのは困難なので、どちらかを許容する（諦める）という判断も必要になります。

02

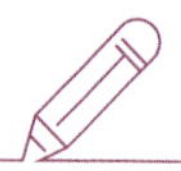

文章分類問題を解く準備をしよう

今回はPythonを用いて映画レビューが肯定的であるか、否定的であるかを分類するモデルを作成してみましょう。前節で紹介した極性分類問題に相当するタスクとなります。

Pythonを動かす環境について

Python（パイソン）とは、1991年に開発されたオープンソースのプログラミング言語です。AIやWebアプリ開発など、さまざまな開発に対応できる汎用性の高さが人気の1つです。このPythonを実行するにはいくつかの方法があります。

皆さんのお手元にあるパソコンにPythonの実行環境を構築することも可能ですが、OS[16]に合わせてさまざまなソフトウェア[17]を自分でダウンロードしたうえでインストールする必要があるため、本書ではGoogle Colaboratory（以降「Colab」と略して表記します）という実行環境を利用して対話型コーディング（後述）を行います。Colabは、Webブラウザ上でPythonプログラムを記述・実行できるサービスで、Googleアカウントさえあれば無料で利用できます。Colabには基本的なソフトウェアはすでに準備されているため、Webサイトにアクセスするだけで Pythonを手軽に実装できます。

イメージとしては、図4-02-1に示すように仮想的なPCをインターネット

[16] Operating Systemのこと。Windows 11やmacOSなど、PCの基本ソフトウェアを指します。

[17] プログラミング言語のPython本体はもちろんのこと、目的や用途に合わせて拡張機能の準備も必要になります。たとえば、機械学習モデルを扱うにはscikit-learn、データを可視化するにはBokeh、といった具合に多くのライブラリ（複数の機能をまとめたファイルのこと）を用意する必要があります。Google Colaboratoryでは、データ分析や機械学習の分野で多用される基本的なライブラリがすでにインストールされています（Google Colaboratory上で、!pip freezeと実行するとインストール済みのライブラリ一覧を確認できます）。

（クラウドサービス）上で実行する形です。この仮想的な環境はインスタンス[18]と呼ばれており、皆さんがColab上で新しくPythonを実行するとインスタンスが起動します。

とても便利なサービスですが、このインスタンスは一時的なものなので、アクティブでない状態が一定時間続くとリセットされます。このため、長時間の処理やデータの永続的な保存には向いていません[19]。

図4-02-1 Colab上におけるPython開発イメージ

ローカルPCで開発するイメージ

- 必要なソフトを準備して環境を構築する
- 環境を準備すれば恒久的に使える

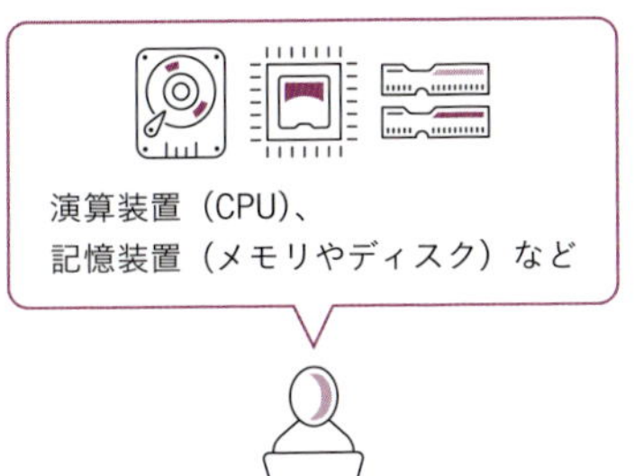

ローカルPCを用意して、Python環境を構築する

Pythonの実行環境を構築するには複数のソフトが必要で、バージョン管理も煩雑

Colab上で開発するイメージ

- アクセスすると一時的な環境が起動する
- 一定時間経過すると自動で環境が消える

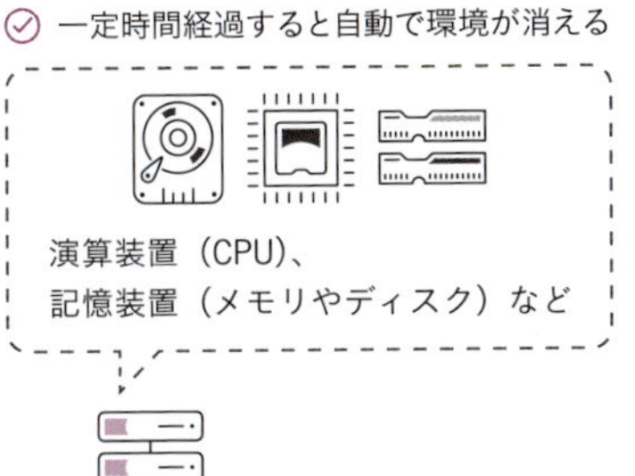

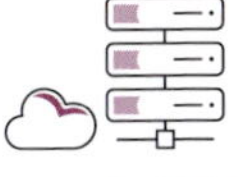

Colabにアクセスすると、仮想的なPC（インスタンス）が起動し、Python環境が利用可能になる

Webブラウザからアクセスして、簡単にPythonを実行できる

なお、PCのみならずスマートフォンのWebブラウザからもColabにアクセス可能です。スマートフォン上でコーディングするのは難しいかもしれませんが、大きめの画面のスマートフォンやタブレットであれば、プログラムを実行したり結果を確認するだけであれば十分に活用できます。まずは本書を片手に気軽にColabを体験してみましょう。

[18] 仮想マシンインスタンスとも呼ばれ、まさに仮想的なPCだと考えられます。ColabではPython実行環境をランタイムとして提供しており、このランタイム上でPythonを実行することになります。基本的なCPUランタイムのほかに、機械学習モデルの学習や推論を高速に行えるGPUやTPUを利用する有料オプションも提供されています（https://colab.research.google.com/signup/pricing?hl=ja）。

[19] 手元のPCにデータをダウンロードしたり、Googleドライブにデータを保存することで、別のセッションにもデータを持ち越すことは可能です。

Pythonのファイル形式について

Pythonを学習する際には、図4-02-2に示すような2つのファイル形式を目にするでしょう。拡張子が.pyであるファイルにはソースコードのみが記述されており、メモ帳などのテキストエディタで閲覧・編集が可能です。このpyファイルを実行する際には実行環境を別途用意する必要があります。もう1つは拡張子が.ipynbであるファイルで、ノートブック形式とも呼ばれます。このipynbファイルにはソースコードだけではなく、プログラムの実行結果や、Markdown形式[20]のメモ書きなどを含めることができます。Colabのような環境でファイルを読み込めば過去の実行結果を参照できることはもちろん、コードを部分的に実行して即座に結果を確認でき、まるでコンピューターと対話しているかのようにPythonコードを実行できます。このような対話型コーディングはプログラムの挙動を理解しやすく学習に適していることから、本書ではipynb形式のファイルを使用して演習を進めていきます。

図4-02-2 pyファイルとipynbファイル

Python (.py)

- ソースコードのみを記述したファイル形式
- メモ帳などのテキストエディタで編集できる

IPython Notebook (.ipynb)

- ソースコードや実行結果（表や絵図）などを含んだファイル形式
- Colab上などでファイルを開き、実行する

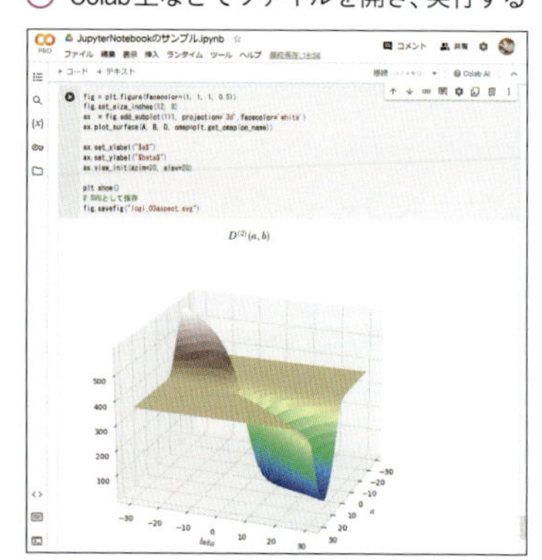

[20] シンプルな書き方で文書構造を定義できる記述法です。たとえば「# 見出し 1」というように文頭に # を付加すれば、あらかじめ設定されていた見出しスタイル（所定の大きさのフォントなど）が適用されます。

本章では、Pythonの基本的な使い方は触れずに文章分類問題を解くコードを解説します。

Google Colaboratoryを使ってPythonを触ってみよう

それではさっそくColabを利用してみましょう。プログラムを実行するまでの大まかな手順は次の通りです。

1. Googleアカウントの作成（Googleアカウントを持っていない場合のみ）
2. Google Colaboratoryのサイトへアクセス
3. ipynbファイルの読み込み
4. プログラムの実行

Colabを利用するにはGoogleアカウントが必要です。Googleアカウントを持っていない場合は「1. Googleアカウントの作成」から行ってください。ここではGoogleアカウントは作成済みの前提で「2. Google Colaboratoryのサイトへアクセス」から説明します。Webブラウザは何でもよいですが、ここではGoogleアカウントでログイン済みのGoogle Chromeを前提に解説します。また、①Colabにアクセスしてipynbファイルを読み込む方法と、②GitHubにアクセスしてipynbファイルをColabで開く方法について紹介します。前者はPCでの操作、後者はスマートフォンでの操作を例に紹介します。コードの編集を行いたい場合はPCを用いるのが好ましいですが、気軽にPythonコードの流れをつかむにはスマートフォン上での実行でもおおよその理解は得られるでしょう。

①Colabにアクセスしてipynbを読み込む

まずはChromeで「Google Colaboratory」と検索してみましょう。おそらく検索上位に「https://colab.research.google.com」というURLのサイトが表示されるので、そちらにアクセスして図4-02-3のような画面に遷移したらOKです（もちろん、URLを直接入力してアクセスすることも可能です）。

図 4-02-3 Colaboratory へようこそ

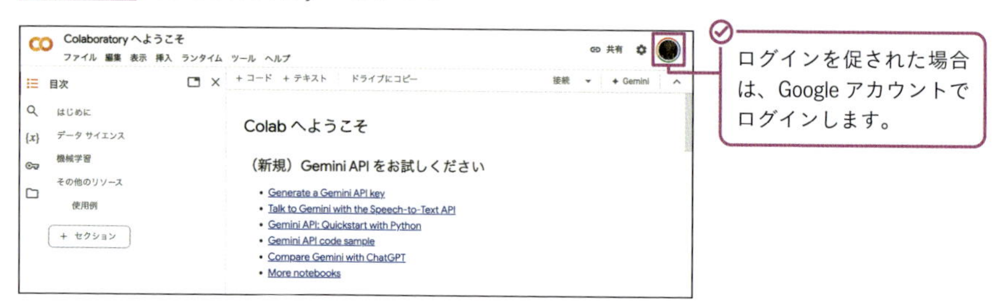

上の画面は「Colaboratory へようこそ」という名称のipynbファイルが開いている状態です[21]。このipynbファイルにはColabノートブックの新機能の紹介や使用法が掲載されているので、目を通しておくとよいでしょう（動画ファイルは英語音声ですが、日本語字幕がついているのでColabの使用法に関する知識を得られます）。

このipynbファイルを編集してプログラムを実行してもよいのですが、今回は事前に用意したipynbを読み込んでみましょう。本書で使用するファイルは、GitHub[22]上に置いてあるので、次ページの図4-02-5を参考に、図4-02-4のURLをColabから開いてみましょう。（スマホなどでも開けるように2次元コードも用意しました）。

図 4-02-4 第 4 章のサンプルコードの URL

https://x.gd/Sdpwv

[21] この状態ではインスタンスは立ち上がっておらず、あらかじめ用意されていたipynbファイルが表示されています。当該ファイル内のコードセル（後述）を実行すると、インスタンスが立ち上がってプログラムを実行できるようになります。
[22] GitHubはソフトウェア開発のプラットフォームです（第3章注釈も参照）。

上のURLをColabのURL入力欄に入力します。URL入力欄を表示するには、画面左上の［ファイル］メニュー①から［ノートブックを開く］②をクリックし、左の項目から［GitHub］③を選択します。すると「GitHub URLを入力するか～」④という欄が表示されるので、そこに入力して［Enter］キーを押してください。

図 4-02-5 GitHub URL から ipynb ファイルを開く

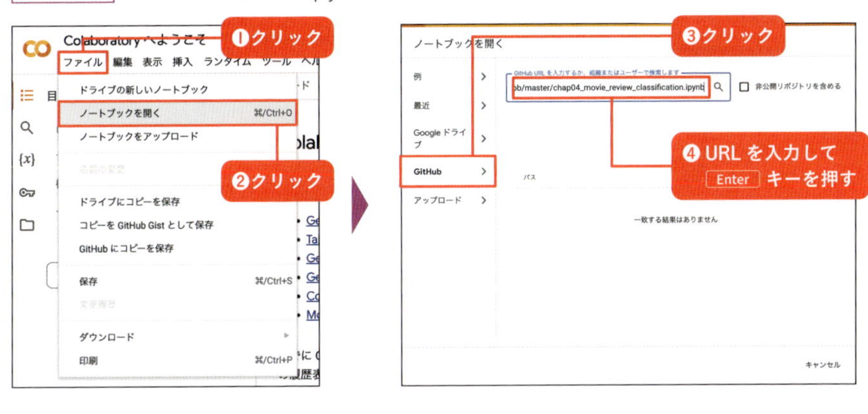

このとおりに操作すれば、上部に「文章分類問題を解いてみよう」と書かれたipynbファイルが読み込まれます。この「文章分類問題を解いてみよう」と書かれた領域を「テキストセル」といい、コメントや説明文を入力しておけます。対して、Pythonコードが書かれている部分を「コードセル」と呼び、左側に実行ボタンがあります。このipynbファイルについては、上方のセルから順にこの実行ボタンをクリックしていけば、文章分類問題を解くモデルを作成できます。

図 4-02-6 開いた ipynb ファイル（実際のファイルより簡便に図示しています）

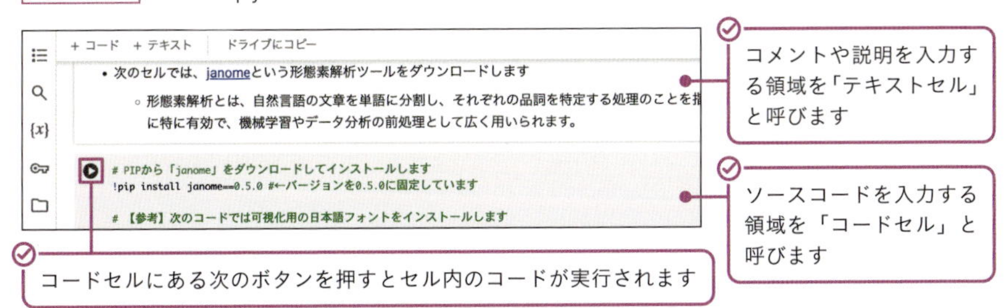

なお、最初にコードを実行する際に図4-02-7のように「警告: このノートブックは Google が作成したものではありません。」というダイアログボックスが表示されるかもしれませんが、本書の指示通りに開いたファイルであれば問題ありません。[このまま実行] をクリックしてください。

図 4-02-7 Colab からの警告画面

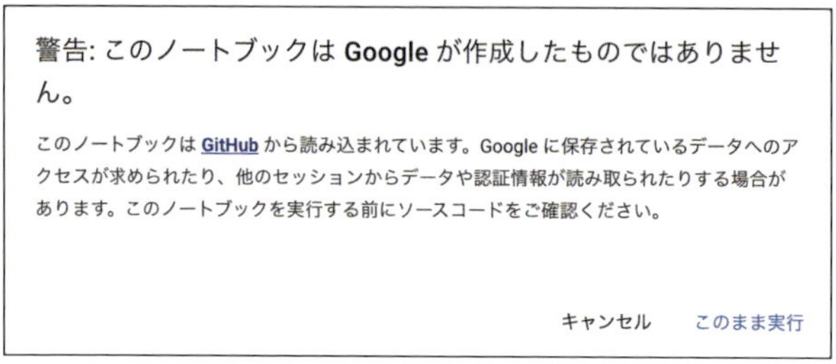

警告: このノートブックは **Google** が作成したものではありません。

このノートブックは GitHub から読み込まれています。Google に保存されているデータへのアクセスが求められたり、他のセッションからデータや認証情報が読み取られたりする場合があります。このノートブックを実行する前にソースコードをご確認ください。

キャンセル　このまま実行

②スマートフォンで開く

スマートフォンの場合は、図4-02-4の2次元コードからGitHubへアクセスしてください。すると、図4-02-8のように [Open in Colab] ボタンが表示されます。これをタップすればColabのページへ遷移し、ipynbをColab上で開くことができます。PC上のWebブラウザを操作するときと同様に実行ボタンをタップすればコードを実行可能です。

なお、インターネット上には企業や個人が作成した多数の学習用ipynbファイルが公開されており、その多くが有用です。しかし注意が必要なのは、出所（作者）不明のipynbファイルを使用すると、たとえば使用中のGoogleアカウントに紐づくGoogle Drive上にある情報が外部に送信されるといった危険性があることです。一方で、これらの動作を行うソースコードもipynbファイル上に記述されていることに加え、操作を行うには特別な権限を明示的に付与する操作が必要になるため、Colabから表示されるダイアログボックスの案内を読んでコード実行の判断を行えば危険性を最小化できると考えられます。

図 4-02-8 開いた ipynb ファイル（実際のファイルより簡便に図示しています）

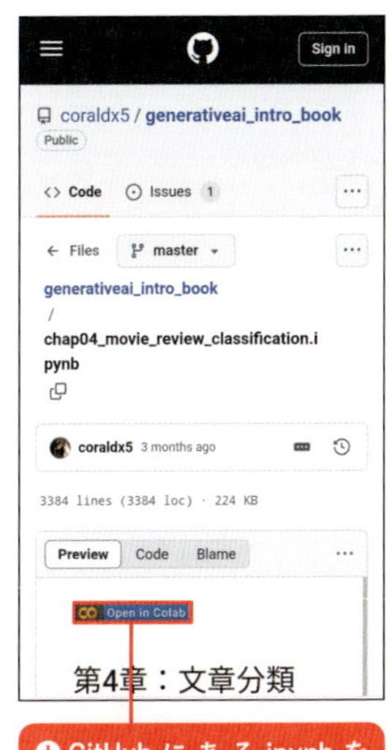

❶ GitHub にある ipynb を Colab で開くにはこのボタンをタップ

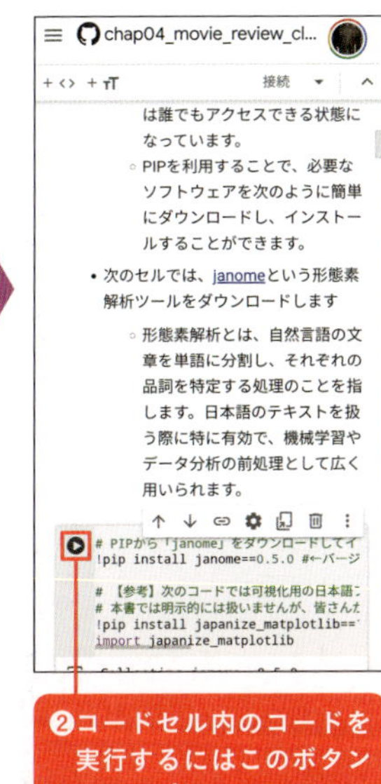

❷コードセル内のコードを実行するにはこのボタンをタップ

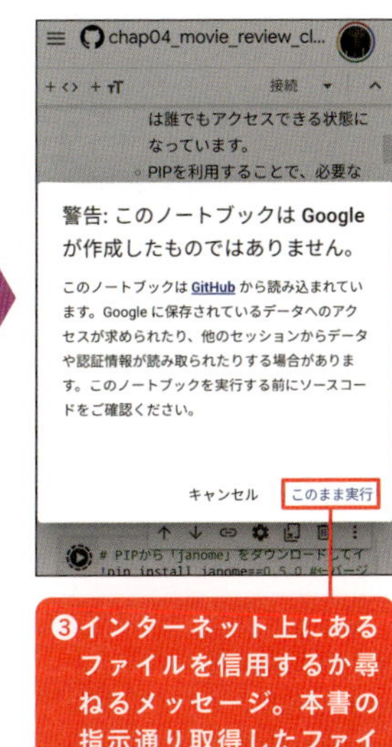

❸インターネット上にあるファイルを信用するか尋ねるメッセージ。本書の指示通り取得したファイルは［このまま実行］をタップ

MEMO Colabでipynbファイルを開く方法ついて

本文中ではipynbファイルをColabで開く方法を、PCとスマートフォン上で操作することを前提にそれぞれ紹介しました。実際にはデバイスの種類を問わず、どちらの手順でも利用できます（つまりPC上でも②の手法でColabを使用できます）。

Colabは対話型でコーディングが可能であり、そのインタラクティブな性質から多くの開発者にとって欠かせないツールとなっています。そのためインターネット上にもColabの解説サイトが多くあることに気がつくでしょう。まずは本書で紹介した2つの手順を試したあと、それを手掛かりにほかの手法を実践してみれば、より理解を深められます。

Pythonのプログラミングに関して理解を深めたい場合には「Python tutorial notebook」といったキーワードで検索すると、ipynb形式でのチュートリアルが数多く公開されているので、自分にとって読みやすそうなファイルから試してみるのも一手でしょう[23]。

[23] 筆者個人としては、東京大学における「Python プログラミング入門」の教材を提供する公開リポジトリ（https://github.com/utokyo-ipp/utokyo-ipp.github.io）がお勧めです。Colab 中にも説明文が記述されており、読み解きながらコードを実行できるでしょう。少し古いですが、日本の Preferred Networks 社が公開する "Chainer Tutorial"（https://tutorials.chainer.org/ja/tutorial.html）には Python の基礎的なコーディング手法から、発展的なニューラルネットワークに関する演習までが含まれており、発展的な事項を学びたい方にお勧めです。Chainer とはニューラルネットワークの計算および学習を行うためのオープンソースのソフトウェアで、現在は後発の "PyTorch" が主流になっていますが、このチュートリアルのように日本語の関連資料が多い点が特徴です。

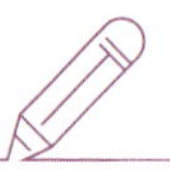

03

Colabでプログラムを実行しよう

ここまででColabを使う準備が整ったので、プログラムを実行していきます。まずは必要なライブラリを読み込んでから、レビュー文章と良し悪し（good / bad）が記述されているCSVファイルをダウンロードします。

ライブラリをインストールしよう

先ほどColab上で開いたipynbを上から順に実行していきます。以降のコードが書かれた枠は、コードセルを表しています。それぞれ画面で実行ボタン（▶）をクリックして実行してください。

必要なライブラリのインストール

```
001 # PIPから「janome」をダウンロードしてインストールします
002 !pip install janome==0.5.0……バージョンを0.5.0に固定しています
```

このコードセルでは、PIP（package installer for python）から、Janomeという日本語形態素処理に必要なライブラリ（拡張機能のようなもの）を取得しています。各行の先頭にある#と!は、それぞれ次の意味です。

#（コメント記号）

その行で「#」以降のテキストをコメントとして扱います。コメントはプログラムの実行には影響を与えず、コードに対する説明やメモを残すために使用されます。プログラムの読みやすさやメンテナンス性を高めるために役立ちます。

!（シェルコマンド実行記号）

Colabのノートブック上でシェルコマンド[24]を実行するために使用されます。これにより、Pythonの環境外でコマンドラインツールを利用でき、システムの操作や外部プログラムの実行が可能になります。

学習に使うデータの準備

```
001 # GitHubからCSVファイルをダウンロードします
002 !wget https://raw.githubusercontent.com/liber-craft-
    co-ltd/book_impress_it-basic-education-ai/master/
    chap04_movie_review_jpn.csv
```

上のコードセルでは、GitHubからCSVファイルを取得してColab上に保存しています。先述の通りColab上で一定時間が経過すると環境ごとCSVファイルが消失しますので注意してください。もしプログラムが途中でうまく動かなくなってしまった場合にはリセットして最初からコードを再実行してみてください（リセットの方法は章末に記載してあります）。

読み込んだCSVファイルの中身を確認

```
001 import pandas as pd
002 mreview_df = pd.read_csv("chap04_movie_review_jpn.
    csv", header=None)……データを読み込んでmreview_dfという変数に
    代入します
003 mreview_df………データを表示させます
```

この部分では、pandasというデータ分析ライブラリをpdという短い名前で使えるようにしています[25]。import pandas as pdと書くことで、pandasライブラリの機能をpd.で簡単に呼び出せます。

[24] シェルコマンドとは、OS（オペレーティングシステム）の指示して実行する役割を持つインターフェース（シェル）を実行するコマンドを指します。ここでは、Pythonコード以外のコマンドを実行しているんだな、という点を認識してもらえれば大丈夫です。参考までに、ファイル操作（lsコマンド）、プロセス管理（psコマンド）などをColab上で実行できます（Linuxシステムを触ったことがあれば馴染みがあるかもしれません）。

[25] このような短縮形をエイリアス（alias）と呼びます。エイリアスは任意の文字列を指定可能ですが、pandasのようなメジャーなライブラリについては、慣習的にエイリアスが決められています。参考までに、"import pandas as pandas"と記述すれば「pandasをpandasという名で呼び出す」（進次郎構文みたいですね）といった具合で無意味なエイリアス定義となりますが、GitHubを検索すると700件弱のコードに記述されています（GitHub上で"import pandas as pandas"と入力してコード検索した結果で、アンチパターンの例示として掲載されていることもケースも含まれます）。

　このコードセルを実行して実行結果を確認してみましょう。Pythonプログラムの中では、CSVファイルを読み込んでDataframe型というデータ形式に変換してmreview_dfという名前で保持しています。それを可視化したものが図4-03-1ですが、一見するとCSVファイルの中身そのものです。Colabでは、読み込んだデータをこのようにシンプルなテーブル形式で表示できるほか、操作可能なインタラクティブテーブルを作成したり、関連するグラフを作成したり、コードを生成したりできます。

データをさまざまな形で表現しよう

　右上に3つのアイコンが並んでいるので、上から順に試してみましょう。

図 4-03-1　データフレームの出力

```
import pandas as pd
mreview_df = pd.read_csv("movie_review_jpn.csv")  #← データを読み込んで`mreview_df`という変数に代入します
mreview_df #← データを表示させます
```

	result	comment
0	good	キャラクターたちの感情的な旅路が感動的で、心に残りました。
1	bad	キャラクターたちの関係が浅く、深みがありませんでした。
2	good	キャラクターたちの成長が感動的で、彼らの旅に共感しました。
3	good	キャラクターたちの成長と絆が感動的で、深い感情を呼び覚ました。
4	bad	キャラクターたちの成長と絆が不明瞭で、感情が伝わりませんでした。
...	...	...
123	bad	場面転換が唐突で、ストーリーの流れが断片的に感じられました。
124	bad	主要な登場人物が途中で色褪せてしまい、最後まで引っ張る力が不足していた。
125	bad	感動を誘う場面が意図的過ぎて、逆に冷めた感情を抱かせてしまいます。
126	bad	説明が多過ぎて映画としてのエンターテイメント性が損なわれていました。
127	bad	技術的な詳細にこだわりすぎて、物語が背後に隠れてしまう部分が多々ありました。

128 rows × 2 columns

：インタラクティブ型テーブルに変換 (convert this dataframe to intaractive table)

　クリック操作によって列ごとの項目の並べ替えや、ページネーション、キーワードによるフィルタリングといった簡単な表操作を行えます。もちろんPythonコードを書けばこれらのデータ操作は可能ですが、ノーコードで簡単にデータを眺められるメリットは大きいでしょう。

：グラフを提案 (suggest charts)

Colab側で自動的に最適なグラフを描画してくれる機能です。今回のデータでは、goodとbadという2種類の評価が書かれている「result」列に対して、棒グラフを自動提案してくれました。

：コード生成 (generate code using this dataframe)

生成AIを活用して、読み込んだデータフレームに関するコードを生成してくれる機能です。図4-03-2の例では次の指示を与えることで4つのコード候補が生成されました。

- **comment列に「キャラクター」が含まれているデータについて、result列のgoodとbadの割合を示す円グラフを作って**

生成されたコードを実行すると、3番目に生成されたコードが意図通りの挙動をしてくれています。生成されたコードを実行するには注意が必要ですが、どのようにコードを読み解けばよいかという点については直後のMEMO欄にて解説しますので興味があれば読んでみてください。

図4-03-2　Colabのコード生成機能で作成した円グラフ

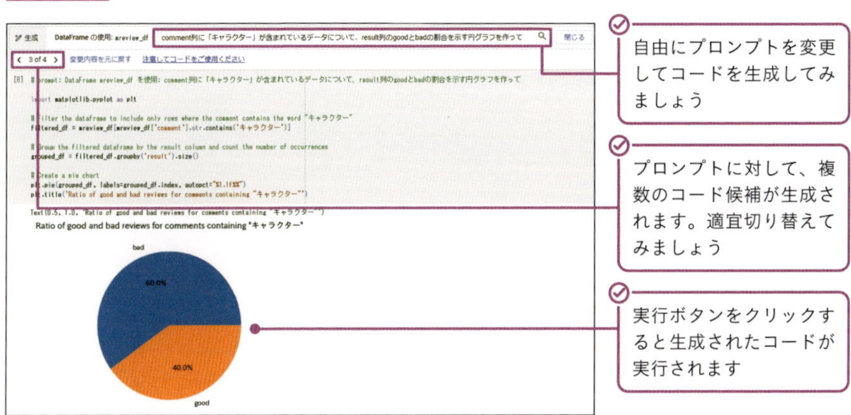

MEMO　生成されたコードについて

本文中ではDataframeを使用してコードを生成する機能を紹介しました。実のところ、空白のコードセルを挿入して［生成］ボタンをクリックすると、（読み込んだデータフレームに関係しないような）汎用的なコードも自動生成できます。

図 4-03-3 汎用的なコードを自動生成

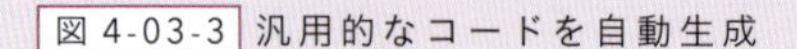
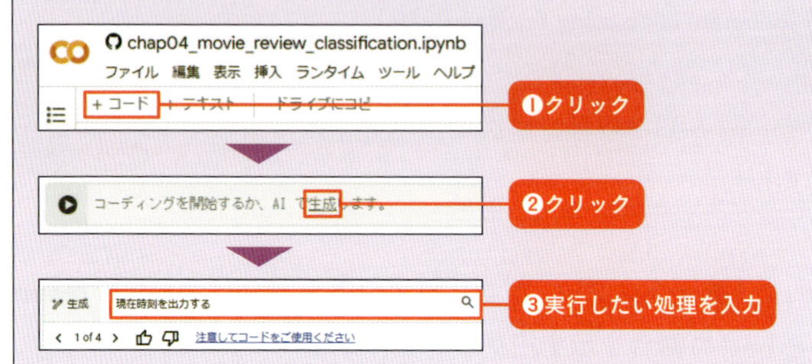

図4-03-4は、現在時刻を出力するコードを生成した例です。生成されたコードにはエラー、バグ、脆弱性が含まれる可能性があり、ユーザー自身の裁量で実行するように注意書きがあります。Pythonコードに対する理解が深まると生成されたコードを読み解けるようになりますが、学習初期の段階では難しいでしょう。

そんな場合は、ChatGPT（無料版で十分です）などの生成AIツールを活用してみましょう。具体的には、次のような指示文と一緒に、理解したいコードを入力します。

図 4-03-4 ChatGPT でコードを理解する

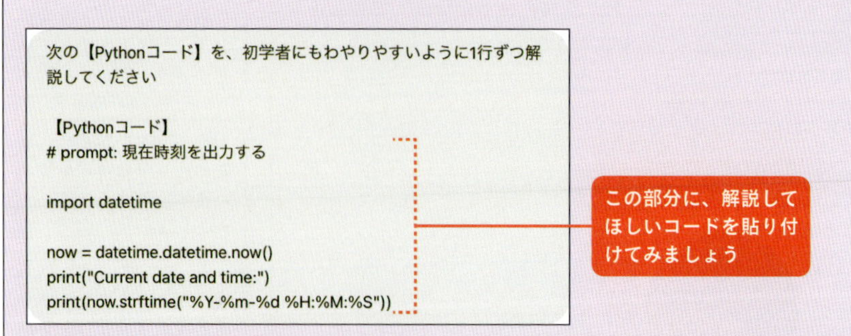
次の【Pythonコード】を、初学者にもわやりやすいように1行ずつ解説してください

【Pythonコード】

```
# prompt: 現在時刻を出力する

import datetime

now = datetime.datetime.now()
print("Current date and time:")
print(now.strftime("%Y-%m-%d %H:%M:%S"))
```


近年の生成AIはPythonのことも学習しているため、たいていのコードについて正確に解説してくれます。実現したいことを言語化して生成AIに入力し、生成されたコードを生成AIに解説させて、挙動を理解したうえで実行することによって効率的に学習できます。ぜひ実践してみてください。

04

学習用データを準備しよう

CSVファイルを読み取って中身のデータの確認まで終えたので、自然言語処理に必要な処理を行いましょう。

学習用データと評価用データに分割する

機械学習モデルを作成するにあたって、手元にあるすべてのデータを利用してしまうと作成したモデルの精度を評価できません[26]。まずは学習用データと評価用データに分割する処理を行います。なお、このコードセルは実行しても何も出力されませんが処理自体は行われています。

学習データと評価データを分割（実行しても何も出力されません）

```
001 from sklearn.model_selection import train_test_split
002 
003 # ラベル（good/bad）と文章を分ける
004 labels = mreview_df['result'].values
005 sentences = mreview_df['comment'].values
006 
007 # ラベルを数値に変換
008 label_dic = {'good': 1, 'bad': 0}
009 label_ids = [label_dic[i] for i in labels]
```

[26] 勉強で例えると、手元にある問題集すべてを解き終えたあとに、同じ問題集の中からいくつかの問題を解いてしまっては、実力で正解できたのか、たまたま解答が記憶に残っていたから正解したのか客観的に評価できません。そのような事態を避けるために、手元の問題集の一部を学習時には使用せずに取って置きます。そのほかの問題を一通り解いてから、取り置きしておいた問題を解けば、実力を測れると考えられます。以上は人間の学習過程を念頭にした解説ではありますが、機械学習においても同様の評価手法が取られています。

```
010
011 # 学習用データと評価用データを7:3に分割する
012 train_sentence, test_sentence, y_train, y_test =
    train_test_split(sentences, label_ids, test_size=0.3,
    random_state=0)…………全データ数に対する評価データの割合をtest_
    sizeで指定します
```

最初の行では、scikit-learnライブラリからtrain_test_split関数をインポートしています。この関数は、データセットを学習用と評価用に分割するのに使われます。

まず、4〜5行目で読み込んだmreview_dfというデータフレームから「result」列と「comment」列を取得して、それぞれlabelsとsentencesという変数に格納しています。labelsにはレビューの結果（good/bad）ラベル、sentencesには、そのレビューの文章が格納されます。

次に、8〜9行目でラベルを数値に変換しています。label_dicはgoodを数字の1に、badを同じく0に変換する辞書で、label_idsには、元々のラベルが数値に変換されたものが格納されます。

最後の12行目では、全データ（sentencesとlabel_ids）を、機械学習モデルの訓練に使用する学習用データ（train_sentenceとy_train）と評価用データ（test_sentenceとy_test）に分割します。学習用データと評価用データ分割割合ですが、慣習的に8:2や7:3が使用され、コード上では全データ数に対する評価データの割合としてtest_sizeで指定します。分割する際にはランダムにデータを振り分けるのですが、random_state=0で乱数のシード[27]を設定しており、この値を固定しておくことで誰がいつ実行しても同一の分割結果を得ることができます。

[27] 少し哲学的な話になるかもしれませんが、真の乱数（予測できない数列）をコンピューター上で生成することは困難です。コンピューターは特定のアルゴリズムに基づいて計算を行うため、規則性や周期性が宿命的に生じてしまいます。このようにコンピューター上で生成される乱数のことを「疑似乱数」と呼び、この乱数生成を支配しているものが乱数のシード（種）であるというイメージです。乱数シードを固定することで同一結果を再現できるため、いざ納品時にお客様を目の前にして「あれ、昨日はよい精度が出たんですけど…！」といった予期せぬ出力を防げるため、実務的には重要です。高品位な疑似乱数を生成できる手法としてメルセンヌ・ツイスタ (Mersenne twister) という暗号生成器があり、約43（このあとにゼロが6,000個続きます）という極めて長い周期性が証明されています。疑似乱数について興味がある人は、本注釈に登場したキーワードで検索してみてください。

分析器（アナライザ）を作成しよう

自然言語処理の対象となる学習データ（test_sentence）が準備できましたので、形態素解析を行うための分析器（アナライザ）の作成を行います。

形態素解析を行うjanomeの準備（実行しても何も出力されません）

```
001 # 本ノートブックの最初にPIPからインストールしたJanomeから、必要な機能をインポートします
002 from janome.tokenizer import Tokenizer
003 from janome.analyzer import Analyzer
004 from janome.charfilter import UnicodeNormalizeCharFilter, RegexReplaceCharFilter
005 from janome.tokenfilter import POSKeepFilter
006 # ひらがな一文字で構成されるトークンを除外するカスタムトークンフィルターを定義します
007 '''
008 参考：この部分のコードを理解して頂く必要はありません
009 '''
010 from janome.tokenfilter import TokenFilter
011 class SingleHiraganaFilter(TokenFilter):
012     def apply(self, tokens):
013         for token in tokens:
014             # トークンがひらがな一文字なら除外
015             if len(token.surface) == 1 and 'ぁ' <= token.surface <= 'ん':
016                 continue
017             yield token
```

このコードセルでは、janomeライブラリから、次の機能をインポートしています。

Tokenizer
日本語文章をトークンに分割するために使用します。

Analyzer
形態素解析を行うためのパイプライン（後述）を構築するために使用します。

UnicodeNormalizeCharFilter, RegexReplaceCharFilter
いずれも文字フィルター（character filter）の一種で、与えられた文章をトークナイズする前に特定の文字の変換や削除を行うために使用します。

POSKeepFilter
トークンフィルター（token filter）の一種で、トークナイズによって得られた各トークンの品詞をフィルタリングするために使用します。

また、参考までにひらがな一文字のトークンを除去するオリジナルのフィルターSingleHiraganaFilterも定義しています。発展的な学習を行いたい場合は、同コードセルのclass以降の部分を読解すると、オリジナルのフィルターを作成できるでしょう。

インポートした機能を利用したトークナイズ処理について詳細を見ていきましょう。まずはフィルター処理を行わずにトークナイズ処理のみを次のコードで実行してみます。

トークナイズ処理のみを行う分析器（アナライザ）を試してみる

```
001 # トークナイズ対象となる文章の定義
002 test_text = '映画のクライマックスで、泣かされました！'
003 # TokenizerのみでAnalyzerを作成する
004 tk_analyzer = Analyzer(
005                             char_filters=[
006 # char_filterを定義しない（空にしておく）
007                                             ],
008                             tokenizer=Tokenizer(),
```
トークナイザの定義

```
009                          token_filters=[
010 #token_filterを定義しない（空にしておく）
011                                      ],
012                          )
013
014 # トークナイズを実行して、各トークンの解析結果を出力する
015 for token in tk_analyzer.analyze(test_text):
016     print(token)
```

このコードではtokenizerのみを設定し、char_filtersとtoken_filtersの定義箇所には何も入力していないので、標準の形態素解析のみが実行されます。出力結果を表形式にまとめると、次図4-04-1のようになります。

図4-04-1 出力結果を表形式にまとめる

表層形	品詞（part of speech）				活用型	活用形	基本形	読み	発音
(surface)	品詞	細分類1	細分類2	細分類3	(infl type)	(infl form)	(base form)	(reading)	(phonetic)
映画	名詞	一般	*	*	*	*	映画	エイガ	エイガ
の	助詞	連体化	*	*	*	*	の	ノ	ノ
ｸﾗｲﾏｯｸｽ	名詞	一般	*	*	*	*	クライマックス	*	*
で	助詞	格助詞	一般	*	*	*	で	デ	デ
、	記号	読点	*	*	*	*	、	、	、
泣かさ	動詞	自立	*	*	五段・サ行	未然形	泣かす	ナカサ	ナカサ
れ	動詞	接尾	*	*	一段	連用形	れる	レ	レ
まし	助動詞	*	*	*	特殊・マス	連用形	ます	マシ	マシ
た	助動詞	*	*	*	特殊・タ	基本形	た	タ	タ
！	記号	一般	*	*	*	*	！	！	！

文字列の中で使われているそのままの形を表現する表層形、品詞、活用形や発音といった、各トークンの文法的な属性が出力されます（これらの解析結果は、事前に定義された辞書に基づいて実行されています）。この結果を見ると、たとえば、

- **この文章では「ｸﾗｲﾏｯｸｽ」は半角カタカナだが、ほかの文章では全角カタカナで書かれることもありそうだから全角に統一しておこう**
- **句読点や感嘆符はレビューの良し悪しには関係なさそうだから消そう**
- **同じく、助詞や助動詞も無関係そうだから除外しよう**

といった具合に、前処理の必要性が見えてくるでしょう。

これらの処理を実行すべく少し高等な分析器（アナライザ）を作成してみましょう。

複数のフィルタを組み合わせた分析器を作ってみる（実行しても何も出力されません）

```
001 # 複数のフィルタを定義した分析器（my_analyzer）を定義します
002 my_analyzer = \……………改行後に継続してコードを記述する記号です
003 Analyzer(char_filters=[
004                         UnicodeNormalizeCharFilter(),
005                         RegexReplaceCharFilter
    (r"[、。!]+", "")
006                         ],
007           tokenizer=Tokenizer(),
008           token_filters=[
009                           POSKeepFilter(["名詞","形容詞
    ","動詞"]),
010                           SingleHiraganaFilter()
011                           ],
012         )
013 
014 # 文章をxとして受け取って解析結果を表層形（.surface）として返す関数
    （janome_analyzer）の定義
015 # 表層形：文字列の中で使われているそのままの形。
016 def janome_analyzer(x):
017     return [token.surface for token in my_analyzer.
    analyze(x)]
```

前半にあるmy_analyzer = Analyzer(…略…)という部分では、次のように各種のフィルターを組み合わたパイプラインを定義します。パイプラインとは、このようにデータ処理や情報処理の過程で、複数のステップを順序立てて実行する一連の処理のことを指します。この例では、上から順に処理が実行されます。

char_filters

次の2つの文字フィルターを定義しています。

①UnicodeNormalizeCharFilter()：Unicode文字を正規化します[28]。

②RegexReplaceCharFilter(...)：正規表現[29]を使って特定の文字を空文字に置換（削除）します。

tokenizer=Tokenizer()

デフォルトの設定でトークナイザーを使用します。

token_filters

次のトークンフィルターを定義しています。

POSKeepFilter(["名詞","形容詞","動詞"])：名詞、形容詞、動詞のトークンのみ保持します[30]。

最後の2行では、janome_analyzerという関数を定義しています。この関数は、文章データであるxを引数として受け取り、xを先ほど定義したmy_analyzerを使用して解析し、解析結果の各トークンからトークンの表層形（.surface属性）をリストとして返します。

少し長くなってしまいましたが、要はjanome_analyzerという関数を定義するコードセルになります。それでは定義したjanome_analyzerを使って、形態素解析を行ってみましょう。

試しにjanome_analyzerを使ってみる

```
001 test_text = '映画のクライマックスで、泣かされました!'
002 janome_analyzer(test_text)
```

[28]第3章「参考：前処理手法」にて説明。

[29]正規表現（Regular Expression、略してregexまたはregexpとも呼ばれる）は、文字列のパターンマッチングを行うための強力なツールです。コード内にある正規表現r"[、。!]+"は、句読点（「、」と「。」）、感嘆符（「!」）のいずれかにパターンマッチします。

[30]今回のサンプルコードでは、句読点を除去するようにRegexReplaceCharFilterを設定しています。これらの句読点はPOSKeepFilterにおいては「記号」という扱いになり、今回は保持対象となっていないので実のところ機能していません。

このコードセルを実行すると、次のような結果が出力されます。

- **['映画', 'クライマックス', '泣かさ']**

単純にトークナイズ処理を行っただけではなく、全角カタカナに変換されていたり、句読点や感嘆符が除去されていることがわかります。1行目のtest_textに適当な日本語文章を入力して、janome_analyzerの挙動を確認できるので、自由に編集して実行してみてください。

なお、各フィルター単独で実行した際の挙動を実感してもらうために、「参考：Analyzerの詳細挙動を確認する」というセクションをipynbファイルに記載しています。適宜実行してみてください。

単語文書行列を作成しよう

分析器my_analyzerが作成できたので、学習データ（test_sentence）に対して実行して単語文書行列を作成しましょう。

ベクトル化して単語文書行列を作成（実行しても何も出力されません）

```
001 from sklearn.feature_extraction.text import
    CountVectorizer
002
003 # janome_analyzerを使用してベクトル化を行う機能を定義します
004 vectorizer = CountVectorizer(analyzer=janome_analyzer)
005
006 # 学習用データに対して単語の語彙を学習し、ベクトル化を行います
007 X_train = vectorizer.fit_transform(train_sentence)
008 # 評価用データに対して、学習済みの語彙でベクトル化を行います
009 X_test = vectorizer.transform(test_sentence)
```

最初の行では、CountVectorizerをインポートしています。これは文章データを数値データに変換するため、具体的には文書内の各単語の出現回数をカウントしてベクトル形式に変換するために使用します。

7行目では、学習用データのトークンを学習（.fit）し、データをベクトル化（トークンの出現回数をカウントしてベクトルに変換、すなわちtransform）します。これらの2つの処理を合わせてfit_transformとして実行し、結果をX_trainという変数に格納します。

9行目では、学習済みのvectorizerを使用して、ベクトル化する処理のみを行います。この過程では新たにトークンを学習することはせず、学習用データで学んだトークンに基づいて評価用データのトークン出現回数をカウントし、結果をX_testという変数に格納します。

CountVectorizerで作成した単語文書行列を確認

```
001 # Trainの上から10件だけ可視化しています
002 vector_array = X_train[:10].toarray()
003 df = pd.DataFrame(data=vector_array,columns =
    vectorizer.get_feature_names_out())
004 df
```

上のコードセルを実行すると、単語文書行列の上から10行分を可視化できます。出力された表の左下に「10 rows x 302 columns」と書かれていますが、これは出力した単語文書行列が10行302列であることを示しています。単純にトークンの出現回数をカウントしているだけなので、表の中はすべて0と自然数になっていることがわかると思います。なお、すべてのトークンを表示すると列方向が長大になるため、一部が省略されて画面上に表示されます。

図 4-04-2 実行結果

	あふれる	あり	ある	いる	うまく	おら	おり	くれ	こと	させ	...	難しく	雰囲気	非常	音楽	響き	響く	驚き	驚く	高く	魅力
0	0	0	0	0	0	0	0	0	0	0	...	0	0	0	0	0	0	0	0	0	0
1	0	0	0	0	0	0	0	0	0	0	...	0	0	0	0	0	0	0	0	0	0
2	1	0	0	0	0	0	0	0	0	0	...	0	0	0	0	0	0	0	0	0	0
3	0	0	0	0	0	0	0	0	0	0	...	0	1	0	1	0	0	0	0	0	0
4	0	1	0	0	0	0	0	0	0	0	...	0	0	0	0	0	0	0	0	0	0
5	0	0	0	0	0	0	0	0	0	0	...	0	0	0	0	0	0	0	0	0	0
6	0	1	0	0	0	0	0	0	0	0	...	0	0	0	0	0	0	0	0	1	0
7	0	0	0	0	0	0	0	0	0	0	...	0	0	0	0	0	0	0	0	0	0
8	0	0	0	0	0	0	0	0	0	0	...	0	0	0	0	0	0	0	0	0	1
9	0	0	0	0	0	0	0	0	0	0	...	0	0	0	0	0	0	0	0	0	0

10 rows × 302 columns

　このままCountVectorizerで作成した単語文書行列を利用してもよいのですが、先ほどと同様な手順でTF-IDF値を計算するTfidfVectorizerで単語文書行列を作成してみましょう。

TfidfVectorizerで単語文書行列を作成

```
001 from sklearn.feature_extraction.text import
    TfidfVectorizer
002 vectorizer = TfidfVectorizer(analyzer=janome_analyzer)
003 X_train = vectorizer.fit_transform(train_sentence)
004 X_test = vectorizer.transform(test_sentence)
005
006 # Trainの上から10件だけ可視化しています
007 vector_array = X_train[:10].toarray()
008 df = pd.DataFrame(data=vector_array,columns =
    vectorizer.get_feature_names_out())
009 df
```

図 4-04-3 実行結果

	あふれる	あり	ある	いる	うまく	おら	おり	くれ	こと	させ	...	難しく	雰囲気	非常	音楽	響き	響く	驚き	驚く	高く	魅力
0	0.000000	0.000000	0.0	0.0	0.0	0.0	0.0	0.0	0.0	0.0	...	0.0	0.000000	0.0	0.000000	0.0	0.0	0.0	0.0	0.000000	0.00000
1	0.000000	0.000000	0.0	0.0	0.0	0.0	0.0	0.0	0.0	0.0	...	0.0	0.000000	0.0	0.000000	0.0	0.0	0.0	0.0	0.000000	0.00000
2	0.388213	0.000000	0.0	0.0	0.0	0.0	0.0	0.0	0.0	0.0	...	0.0	0.000000	0.0	0.000000	0.0	0.0	0.0	0.0	0.000000	0.00000
3	0.000000	0.000000	0.0	0.0	0.0	0.0	0.0	0.0	0.0	0.0	...	0.0	0.528493	0.0	0.528493	0.0	0.0	0.0	0.0	0.000000	0.00000
4	0.000000	0.333248	0.0	0.0	0.0	0.0	0.0	0.0	0.0	0.0	...	0.0	0.000000	0.0	0.000000	0.0	0.0	0.0	0.0	0.000000	0.00000
5	0.000000	0.000000	0.0	0.0	0.0	0.0	0.0	0.0	0.0	0.0	...	0.0	0.000000	0.0	0.000000	0.0	0.0	0.0	0.0	0.000000	0.00000
6	0.000000	0.252567	0.0	0.0	0.0	0.0	0.0	0.0	0.0	0.0	...	0.0	0.000000	0.0	0.000000	0.0	0.0	0.0	0.0	0.379706	0.00000
7	0.000000	0.000000	0.0	0.0	0.0	0.0	0.0	0.0	0.0	0.0	...	0.0	0.000000	0.0	0.000000	0.0	0.0	0.0	0.0	0.000000	0.00000
8	0.000000	0.000000	0.0	0.0	0.0	0.0	0.0	0.0	0.0	0.0	...	0.0	0.000000	0.0	0.000000	0.0	0.0	0.0	0.0	0.000000	0.41513
9	0.000000	0.000000	0.0	0.0	0.0	0.0	0.0	0.0	0.0	0.0	...	0.0	0.000000	0.0	0.000000	0.0	0.0	0.0	0.0	0.000000	0.00000

10 rows × 302 columns

　作成されたデータフレームを見るとCountVectorizerで作成した単語文書行列とは異なり、表中の数字が小数を含んだ数字になっていることがわかります。この値がTF-IDF値であり、トークンの出現回数に希少性を加味した数字表現です。

05

ロジスティック回帰モデルで分析しよう

以上の操作で、すべてのデータに対して数字表現を獲得できたことになります。この段階で機械学習モデルにデータを入力できます。今回は、第2章で取り上げたロジスティック回帰モデルを使用して、good(1) とbad(0) を分類するモデルを作成します。

モデルを作成し、結果を確認しよう

次のコードを実行すると、第2章で学習したロジスティック回帰モデルを作成し、評価用データに対する予測までを行えます。

モデル作成と結果の確認

```
001 from sklearn.linear_model import LogisticRegression
002 
003 # ロジスティック回帰モデルを初期化
004 lr = LogisticRegression(random_state=0)
005 
006 # モデルを学習用データで学習する
007 # X_trainは特徴量、y_trainはターゲット変数
008 lr.fit(X_train, y_train)
009 
010 # 評価用データを使用して予測を行い、y_predに代入
011 # X_testは新しいデータの特徴量
012 y_pred = lr.predict(X_test)
013 # 予測結果の表示（評価用データの数だけ、0/1の値が出力されます）
014 y_pred
```

最初の行で、scikit-learnライブラリからLogisticRegressionをインポートしています。scikit-learnライブラリには、線形回帰モデルや決定木モデルといった本書で取り上げたモデルに加え、さまざまな機械学習モデルが用意されています。上記のコードのように、.fitという構文を使用して、X_train（学習用データの特徴量）とy_train（学習用データのラベル）を入力することによって、機械学習モデルを学習させることができます[31]。

学習が完了すると（たった1行のコードで、1秒も要することなく学習が完了してしまうのです！）、学習済みのモデルをlmとして呼び出すことができます。この学習済みのモデルlmに対して、.predictという構文を使用すると、予測を実行できます。予測結果は次のように0/1の2値で出力されます（分析用データの数だけ0/1の羅列が出力されます）。

- **array([1, 0, 1, 0, 0, 1, (略), 1])**

現状では数字の羅列に過ぎないので、人間からするとうまく予測できているかわかりません。そこで混同行列を作成してみましょう。

混同行列を生成

```
001 from sklearn.metrics import confusion_matrix
002 # 実際のラベルと予測ラベルを比較して混同行列を生成
003 # y_testは評価用データのラベル
004 cm = confusion_matrix(y_test, y_pred)
005 
006 # 混同行列をDataFrameに変換して視覚的にわかりやすく表示
007 # 列名と行名にラベルを設定して何を示しているのか明確にする
008 confusionmatrix=pd.DataFrame(cm, columns=['"good"と予測
    ', '"bad"と予測'], index=['正解が"good"', '正解が"bad"'])
009 confusionmatrix
```

実行すると、本章第1節で紹介した混同行列を作成できます。

[31] 単語文書行列をCountVectorizerで作成した際にも.fitという構文を用いて学習を行いましたが、scikit-learnライブラリではインターフェースが統一されているため、大半の機械学習モデルに対して.fitで学習させ、.predictで予測させられます。

図 4-05-1 実行結果

	"good"と予測	"bad"と予測
正解が"good"	**14**	**2**
正解が"bad"	**9**	**14**

この表を見ると、

- **"good"と予測して、正解が"good"だったデータは14件**
- **"bad"と予測して、正解が"bad"だったデータは14件**

といった具合に、予測結果を読み取ることができます。全体の評価用データ数(39)に対して、予測と正解が合致している件数は28(14+14)件であるので、正解率は28 ÷ 39 × 100 = 71.79%と計算できます。

本章第1節で紹介した適合率と再現率についても、Pythonで求めてみましょう。

各種の評価指標を出力

```
001 # 各種の評価指標を小数第2位までの%で出力します
002 # {:.2f} は、小数点以下を2桁にフォーマットするための指示です。
003 # 各指標の計算後に * 100 を追加して、割合をパーセント値に変換します。
004 print(f'正解率: {((cm[0][0] + cm[1][1]) / len(y_test) *
    100):.2f}%')
005 print(f'適合率: {(cm[1][1] / (cm[1][1] + cm[0][1]) *
    100):.2f}%')
006 print(f'再現率: {(cm[1][1] / (cm[1][1] + cm[1][0]) *
    100):.2f}%')
```

今回作成したモデルは、適合率に比べて再現率が低い点から、(実際の評価がbadであっても)goodと判断しやすいモデルであると評価できます。実際にモデルを運用する場面では、ビジネス的にどちらが重要かを判断して評価を行うことになります[32]。

ここまででモデルの構築と予測までを完了しましたが、モデルがどのように各トークンからレビューの良し悪しを判断したのかについて、可視化してみましょう。

今回は、文章のgood / badを予想するにあたって、それぞれのトークンがどちら側に作用したのかを、色をつけて可視化します。次のコードセルに書かれているコードを理解する必要はありませんが、'good'の意味合いを持つと判断されたトークンには赤いハイライトがつけられ、その度合いが強いほど赤味が濃くなり、逆に'bad'の意味合いが強いほど青みが強いハイライトを付加する処理を行う関数を定義するコードです。このコードを実行したうえでその次のコード（モデルの出力結果を可視化する）を実行してください。

参考：このコードセルの内容を理解する必要はありません

```
001 # 必要なモジュールをインポート
002 from IPython.display import display, HTML
003 # 赤くハイライトする関数の定義
004 def highlight_r(word, attn):
005 # 赤色の濃さを調整
006 html_color = '#%02X%02X%02X' % (255, int(255*(1 -
    attn)), int(255*(1 - attn)))
007 return '<span style="background-color: {}">{}</span>'.
    format(html_color, word)
008 # 青くハイライトする関数の定義
009 def highlight_b(word, attn):
010 # 青色の濃さを調整
011 html_color = '#%02X%02X%02X' % (int(255*(1 - attn)),
    int(255*(1 - attn)), 255)
012 return '<span style="background-color: {}">{}</span>'.
    format(html_color, word)
```

[32]たとえば、映画に出演した役者に対して次回作へのモチベーションアップの効果を期待して、今作に対する観客のレビューからよい評価のみを抽出して転送する場面を考えます。この場合には、確実によいレビューのみの転送が求められるでしょう。仮に「こんなによい評判が届いています！」といって転送されたレターの中に悪いレビューが含まれていたら、嫌な気持になるかもしれません。その場合には、再現率を重視したモデルの作成が求められます。

```
013 # 解析結果を表示する関数の定義
014 def show_explanation(texts):
015 # 単語とそのロジスティック回帰モデルの係数を辞書として取得
016 coef_dic = {j: i for i, j in zip(lr.coef_[0],
    vectorizer.get_feature_names_out())}
017 # 文章を単語リストとして取得
018 scores = []
019 for w in texts:
020 try:
021 s = coef_dic[w] # 単語に対応する係数を取得
022 except KeyError:
023 s = 0 # 辞書にない単語の場合、係数を0とする
024 scores.append(s)
025 # 文章の各単語を係数の値に基づいてハイライト
026 html_outputs = []
027 for word, attn in zip(texts, scores):
028 if attn < 0:
029 html_outputs.append(highlight_b(word, attn*-1)) # 係数
    が負の場合、青でハイライト
030 else:
031 html_outputs.append(highlight_r(word, attn)) # 係数が正
    の場合、赤でハイライト
032 # 結果をHTMLとして表示
033 display(HTML(' '.join(html_outputs)))
```

モデルの出力結果を可視化する

```
001 # 数値をラベルに変換する辞書
002 label_dic_inv = {0: "bad", 1: "good"}
003
004 # 評価用データから5つを取り出して可視化
005 for i in range(5):
```

```
006    print('---'*20)
007    print(f'元々の文章：「{test_sentence[i]}」')
008    # 対象の文の単語を解析して、その単語の係数を取得
009    vis_text = janome_analyzer(test_sentence[i])
010    show_lr_explaination(vis_text)
011    print(f'- 予測結果：{label_dic_inv[y_pred[i]]}')
012    print(f'- 正解：{label_dic_inv[y_test[i]]}')
```

最初のコードでは、モデルの出力結果である0/1という数値を"good"/"bad"というラベルに戻すための辞書を定義しています。

次に、評価用データから5つを取り出して、もともとの文章と、各トークンの"good"/"bad"度合い、予測結果と正解を出力するコードが記述されています。このコードセルを実行すると、図4-05-2の通り、各トークンが青と赤でハイライトされて表示されます。

図 4-05-2 トークンのハイライト結果の一例

```
------------------------------------------------------------
元々の文章：「キャラクターは浅く、感情の欠如が映画を台無しにしました。」
キャラクター 浅く 感情 欠如 映画 台無し
- 予測結果：bad
- 正解：bad
```

この例の場合、「感情」という"good"の文脈で使用されることが多かったトークンが含まれているものの、「キャラクター」「浅く」「欠如」「映画」といった"bad"な文脈で使用されていたトークンのほうが多く、全体としては"bad"と正しく予測されています。

自由な文章を入力してみよう

次のコードセルで、orig_textに自由に文章を入力して、どのように評価されるか試してみてください。

自由に文章を入力してみましょう

```
001 orig_text = "音楽と映像が調和して引き込まれた"
```

映画のレビューに書かれそうな事柄を入力すると、今回作成したロジスティック回帰モデルが各トークンに反応して、図4-05-3のように各トークンに色づけされて結果が返ってくると思います。

図 4-05-3 新たに作成した映画レビューの文章

```
元々の文章：「音楽と映像が調和して引き込まれた」
音楽 映像 調和 引き込ま
- 予測結果：good
```

学習データと無関係な文章で試してみよう

一方で、映画とまったく関係ない文脈の文章を入力してみましょう。次ページの図4-05-4は「日経平均は今日も絶好調！」と入力した場合の結果です。文脈自体は非常に前向きですが、文章全体としては"bad"と推論されています。各トークンに色がついていないことから、モデルが各トークンにうまく反応できていない様子がわかります。モデル作成に使ったデータを思い出してみると、今回は映画レビューに関連する文章しか読み込ませていないため、「日経平均」「絶好調」といった、学習データと無関係なトークンを評価できないのです。このように、学習時（モデル構築時）に想定していなかったデータを推論時（モデル運用時）に入力してしまうことは、"Garbage In, Garbage Out"（「ゴミを入力するとゴミが出力される」）などと表現され、AI活用のアンチパターンとして気をつける必要があるでしょう。ちなみにこの表現は、機械学習が勃興する以前の1950年代から存在する格言で、"Rubbish in, rubbish out"とも表現されます。機械学習の文脈では、品質の悪いデータや特徴量を入力すると、品質の悪いモデルが作成される、という意味合いで用いられることがあります。本文中の意味合いを解釈すると、経済に関するコメントを分析したいのに、モデル構築時に使った学習データは映画レビューだった！といった具合でしょう。この例では当然と思われるかもしれませんが、モデル学習時に想定していなかったデータをモデル運用時に入力してしまうケースもありえるので、モデル運用時を想像してモデルを構築することが重要です。

図 4-05-4 映画レビューと無関係な文章

```
元々の文章：「日経平均は今日も絶好調！」
日経 平均 今日 絶好調
- 予測結果：bad
```

今回は映画レビューに関する少量の文章のみで、単純なロジスティック回帰モデルを学習させました。さらに巨大で広範囲な文章データを使い、さらに複雑なモデルを活用すると、より汎用的で高性能なモデルが作成できると考えられ、今日の大規模言語モデルに繋がっていきます。

第5章では、いよいよ大規模言語モデルの仕組みについて触れていきます。本章で扱った基本的な言語モデルに対する理解が役に立つことでしょう。

コードをリセットする方法

Colabでコードを実行すると、時間経過によって接続が途中でリセットされてしまうことがあります。また、コードセルを実行した順番によっては、変数に意図しないデータが代入されてエラーとなってしまう場合があります。うまく動かなくなってしまった場合には、［ランタイム］メニューから［ランタイムを接続解除して削除］を選択してください。これによりすべてのセルが実行前に戻ります。定義した変数や読み込んだデータが消去されますが、セル内のコードが消えるわけではありません。この処理が完了したら、一番上のコードセルから順番に実行を行うとよいでしょう。また、各コードセルを逐一実行するのが面倒な場合には、同じく［ランタイム］メニューから［すべてのセルを実行］を選択すると、ノートブックに書かれているすべてのコードセルが上からすべて実行されます。

図 4-05-5 コードをリセットする

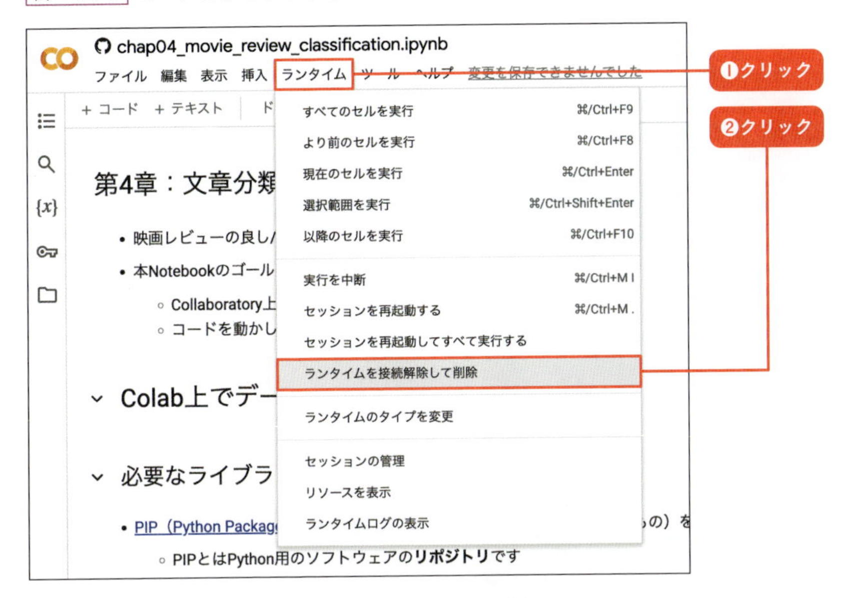

MEMO GUIを作ってみよう

本文中ではipynbファイル上で文字列を編集しましたが、入出力を視覚的に理解しやすくするためにGUI（Graphical User Interface）を準備してみましょう。Python上でGUIを作成する手法は種々ありますが、生成AIのインターフェースとして活用される場面も多いGradioというツールを紹介します。Gradio（グラディオ）は、主に機械学習モデルのデモを行うWebアプリケーションを簡単に作れるPythonのライブラリです（https://www.gradio.app/）。Colab上でも簡単に実装でき、昨今は関連ドキュメントも増えてきているため、発展的な学習を行いたい場合は参考になるでしょう。PythonのWebインターフェースを作成する同様のツールとしてStreamlitなどがあります（Webインターフェースではないですが、TkinterやKivyというGUIツールも有名です）。実装コードは、本文中で使用したipynbファイルの最下部にあるので、そのまま実行すれば次のような画面が立ち上がります。

図 4-05-6 Gradio の実装例

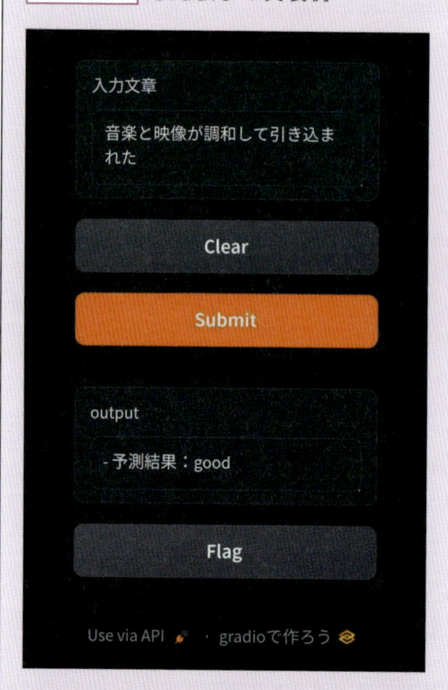

画面上部にある「入力文章」という枠内に、任意の文字列を入力すれば、作成したロジスティック回帰モデルの推論結果を、下部にある「output」枠内にて確認できます。

コードの内容自体を理解する必要はありませんが、たった数行程度のコードで「それっぽい」インターフェースを作成できてしまいました。もしこのような仕組みがなければ、Webサーバーソフトを別途立ち上げ、Pythonとデータの入出力を行う仕組み（APIなど）を整えて、ユーザーに提示する画面を用意して……といった具合に、さまざまなプログラミング言語やツールを組み合わせなければなりません。Pythonの強みとして、Gradioのようなツールが多く公開され、自由に使用できる点が挙げられます。

数年前までは、PythonでWebインターフェースを作成するとなるとStreamlit一択という雰囲気でしたが、生成AIの流行に伴って機械学習に特化したGradioを多く見かけるようになったように感じています。生成AIの文脈でインターネット上の文献を参照すると、今回作成した上図4-05-6のようなインターフェースを見かけるかもしれません。Pythonのライブラリは日々更新され、新しいライブラリも次々に登場しています。皆さん自身でPythonで何かを作ろうと思い立ったとき、ぜひ過去の文献を参照してみてください。自分が実装したい機能はすでに先人が実現済みかもしれません。巨人の肩の上に乗る気持ちで効率的な開発を心がけましょう。

第 5 章

文章生成AIを支える大規模言語モデル

01

文章分類問題と大規模言語モデルとの関係

前章では、自然文章を単語文書行列に変換して文章分類モデルを作成する手法について理解を深めました。具体的には、TF-IDFを用いて文章から数値表現に変換を行ったうえで、ロジスティック回帰モデルを教師あり学習し、映画レビューの良し悪しを予測するモデルを作成しました。この一連の流れを図5-01-1に示します（抽象化のために前処理部分は省略しています）。

図5-01-1 映画レビューの良し悪しを判断するモデルの概要

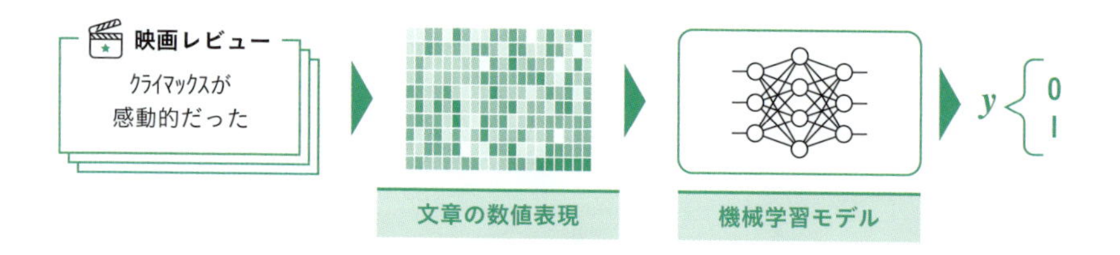

振り返ってみると、文章の数値表現獲得に用いた手法は、文章中に含まれるトークンの出現頻度を統計的手法で計算したものでした[1]。ここで、より高度な数値表現手法を用いることを考えます。たとえば、第3章で紹介したword2vecといった数値表現手法を用いるには、まずはCBOWやskip-gramといったニューラルネットワークを構築しなければなりません。本来解きたい「映画レビューの良し悪しを予測する」タスク（**固有タスク（下流タスク）**といいます[2]）を解くモデルの学習を行う前に、word2vecモデルを使用して数値表

[1] 事前にTF-IDFというモデルを訓練する必要はなく、各文章における各トークンの出現回数などを数式に代入すれば、TF-IDF値を計算して数値表現を獲得することができました。

[2] 固有タスク（specific task）とは、自然言語処理や機械学習において特定の目的や問題を解決するために設定された具体的なタスクや目標です。これらのタスクは事前学習済みモデルを活用して、特定ニーズに対応するために実行されるので、下流タスク（downstream task）とも呼ばれます。自然言語処理における代表的な固有タスクの例としては、本文中の映画レビューの良し悪し判断を行う文章分類、機械翻訳、文章要約、などがあります。

現を獲得するので、これらの「文章を解釈するモデル」を事前に学習しておく必要があります。このように事前に学習しておくモデルを**事前学習済みモデル**といいます。

図 5-01-2 事前学習済みモデルを固有タスクに適用するイメージ

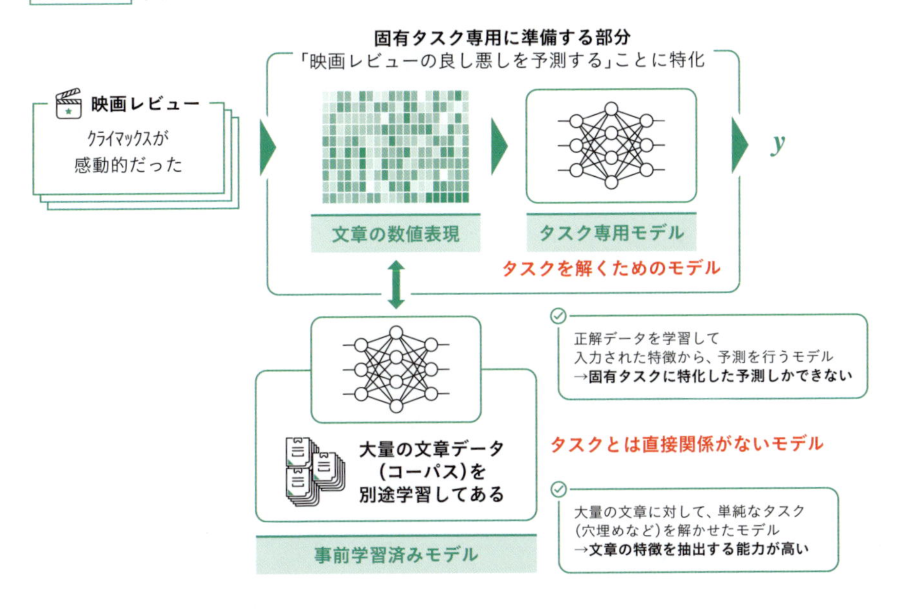

事前学習済みモデルは、一般的に大量の文章を学習することで高性能になると知られています。これは、大規模なデータセットを使ってモデルを訓練することで、モデルが多様な文脈やトピックを学習し、より豊かな言語表現を獲得できるためです。たとえば、さまざまなジャンルや形式の文章を読むことで、モデルは幅広い言葉の使い方や表現方法を学びます。

さらに、幅広く多様なデータから学習することで、モデルはさまざまな下流タスク（たとえば文章生成や翻訳、感情分析など）に適応できる汎用的な性能を発揮します。これは、まるで人間が大量の文献を読むことで幅広い分野の知識を獲得するのと同じようなものです。

簡単な文章の穴埋め問題を解くモデルであっても、大量に学習することで文章全体に対する深い理解を持つようになります。事前学習済みモデルを教師あり学習の手法で学習させる場合、大量の文章とそれに対する正解データが必要です。しかし、文章量が膨大になると、それに伴い正解データの作成にかかる作業量も増えます。このため、学習データを準備することが困難になるという課題があります。

そこで考えられたのが、手元にある文章に適当に穴を開けて作った穴埋め問題をモデル自身で解かせたり、文章の後続部分を消してモデルに自分で予測させたりすることで、自動的に正解データを生成する方法です。こうして自ら教師データを作成する手法を**自己教師あり学習**と呼びます。これにより、膨大なデータの効率的な学習が可能となり、正解データの作成にかかる手間を大幅に削減できます。

言語モデルとは?

このようにして文章データを事前学習したモデルは、一般的に言語モデル(language model)と呼ばれます。とりわけ大量の文章データ(コーパス)を用いて訓練された言語モデルを**大規模言語モデル(LLM:large language model)**と呼びます[3]。以下に、代表的な言語モデルの種類を紹介します。

- **言語モデル(language model)**

  MLM(Masked Language Model)[4]:文章中の単語を一部隠して穴埋め問題を解くように学習したモデル

  CLM(Causal Language Model)[5]:文章を読むように、左から右に順々にトークンを予測するように学習したモデル

!

[3]「大規模言語モデル」は、その名の通り非常に大きなデータセットで訓練され、多数のパラメータを持つ複雑なニューラルネットワークを指します。前章で紹介したword2vecモデルは、大規模なコーパス(たとえば、数百万以上)で訓練されることが多いですが、word2vecモデル自体のパラメータ数はそれほど多くないため、一般には「大規模言語モデル」とは認識されません。参考までに、東北大学が公開している学習済み日本語word2vecモデル(https://www.cl.ecei.tohoku.ac.jp/~m-suzuki/jawiki_vector/)のパラメータ数は約2億個です(word2vecモデルのパラメータサイズは、語彙数(コーパス内のユニークな単語の数)と、埋込次元数(単語ベクトルの次元数)を乗じることで計算され、このモデルの場合は語彙数が約100万に対して埋込次元数が200となります)。ChatGPT3.5に使われていたモデル(GPT-3.5)のパラメータ数は約3,550億、GPT- 4のパラメータ数は5,000億〜1兆といわれています(いずれもモデル自体は公開されていないため、参考値となります)。

[4]このように学習するモデルを自己符号化型言語モデル(autoencoding model)とも称します。部分的に欠損させたデータを再構築(encode)させることによって学習する様から、こう呼ばれています。

[5]このように学習したモデルを自己回帰型言語モデル(autoregressive model)とも称します。あるデータ系列(入力文章を系列とデータ系列とみなしてsequenceと呼ばれます)を与えられ、次のトークンを予測するように学習したモデルのことです。過去の系列データをもとに未来を予測するモデルを自己回帰モデルと呼び、時系列データがイメージしやすいかもしれません。過去の気温推移から未来の気温を予測するのと同じように、入力された文章をもとに、後続のトークンを予測する様から、こう呼ばれています。

これらのモデルは、それぞれ異なるアプローチで言語の理解と生成を行うため、用途に応じて使い分けられます。事前学習済みモデルの活用により、自然言語処理のさまざまなタスクで高い性能を発揮することが可能になります。MLMモデルとしては、Googleが発表したBERTが有名です[6]。CLMモデルとしては、OpenAIが発表したGPTが有名です[7]。大量の文章データを用いて言語モデルを作成するには多くの計算リソースが必要となりますが、幸いなことにいくつかの学習済みモデル（訓練済みモデル）がインターネット上に公開されています。本章では、これらのモデルを使いながら言語モデルに対する理解を深めていきましょう。

図 5-01-3 本書で取り上げる代表的な言語モデル

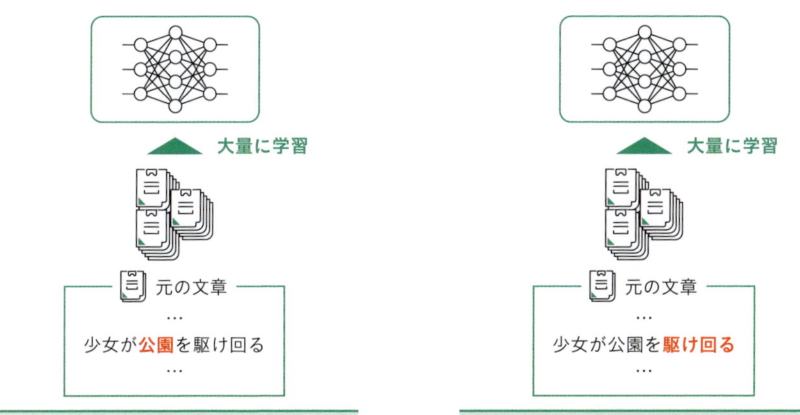

以降の節では、実際に学習済みの言語モデルを動かしていきます。これらのモデルを動かすといっても、穴埋め問題を解いたり、次の文字を予測するだけであって、映画のレビューの良し悪しを判断するというタスクとは隔たりを感じるかもしれません。この点は後ほど解説するとして、まずは言語モデルがどのようなものかをつかんでいきましょう。

[6]BERTは、"Bidirectional Encoder Representations from Transformers"の略で、2018年の論文で公開されました（https://doi.org/10.48550/arXiv.1810.04805）。同時期に発表された言語モデルにELMo（Embeddings from Language Model）があります（https://doi.org/10.48550/arXiv.1802.05365）。どちらも、米国の子ども向けテレビ教育番組「セサミストリート」の主要キャラクターの名前になっています。構造としての大きな違いとしては、BERTはTransformer、ELMoはLSTMというモデルアーキテクチャ（構造）を用いている点などが挙げられます。ELMoは、文脈情報を考慮して単語を数値表現に変換（文脈化単語埋め込み）できる初期のモデルです。

[7]GPTは、第1章でも紹介したTransformerモデルです。

02

言語モデルを動かしてみる ① MLM（穴埋め問題を解く）

MLM（Masked Language Model）は、文章の一部を隠して穴埋め問題を解くように学習したモデルです。穴埋め問題を解くイメージは、第3章で説明したCBOWに近いです。CBOWは周辺単語から中心語を推論するように学習した、中間層が1つのニューラルネットワークモデルでした。言語モデルの文脈では、より複雑なネットワークが用いられています。

MLMを学習させる際には、入力となる文章の中の単語の一部をランダムに選び、それらを特殊なトークン（通常は [MASK]）で置き換えます（この処理を**マスキング**と呼びます）。たとえば、もとの文章が「猫はテーブルの上にいる」とすると、マスクされた文章は「猫は[MASK]の上にいる」のようになります。モデルはマスクされたトークンをもとの単語に戻すように訓練されます。うまくモデルの訓練が進めば、この例の場合には、「[MASK]」が「テーブル」であることを予測できるようになります。

文中の任意のトークンを穴埋めするような学習手法を採るMLMは、ある文の前後の文章を同時に利用して予測を行います。これにより文脈の理解が深まり、より自然な言語処理が可能となると考えられています[8]。実際、BERTの論文が発表された2018年当時には、多岐にわたる自然言語タスクで公開当時の最高性能[9]を達成しました。

実際に、「サングラスをかけた少女が公園を駆け回る」という文章内の「少女」を「[MASK]」という文字列で隠して、訓練済みモデルで予測させ

!

[8]BERT 登場以前の言語モデル（たとえば、RNN や LSTM があります）は文を左から右、または右から左に一方向に処理していました。これに対して、BERT は文の両側（左から右、右から左）の文脈情報を同時に利用します。文全体を入力として扱って双方向（前方と後方、bidirectional）に文脈を解釈する（encode）という点は、BERT の重要な特徴となっています。

[9]特にコンピューターサイエンスの分野では、最先端技術を意味する慣用句として「SOTA（State of the Art）」が用いられます。論文等に記載されているモデル名や手法名に「SOTA」という文言が含まれていたら、当該論文が公表された時点において最も性能がよい旨を意味しています。

てみましょう[10]。

図 5-02-1 MLM のイメージ

与えられた文章　サングラス を かけ た 少女 が 公園 を 駆け回る

[MASK]

予測された [MASK]

	[MASK]	(score)
0	男	0.2395
1	少年	0.0848
2	少女	0.0511
3	犬	0.0433
4	青年	0.0331
5	女性	0.0293

予測スコアが高い上位6つの結果を図5-02-1に示しましたが、「犬」を除けば、いずれの予測結果であっても文章として成立しそうです。次図5-02-2のURLをColabで開いて試してみましょう。

図 5-02-2 第 5 章のサンプルコードの URL

https://x.gd/UGBFn

穴埋め問題を解く準備

```
001 !pip uninstall fugashi ipadic fastai transformers
    torch torch torchvision torchaudio -y
002 !pip install fugashi==1.3.2 ipadic==1.0.0
    transformers==4.42.4 torch==2.3.1
003 import transformers, torch
004 import transformers
```

[10] 今回は、東北大学が公開している日本語 BERT モデル（bert-base-japanese-whole-word-masking）を利用します（https://huggingface.co/tohoku-nlp/bert-base-japanese-whole-word-masking）。このモデルは 2019 年の日本語版 Wikipedia データで学習した約 1.1 億のパラメータを有するモデルです。パラメータとは、ニューラルネットワークの重み（weights）やバイアス（biases）に相当します。モデルを学習する際には、この膨大なパラメータの数値を調整するために多くの計算リソースが必要となります。

```
005 from transformers import BertJapaneseTokenizer,
    BertForMaskedLM, pipeline
006
007 # トークナイザと訓練済みモデルの読み込み
008 # 'cl-tohoku/bert-base-japanese-whole-word-masking' と
    いう事前学習済みの日本語BERTモデルを使用します。
009 model = BertForMaskedLM.from_pretrained('cl-tohoku/
    bert-base-japanese-whole-word-masking')
010
011 # 事前学習済みモデルに対応するトークナイザーをロードします。
012 # BertJapaneseTokenizerは文章をトークン（モデルが理解できる単位）に変
    換し、逆にトークンから文章に変換する役割を持ちます。
013 tokenizer = BertJapaneseTokenizer.from_pretrained('cl-
    tohoku/bert-base-japanese-whole-word-masking')
014
015 # パイプラインの定義
016 # 'fill-mask' タスクのパイプラインを作成します。これは文章の中の
    [MASK] トークンを予測するためのものです。
017 fill_mask = pipeline('fill-mask',
018                      model=model,……言語モデルの指定
019                      tokenizer=tokenizer,
                              ……トークナイザの指定
020                      top_k=6……………表示する候補数の指定
021                     )
022
023 # 結果を表示する関数の定義
024 # 文章を入力として、[MASK] トークンの候補とその確率を表示する関数を定義
    します。
025 def predictmask(text):
026     print('---' * 10)
027     print(f'元の文章：「{text}」')
```

```
028     print(f'[MASK]部の候補：')
029     for res in fill_mask(text):
030         print(f"{res['score']:.4f}: {res['token_
    str']}")
```

最初の行ではバージョンの不一致を防ぐために既存のライブラリをアンインストールしたうえで、2行目では日本語版BERTの形態素解析に用いるライブラリ群をバージョン指定したうえでインストールしています。

3〜4行目では、トークナイザーであるBertJapaneseTokenizer、穴埋めを解くためにBertForMaskedLM、一連の処理をまとめるpipelineをインポートしています。

次に、インターネット上に公開されている訓練済みモデル（model）とトークナイザー（tokenizer）を読み込み、これらをパイプラインとして定義します。

25行目から、結果を表示する関数（predictmask）を定義しています。この関数は、与えられた文章（マスクされた単語を含む）を受け取り、そのマスクされた部分（[MASK]）の予測結果を表示します。先に定義したfill_maskパイプラインを通じて得られた結果には、予測されたトークン、そのトークンが正しいと予測される確率（スコア）などの情報が含まれているので、スコアとトークンをフォーマットして出力します。

この関数（predictmask）に自由に文章を入力して実行すれば、任意の穴埋め問題を解かせられます。ここでは次の穴埋め問題を考えてみましょう。

穴埋め問題を解く

```
001 # 例1
002 predictmask('サングラスをかけた[MASK]が公園を駆け回る。')
003 # 例2
004 predictmask('サングラスをかけた[MASK]を食べるのが楽しみだ。')
005 # 例3
006 predictmask('生卵をかけた[MASK]を食べるのが楽しみだ。')
```

上記の3つの結果は自分で何が出るか予測してから実行すると面白いかもしれません。たとえば、次のような具合です。

- **例1：サングラスをかけた[MASK]が公園を駆け回る。**
  ここでは[MASK]には人物や動物などが入る可能性が高そう。
  たとえば「子供」、「犬」ではないか？
- **例2：サングラスをかけた[MASK]を食べるのが楽しみだ**
  この文では[MASK]に食べ物が入りそうだが、文脈が非常に不自然。
  サングラスをかけた「食べ物」？ サングラスをかけるのは人間だから、
  人間を食べる？
- **例3：生卵をかけた[MASK]を食べるのが楽しみだ**
  この場合、[MASK]には生卵をかけることが一般的な料理が入りそう。
  たとえば「ご飯」や「うどん」ではないか？

図5-02-3 BERTで[MASK]を予測する

```
------------------------------
元の文章:「サングラスをかけた[MASK]が公園を駆け回る。」
[MASK]部の候補:
0.2395: 男
0.0848: 少年
0.0511: 少女
0.0433: 犬
0.0331: 青年
0.0293: 女性
------------------------------
元の文章:「サングラスをかけた[MASK]を食べるのが楽しみだ」
[MASK]部の候補:
0.0882: もの
0.0608: ケーキ
0.0493: 料理
0.0314: 朝食
0.0312: 犬
0.0305: ご飯
------------------------------
元の文章:「生卵をかけた[MASK]を食べるのが楽しみだ」
[MASK]部の候補:
0.1659: もの
0.1010: ご飯
0.0815: 料理
0.0752: スープ
0.0658: 卵
0.0490: パン
```

実際に実行させた結果は、上図5-02-3の通りとなります。案の定、例2で出力された候補のスコアはいずれも低くなっています。一方で、無難な「もの」という答えを筆頭に出すあたりが、人間らしさを感じます。Colab上で、図5-02-4で示したように、check_sentenceに自由に文章を入力して試してみましょう。

図 5-02-4 MLMを動かす参考UI

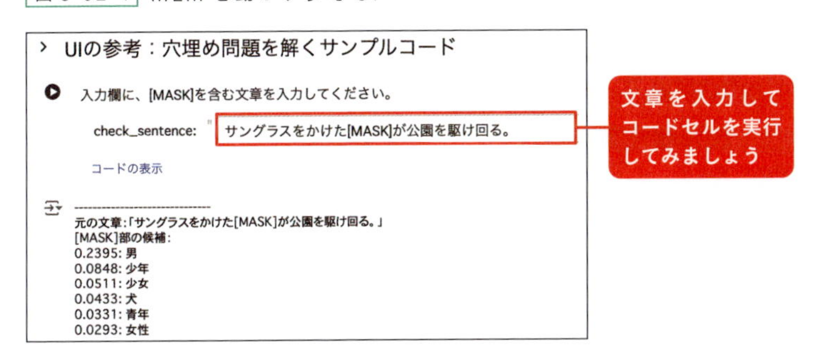

参考 自然言語処理の性能をどう評価するか

ここで紹介したBERTは、公開から約1年の間に自然言語処理で用いられる基準的なモデルとなりました[11]。実際に学術界に大きな影響を与え、「高性能」と評されるBERTですが、そもそも何をもって自然言語処理タスクの性能を評価すればよいのでしょうか。

自然言語処理の分野では慣習的にいくつかの評価手法が用いられています。さまざまな評価手法が提案されていますが、ここではBERTの原論文に記されていた評価手法であるGLUE(General Language Understanding Evaluation)ベンチマーク[12]を紹介します。

GLUEベンチマークは、英語で自然言語処理モデルによる言語理解タスクの性能を評価するための標準的な評価指標であり、英語文法の正しさや、映画レビューの感情分析などから構成される、後述する9つのタスクのスコアを算出して平均したものです[13]。別々のデータでスコアを出されるとモデル同士の性能比較ができないため、GLUEベンチマーク専用のデータセットが公開されており、モデルのランキングも確認できます[14]。

[11] 2020年に公開された、150本以上のBERT関連論文をサーベイした論文中では、BERTが「NLP実験で広く使われる標準モデル（ubiquitous baseline）」となったと結論づけられています（https://doi.org/10.48550/arXiv.2002.12327）。

[12] GLUEベンチマークは2018年に公開され（https://doi.org/10.48550/arXiv.1804.07461）、現在もなお広く使用されています。そのあとに自然言語処理モデルの言語理解タスク性能が向上したため、GLUEよりも高難度に設計されたSuperGLUE Benchmarkが2019年に登場しています（https://doi.org/10.48550/arXiv.1905.00537）。

[13] GLUEベンチマークの日本語版として、Yahoo! JAPAN研究所が2022年に公開したJGLUEがあります（https://github.com/yahoojapan/JGLUE）。

[14] BERTの原論文に記載されていたGLUEスコアは80前後であるのに対し、現在のGLUEランキング上位のスコアは90を超えています（https://gluebenchmark.com/leaderboard）。なお、BERT原論文におけるGLUEベンチマークではWNLIタスクが除外されているため、公式なGLUEスコアではない点に注意が必要です。

GLUEベンチマークに含まれる9つのタスク

MNLI (Multi-Genre Natural Language Inference)

推論のタスクで、前提文と仮説文のペアを与えられたとき、そのペアが含意関係にあるか、矛盾しているか、中立であるかを判定します。

例：前提文「犬が庭で走っている」
仮説文「動物が外で運動している」
判定　「含意」

QQP (Quora Question Pairs)

類似判定のタスクで、2つの疑問文が意味的に同じかどうかを判定します。

例：疑問文1「Pythonの使い方を教えてください」
疑問文2「Pythonの使用方法を教えてください」
判定　「同じ」

QNLI (Question Natural Language Inference)

推論のタスクで、文と質問のペアが与えられたとき、その文が質問に対する答えを含んでいるかどうかを判定します。

例：文　「アインシュタインは相対性理論を提唱した」
質問　「誰が相対性理論を提唱しましたか？」
判定　「含む」

SST-2 (Stanford Sentiment Treebank)

1文分類のタスクで、文の感情分析を行い、その文がポジティブかネガティブかを判定します。

例：文　「この映画は素晴らしい」
判定　「ポジティブ」

CoLA (Corpus of Linguistic Acceptability)

1文分類のタスクで、文が文法的に正しいかどうかを判定します。

例：文　「彼は行く」
判定　「正しい」

STS-B (Semantic Textual Similarity Benchmark)

類似判定のタスクで、2つの文が意味的にどれだけ類似しているかをスコア1から5の範囲で判定します。

例：文1　「猫がベッドで寝ている」
　　文2　「ペットが寝ている」
　　判定　「3」（ある程度似ている）

MRPC (Microsoft Research Paraphrase Corpus)

類似判定のタスクで、2つの文が意味的に同じかどうかを判定します。

例：文1　「彼はコーヒーを買った」
　　文2　「彼は飲み物を買った」
　　判定　「同じではない」

RTE (Recognizing Textual Entailment)

推論のタスクで、2つの文が含意関係にあるかどうかを判定します。

例：文1　「女性がオレンジを食べている」
　　文2　「女性が果物を食べている」
　　判定　「含意」

WNLI (Winograd Natural Language Inference)

推論のタスクで、文中の代名詞の指示対象を正しく判定します。このタスクは代名詞の解決（anaphora resolution）と呼ばれるもので、文中の代名詞が何を指しているかを理解する必要があり、常識的な知識を必要とすることから、非常に難易度が高いとされています。

例：文　「ジョンはビルが泳ぐのを手伝いたかったが、彼は疲れていた。」
　　問題「彼」は誰を指しているか？
　　判定「ジョン」（「彼」は人の代名詞ですが、ジョンが「人」であるということも理解しないと解けません）

03 言語モデルを動かしてみる ② CLM（次のトークンを予測する）

CLM(Causal Language Model) は、文章を読むように、前から後ろへ順々にトークンを予測するように学習したモデルであり、後続する文章の生成に特化しています。モデル名の「因果」(causal) は、文章を前から後ろへ、順序通りに生成することを意味しています。このようなモデルは、後続するトークンを予測するために前のトークンを使用します（つまり、生成する文章が長くなればなるほど、予測結果に基づいて生成することになります）。実際に、「これから雨が降りそうなので、」という文章に対して後続のトークンを予測させてみましょう[15]。

図 5-03-1 CLM のイメージ

与えられた文章　これから 雨 が 降り そう なので 、 [ ]

予測されたトークン

		(probability)
0	今日	0.0668
1	雨	0.0178
2	早	0.0128
3	昨	0.0124
4	明日	0.0116
5	傘	0.0107

予測スコアが高い上位6つの結果を図5-03-1に示しましたが、最も予測確率が高いトークンは「今日」となりました。この段階では、いずれのトークンを選択したとしてもさらに後続のトークン次第では、意味が通じる文章を作成できそうです[16]。

[15] 今回は、rinna 社が構築した日本語 GPT-2 モデル（japanese-gpt2-medium）を利用します（https://huggingface.co/rinna/japanese-gpt2-medium）。このモデルは、Facebook 製の日本語データセット（Japanese CC-100）と日本語版 Wikipedia データで学習した約 3.36 億のパラメータを有するモデルです。

[16] たとえば、「これから雨が降りそうなので、**今日**は早めに帰ります」「これから雨が降りそうなので、**雨**が降り出す前に帰ります」「これから雨が降りそうなので、**早**く帰ります」「これから雨が降りそうなので、**昨日**録画した TV 番組を家で観ます」「これから雨が降りそうなので、**明日**に延期します」「これから雨が降りそうなので、**傘**を忘れないようにしてください」といった具合で、いくらでも考えられそうです。

こちらも同様にコードを実行して動かしてみましょう。

文章生成の準備

```
001 from transformers import GPT2LMHeadModel, T5Tokenizer
002 
003 # モデルとトークナイザーのロード
004 # 'rinna/japanese-gpt2-medium' という事前学習済みの日本語
    GPT-2モデルを使用します。モデルのサイズは約1.37GBです。
005 model_name = 'rinna/japanese-gpt2-medium'
006 
007 # 事前学習済みのGPT-2モデルをロードします。GPT2LMHeadModelは文章
    生成タスクに使用されるモデルです。
008 model = GPT2LMHeadModel.from_pretrained(model_name)
009 
010 # 事前学習済みモデルに対応するトークナイザーをロードします。
011 # T5Tokenizerは文章をトークン（モデルが理解できる単位）に変換し、逆にトー
    クンから文章に変換する役割を持ちます。
012 tokenizer = T5Tokenizer.from_pretrained(model_name)
013 
014 # 結果を表示する関数の定義
015 def generate_text(input_text, max_length):
016     # 入力文章をトークン化
017     input_ids = tokenizer.encode(input_text, return_
    tensors='pt')
018 
019     # Attention maskの設定
020     attention_mask = torch.ones(input_ids.shape,
    dtype=torch.long)
021 
022     # 文章生成
023     output = model.generate(
```

モデルの名前を指定

```
024            input_ids,
025            attention_mask=attention_mask,
                                    ……Attention maskを指定
026            max_length=max_length,……生成する最大トークン数
027            # no_repeat_ngram_size=2,
                                    ……繰り返しを防ぐn-gramのサイズ
028            pad_token_id=tokenizer.pad_token_id,
                                    ……パディングのトークンID
029            bos_token_id=tokenizer.bos_token_id,
                                    ……文章先頭のトークンID
030            eos_token_id=tokenizer.eos_token_id,
                                    ……文章終端のトークンID
031        )
032
033        # 生成された文章のデコード
034        generated_text = tokenizer.decode(output[0], skip_
    special_tokens=True)
035
036        return generated_text
```

1行目では、transformersライブラリ、GPT-2モデルを使って文章生成タスクを行うGPT2LMHeadModel、トークナイズを行うT5Tokenizerをインポートしています。前節のMLMのコードと同様に、インターネット上に公開されている訓練済みモデル（model）とトークナイザー（tokenizer）を読み込みます。

15行目以降で、結果を表示する関数（generate_text）を定義しています。この関数は、入力文章と生成する最大トークン数を受け取り、その文章をもとに後続するトークンの生成結果を表示します。この関数内の文章生成部分において、生成結果は一度outputという変数に格納されます。outputには、生

成されたトークンのIDが50個分格納されている[17]ので、35行目で最終的に人間が読めるようにデコード処理を行っています。

23行目からの文章生成部分に定義されているattention_maskは、入力された注目すべきトークンに注目し、無視すべきトークンを無視するための重要な機能を果たします。これにより、モデルは効率的かつ効果的に学習および推論を行えます。

27行目のno_repeat_ngram_sizeは現状コメントアウトされていますが、n-gram（連続するn個の文字列）の繰り返しを防ぐための設定で、同じ文言が繰り返し生成されることを防ぎます。pad_token_id、bos_token_id、eos_token_idは、それぞれ空白、文章の先頭、文章の終端を表すトークンIDを定義するためのもので、文章を生成する際の始点や終点を表す記号です[18]。

では実際に「これから雨が降りそうなので、」という文章から最大50のトークンを生成させてみると、次のようになります。

図 5-03-2 生成結果

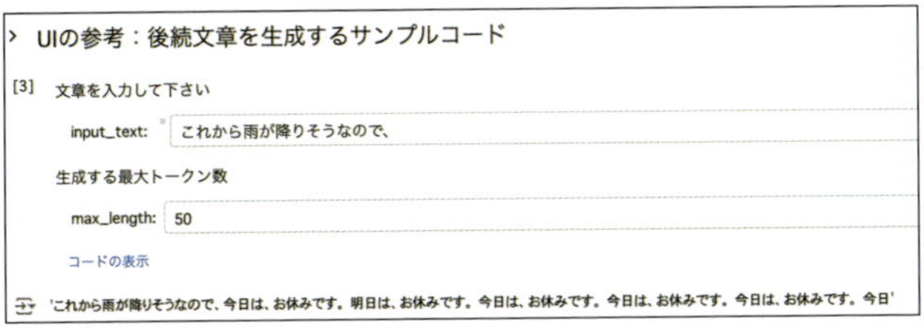

› UIの参考：後続文章を生成するサンプルコード

[3] 文章を入力して下さい

input_text: これから雨が降りそうなので、

生成する最大トークン数

max_length: 50

コードの表示

'これから雨が降りそうなので、今日は、お休みです。明日は、お休みです。今日は、お休みです。今日は、お休みです。今日は、お休みです。今日'

最大50個のトークンを予測して生成するため、まるで何かの文章が生成されているように見えます。ただし、途中から繰り返しのようになってしまい、違和感がある文章となってしまっています[19]。

!

[17]この例の場合、実際のoutputはtensor([[9, 19518, 1537, 12, 5694, 1043, 5010, 7, 2, 4761, ..., 4761]])といった、数字が50個羅列されたテンソルとなります。この50個の要素はトークンIDを示しており、デコードすることによって人間が読める形式になります。たとえば生成されたトークンとトークンIDは、「今日(4761)」「は(11)」「、(7)」「お(220)」「休み(19138)」「です(2767)」「。(8)」となっています。

[18]より詳細には、pad_token_id（パディングトークンID; padding token id）は入力文章の長さを揃えるために挿入する空白記号です。一般的に、モデルに入力する文章（インプットシーケンス）は長さが一定ではないため、これらを同じ長さに揃えるためにパディングという処理を行い空白記号で置換して長さを揃えます。bos_token_id（開始トークンID; begin of sequence token id）と、eos_token_id（終了トークンID; end of sequence token id）は、それぞれ文章生成の生成位置と停止位置を明示する記号です。

[19]このような違和感のある文章生成を防ぐ仕組みはさまざまなものがありますが、たとえば現状のコード中でコメントアウトされている（コードの先頭に#がついていてプログラムが実行されない部分）no_repeat_ngram_size=2の行を有効化する（先頭の#を外す）と、トークンの繰り返しに対してペナルティが付与されるため、同じパターンの出現を防ぐことができます。ただし、同じパターンが使えなくなるので長文生成などでは使いづらくなってしまうといったデメリットもあるので万能ではありません。

トークンを連続させる最もシンプルな方法（貪欲探索）

先ほど実行した例では、後続トークンを予測するにあたって、各ステップで予測されたトークンの中から最も確率が高いものを選び、その選択を繰り返していく手法を採っています。このような探索手法を貪欲（Greedy）探索と呼び、図5-03-4の上方に示されています。この方法は非常にシンプルで高速です。具体的には先ほどと同様に「これから雨が降りそうなので、」という入力の次にくるトークンとして最も確率が高い「今日」を選びます。これに後続するトークンとして「は、」の予測確率が最も高いため「は、」を選び、そのあとも同様にして文章「これから雨が降りそうなので、今日はお休みです」を生成していきます。

貪欲探索の挙動を出力してみましょう。先ほど実行したコードセルの下にあるセルを実行すると、各ステップにおいて予測確率が高い上位3つのトークン、トークンID、予測確率、が出力されます（最大で10個表示されます）。

貪欲探索の挙動を確認する

```
001 # モデルを評価モードに設定
002 model.eval()
003
004 # 入力文章をトークン化
005 input_ids = tokenizer.encode(input_text, return_
    tensors='pt')
006
007 # Attention maskの設定
008 attention_mask = torch.ones(input_ids.shape,
    dtype=torch.long)
009
010 # 生成されたトークンとその確率を順次表示
011 max_length = 10  # 生成する最大トークン数
012 for _ in range(max_length):
013     # トークンの予測確率を取得
```

```
014     with torch.no_grad():
015         outputs = model(input_ids)
016         predictions = outputs.logits
017 
018     # 次のトークンの予測確率を計算
019     next_token_probs = torch.softmax(predictions[:,
    -1, :], dim=-1)
020 
021     # 上位3つのトークンを取得
022     top_k = 3
023     top_k_probs, top_k_indices = torch.topk(next_
    token_probs, top_k)
024 
025     # 上位3つのトークンとその確率を表示
026     print(f"\n({_+1}番目) 上位3つのトークンと、確率：")
027     for i in range(top_k):
028         predicted_token_id = top_k_indices[0, i].item()
029         predicted_token = tokenizer.decode([predicted_
    token_id])
030         predicted_prob = top_k_probs[0, i].item()
031         print(f"Token: {predicted_token}({predicted_
    token_id}), Probability: {predicted_prob:.4f}")
032 
033     # 最も確率の高いトークンを入力トークンに追加
034     input_ids = torch.cat((input_ids, top_k_indices[:,
    0].unsqueeze(-1)), dim=1)
035 
036     # 予測が終了トークンに到達した場合は終了
037     if top_k_indices[0, 0].item() == tokenizer.eos_
    token_id:
038         break
039 
```

```
040 # 生成された全文章を表示
041 generated_text = tokenizer.decode(input_ids[0], skip_
    special_tokens=True)
042 print("---"*10)
043 print("生成された文章:")
044 print(generated_text)
```

このコードセルを実行すると、図5-03-3のように、各ステップにおいてどのようなトークンが生成されているかを確認できます。各ステップにおいて、最も確率が高いトークンが選定され、文章が生成されている様子がわかります。

図 5-03-3 貪欲探索の生成ステップ

```
(1番目) 上位3つのトークンと、確率:
Token: 今日(4761), Probability: 0.0668
Token: 雨(1537), Probability: 0.0178
Token: 早(1745), Probability: 0.0128

(2番目) 上位3つのトークンと、確率:
Token: は(11), Probability: 0.7620
Token: も(30), Probability: 0.0637
Token: はこの(1007), Probability: 0.0170

(3番目) 上位3つのトークンと、確率:
Token: 、(7), Probability: 0.1085
Token: (9), Probability: 0.0632
Token: お(220), Probability: 0.0614
```

この貪欲探索の利点は、そのシンプルさと計算速度にあります。各ステップで最も確率の高いトークンを選ぶだけなので、計算量が少なく、処理が迅速に行えます。このため、リアルタイム性が求められるアプリケーションや、計算資源が限られている環境では非常に有用です。また、基本的なアルゴリズムなので、実装が簡単であり、ほかの高度な手法と組み合わせる際の基礎となることが多いです。

しかし、このアプローチにはいくつかの欠点もあります。最も大きな問題は、最適解を見逃す可能性があることです。各ステップで最も確率の高いトークンを選ぶということは、その瞬間の選択肢の中でベストだと判断されるものを選び続けるということですが、全体として見たときにそれが最良の結果だとは限りません。長い文章を生成する際には、この選択が累積的に影響し、文脈が崩れてしまうことがあります。

さらに、貪欲探索は多様性に欠けるため、生成される文章が単調になりがちです。常に最も確率の高いトークンを選ぶため、生成される文章に変化が乏しく、同じようなパターンが繰り返されることが多くなります。これにより、ユーザーが求める多様な表現や創造的な文章を生成するのが難しくなります。

以上のように、貪欲探索はそのシンプルさと速さが大きな魅力である一方で、最適解を見逃しやすく、一貫性や多様性に欠けるという課題を抱えています。

図 5-03-4 貪欲探索とビーム探索のイメージ（簡略化のため、実際のモデルからの出力とは異なります）

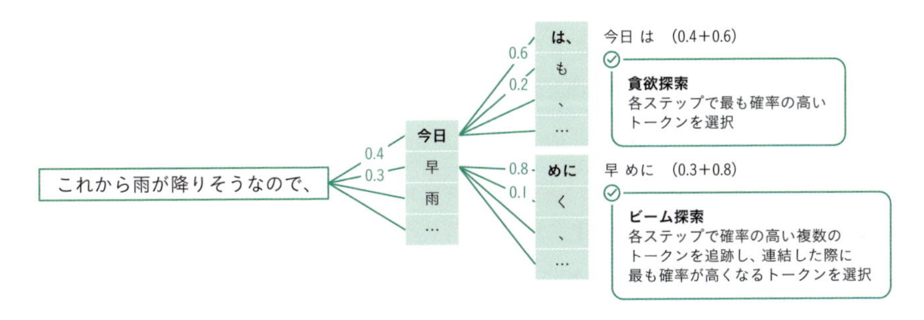

より意味がある文章を生成させる方法

では、より意味のある文章を生成するために、各ステップで最も確率が高いトークンを1つだけ選ぶのではなく、複数の候補を同時に追跡する方法を考えましょう。この方法により、より文脈に沿った自然な文章を生成可能になります。具体的には、各ステップで最も確率が高い2つのトークンを追跡し、それらを連結した際の合計確率が最も高くなるようなトークンを選択するアプローチです。

たとえば「これから雨が降りそうなので、」という文に続くトークンを予測するとします。各ステップで最も確率が高い2つのトークンを選びます。最初の候補として「今日」（確率：0.4）と「早」（確率：0.3）が挙げられます。この2つのトークンに対してさらに後続するトークンの予測確率を計算します。「今日」に続くトークンの中で最も確率が高いものは「は、」（確率：0.6）です。一方、「早」に続くトークンの中で最も確率が高いものは「めに」（確率：0.8）です。この時点で、「これから雨が降りそうなので、今日は」（合計確率：0.4 + 0.6 = 1.0）よりも「これから雨が降りそうなので、早めに」（合計確率：0.3 + 0.8 = 1.1）のほうが確率が高くなります。

このように、複数の候補を追跡し、その中から最も適切なものを選ぶ探索手法をビーム（Beam）探索と呼びます。ビーム探索では、各ステップで複数のトークンを追跡し続けることで、より一貫性があり自然な文章を生成できます。

ビーム探索の利点は、より多くの選択肢を考慮することで、文脈に適した最適な文章を生成できることです。これは特に長い文章を生成する際に効果を発揮し、単純な貪欲探索では見逃されがちな最適な文脈を見つけ出せます。さらに、この方法は各ステップで複数の候補を保持するため、処理はやや複雑になりますが、結果として生成される文章の質は向上します。ビーム探索の幅（ビーム幅）を調整することで追跡する候補の数を増やせ、精度と計算コストのバランスを調整可能です。たとえば、ビーム幅を3に設定すると、各ステップで最も確率が高い3つのトークンを追跡することになり、さらに多様な選択肢を考慮できます。このように、ビーム幅を適切に設定することで、最適なバランスを見つけられます。

このビーム探索は複数の候補を同時に追跡することで、より一貫性があり自然な文章を生成するための有力な手法です[20]。貪欲探索よりも常に高い確率の出力を見つけますが、最も可能性の高い出力を見つけることは保証されていません。そもそも、人間が作成する文章は決定論的に生成されておらず[21]、この手法では（人間が望むような）自然な文章を生成するには限界があります。

[20] このビーム探索であっても、似たような文章が生成される場合があります。生成される文章をグループ化して、それぞれのグループ内でビーム探索を行うことで生成される文章の多様性を向上させる手法が提案されています（https://doi.org/10.48550/arXiv.1610.02424）。

[21] たとえば私たちが文章を書くとき、「書く」に続く言葉は「際」よりも「とき」のほうが正しい、というような考え方はしないのではないのでしょうか。文章のリズムに合わせて、同じような内容を記す場面においても表現を変化させるなどして（意識せずとも）、多様な表現を使いながらも一貫した文章を記述しているのではないかと思われます（極端な言い方ですが、ある特定の事柄を記述するのに、唯一の正解表現といったものは存在しないのではないでしょうか）。実際、決定論的な手法で訓練した言語モデルで文章を生成すると、生成される文章が無味乾燥になったり、奇妙に反復してしまったりする現象が知られています（https://doi.org/10.48550/arXiv.1904.09751）。

ランダム性も重要

そこで別の手法として、後続するトークンを確率分布に基づいてランダムに選択する方法が考案されています。具体的には、モデルが次に生成する可能性のあるすべてのトークンに対して確率を割り当て、その確率に基づいてランダムにトークンを選びます[22]。生成される文章が確率的になり多様性が生まれる一方で、確率が低いトークンが選ばれることもあり、予測が不自然になる場合があるという特徴があります。

生成するトークンの候補を上位k個に限定し、その中からランダムに選択する「Top-k サンプリング」や、確率が高いトークンの集合（累積確率がpを超えるまで）からランダムにトークンを選択する「Top-p (nucleus) サンプリング」が知られています。

コンピュータープログラムには、0か1かの決定論的な問題しか扱えないというイメージがありますが、自然言語生成においてはランダム性が大きな役割を果たしているのです。

これらの探索法を、実際にコードで動かしてみましょう。

さまざまな探索手法を体験する

```
001 # モデルとトークナイザーのロード
002 model_name = 'rinna/japanese-gpt2-medium'
003 model = GPT2LMHeadModel.from_pretrained(model_name)
004 tokenizer = T5Tokenizer.from_pretrained(model_name)
005
006 # 文章生成の設定
007 input_text = "これから雨が降りそうなので、"  # 入力文章
008 max_length = 40  # 生成する最大トークン数
009
010 # トークン化
```

[22] このランダム性を支配するパラメータが temperature（温度）であり、温度を上げるとランダム性が増し、温度を下げすぎると貪欲探索と同じ問題に直面することになります。温度を調整することで生成される文章の多様性と確実性をバランスよく調整できるため、昨今の大規模自然言語モデルを活用する場面で調整対象となります。

```
011 input_ids = tokenizer.encode(input_text, return_
    tensors='pt')
012
013 # 文章生成のパラメータを辞書で設定
014 # max_length: 生成する最大トークン数
015 # pad_token_id: パディングのトークンID
016 # bos_token_id: 文章先頭のトークンID
017 # eos_token_id: 文章終端のトークンID
018 prm = {
019     "max_length": max_length,
020     "pad_token_id": tokenizer.pad_token_id,
021     "bos_token_id": tokenizer.bos_token_id,
022     "eos_token_id": tokenizer.eos_token_id,
023 }
024
025 # Greedy探索
026 # Greedy探索は、各ステップで最も確率の高いトークンを選びます
027 greedy_output = model.generate(input_ids,
028                                **prm)
029 print("Greedy:", tokenizer.decode(greedy_output[0],
    skip_special_tokens=True))
030
031 # Beam探索
032 # Beam探索は、複数の候補（ビーム）を同時に探索し、最も良い結果を選びま
    す
033 # num_beams: ビームの数
034 # early_stopping: 生成の早期終了を行うかどうか
035 beam_output = model.generate(input_ids, num_beams=3,
    early_stopping=True, **prm)
036 print("Beam:", tokenizer.decode(beam_output[0], skip_
    special_tokens=True))
```

```
037
038 # Top-kサンプリング
039 # Top-kサンプリングは、上位k個のトークンからランダムに選択します
040 # do_sample: サンプリングを行うかどうか
041 # top_k: 選択する上位トークンの数
042 top_k_output = model.generate(input_ids, do_
    sample=True, top_k=50, **prm)
043 print("Top-k Sampling:", tokenizer.decode(top_k_
    output[0], skip_special_tokens=True))
044
045 # Top-pサンプリング
046 # Top-pサンプリングは、確率の高いトークンの集合からランダムに選択します
047 # do_sample: サンプリングを行うかどうか
048 # top_p: 累積確率がpを超えるまでのトークンを選択する閾値
049 top_p_output = model.generate(input_ids, do_
    sample=True, top_p=0.95, **prm)
050 print("Top-p Sampling:", tokenizer.decode(top_p_
    output[0], skip_special_tokens=True))
```


このコードセルを実行すると、次の通り出力されます。input_textを変更すれば任意の文章を生成できるので、ご自身でも試してみてください。さらに、各探索手法を定義しているコード部分において、num_beams（ビームの本数を決定するパラメータ）、top_k（トークンの候補を上位k個に限定するパラメータ）、top_p（トークンの候補を、累積確率がpを超えるまでに限定するパラメータ）、を任意に変更すれば、違った結果が出力されるので、挙動の違いを確かめるのも面白いかもしれません。

- **Greedy: これから雨が降りそうなので、今日は、お休みです。明日は、お休みです。今日は、お休みです。 今日は、お休みです。**
- **Beam: これから雨が降りそうなので、早めに切り上げました。今日は、**

朝から雨が降っていましたが、午後からは晴れてきました。今日は

- Top-k Sampling: これから雨が降りそうなので、皆さんも足元にはお気をつけ下さい(^.^)新年の気持ちで 楽しい事を沢山考えたいと思いますので、
- Top-p Sampling: これから雨が降りそうなので、皆さん、お気をつけてお出かけくださいね^^ (本当は、今日はもっと早く起きなくちゃいけないんですが^^;)

先ほどの穴埋め問題（MLMのサンプルコード）と同様に、Colab上で文章を生成することもできます。図5-03-5で示したように、input_textに自由に文章を入力して試してみましょう。

図5-03-5 CLMを動かす参考UI

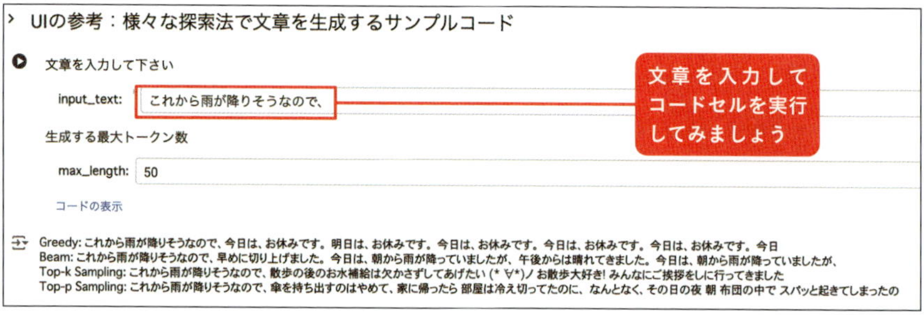

› UIの参考：様々な探索法で文章を生成するサンプルコード

文章を入力して下さい

input_text: これから雨が降りそうなので、

文章を入力してコードセルを実行してみましょう

生成する最大トークン数

max_length: 50

コードの表示

Greedy: これから雨が降りそうなので、今日は、お休みです。明日は、お休みです。今日は、お休みです。今日は、お休みです。今日は、お休みです。今日
Beam: これから雨が降りそうなので、早めに切り上げました。今日は、朝から雨が降っていましたが、午後からは晴れてきました。今日は、朝から雨が降っていましたが、
Top-k Sampling: これから雨が降りそうなので、散歩の後のお水補給は欠かさずしてあげたい (* ∀*)ノ お散歩大好き! みんなにご挨拶をしに行ってきました
Top-p Sampling: これから雨が降りそうなので、傘を持ち出すのはやめて、家に帰ったら 部屋は冷え切ってたのに、なんとなく、その日の夜 朝 布団の中で スパッと起きてしまったの

参考 なぜ文章を学習したら自然言語生成ができるのか

本文中で紹介した文章生成手法は、与えられた文章に穴を開けて穴埋め問題を解いたり、後続トークンを予測する訓練を行ったモデルによって実行されています。文章生成の訓練とは一見関連が薄そうですが、大量の文章を学習することで、文脈を理解し「それっぽい」文章を生成できるのです。考えてみれば、私たち人間もなぜ言葉を話せるのか説明するのは難しいですが、幼少期に周囲の人々と多くの会話をし、書籍を読むことで言葉を学んだと考えられます。

言語モデルも同様に、多くのデータを通じて文脈を学び、言葉を適切に使

う方法を習得します。人間が自然に行っている「言葉を使う」という行為を、コンピューターが模倣できるようになっているのです。本文中で実践したように、文章の一部を与えると、その続きが自然な形で予測されることに驚かされます。これは、大規模なデータセットを使い、文脈や意味を理解するよう設計されたモデルが、高い精度で言語を扱えるようになっているからです。

昨今の生成AIモデルは、単なる後続文章の生成だけでなく、翻訳、要約、質問応答などにも応用されています。たとえば、翻訳では文脈を理解し、適切な訳語を選びます。これは単なる単語の置き換えではなく、文全体の意味を把握する必要があります。要約も、もとの文章の重要なポイントを短くまとめる能力が求められます。言語モデルの学習方法は、私たちが新しいことを学ぶ過程に似ていると考えられています[23]。

[23] 第1章24ページのMEMO「大規模言語モデルと人間の脳は同じ構造？」にて、大規模言語モデルと脳構造の類似性について紹介しましたが、本章で（人間の脳構造を模倣したニューラルネットワークから構成されている）言語モデルを用いた文章生成を体感すると、より一層、興味が深まったのではないでしょうか（だとうれしいのですが）。

04

言語モデルを固有タスクに対応させるファインチューニング

前節では実際に言語モデルを動かして、その挙動について理解を深めることができました。このように学習した言語モデル単独では映画のレビューの良し悪しを判断することは難しいですが[24]、本章で取り上げた事前学習済みモデルは大量の文章を学習したことによって文章理解力を獲得しています。このモデルの理解力を、「映画のレビューの良し悪しを判断する」という固有のタスクに特化させるべく、モデルの一部を再学習させることを**ファインチューニング**といいます。図5-04-1に示したように、学習済みモデルをすべて修正するのではなく、固有タスクに関わる部分だけ、映画レビューのデータを使って再学習するのです。たとえば、学習済みモデルは穴埋め問題を学習して文章中の欠損部分を予測できる能力を獲得しましたが、その学習過程で獲得した文章理解能力はそのまま活用し、最終的なアウトプット部分を「穴埋め問題を解く」というタスクから、「映画のレビューの良し悪しを分類する」というタスクに入れ替えてあげるイメージです。

図5-04-1 学習済みモデルをファインチューニングするイメージ

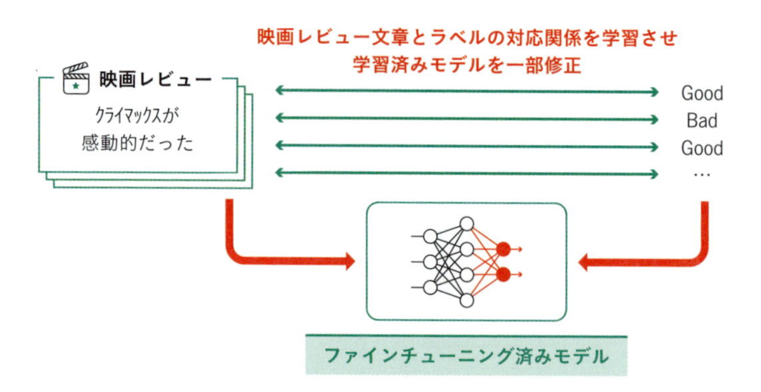

[24] 穴埋めと、後続のトークンを予測するタスクと、映画レビューの良し悪しを判別するタスクは直接関係しないのです。

このファインチューニングという手法を用いれば、ゼロから大規模モデルを訓練する必要がないので迅速に開発を進められます。また、大規模な事前学習済みモデルはすでに多くの言語知識を持っているため、ファインチューニングに使用するデータが比較的少量であったとしても、高い性能を発現することが知られています（学習データが少なければ、データ収集やラベリングのコストを削減できるため大きなメリットとなります）。参考までに、先ほどまで使用していたノートブックの下部にある「参考：言語モデルをファインチューニングして分類問題を解く」というセクションに複数のコードセルを載せてあります。前章でロジスティック回帰を用いて分類した映画レビュー分類問題を、BERTモデルをファインチューニングすることによって解くことができます[25]。

上述のコードでは、映画レビューの良し悪しを分類するというシンプルなタスクに対してチューニングを行いました[26]。この原理を応用して、さまざまなタスクを含むファインチューニング用のデータセットを用意して学習させることを考えましょう。このデータセットには、文章分類タスクや翻訳タスクが含まれ、多様なタスクに対応しており、「"日本の首都は？"と聞かれたら、"東京"と回答してください」「"リンゴを英語に翻訳して"と聞かれたら、"apple"と回答してください」といったように、回答の方向性を指示（instruction）するようなデートセットを用いることを考えます。このような指示をまとめたファインチューニング用のデータセットを、インストラクションデータセットと呼びます。

実際に、インストラクションデータセットで事前学習済みモデルをファイ

[25] 提供しているコードは精度を追及するものではなく、ファインチューニングの工程をイメージするための参考コードです（精度はよくありません）。コード内にはミニバッチ学習法など本書で扱っていない内容も含まれていますので、挙動について深掘りしたい方は、部分的にコードをコピーしてChatGPTなどに解説させてみましょう。

[26] 文章分類タスクや、自然言語推論（文章同士の論理的関係（矛盾・含意など）を判定する）タスクは、（翻訳タスクや文章要約タスクと比較して）比較的簡単とされており、本書で取り上げたTF-IDFによるベクトル化を行ったうえで、教師あり学習モデルと組み合わせることによって、ある程度の精度を出せることがあります。もちろん、高精度化を狙うにはロジスティック回帰よりも表現力が高いモデル（たとえばランダムフォレストやLightGBMなど）を使用すべきですが、これらのモデルは大規模言語モデルよりも少ない計算リソースで実行可能です。解きたいタスクに対して、大規模言語モデルが最適かどうか（ほかの低コストな手法がないか）という点は最初に吟味しておくとよいかもしれません。

ンチューニングする論文が2021年に発表され、高い性能を発現しました[27]。

公開されているインストラクションデータセットとしてはDolly[28]が有名で、たとえば次のような形式のインストラクションが15,000組含まれています[29]。

【英語版】

- **Why can camels survive for long without water?**
- **Camels use the fat in their humps to keep them filled with energy and hydration for long periods of time.**

【日本語版】

- **ラクダはなぜ水なしで長く生きられるのか？**
- **ラクダは、長時間にわたってエネルギーと水分で満たされた状態を保つために、腰の脂肪を利用しています。**

優れた大規模言語モデルでないと、そもそもこれらのインストラクションを理解できません。そのためインストラクションチューニングが可能である時点で優秀[30]なのですが、さらに優秀なモデルを構築するためには、高品質なインストラクションデータセットを作成することが重要とされています。英語圏で作成されたDollyデータセットは、日本語に翻訳したとしても

!

[27]このように学習することをinstruction-tuningと呼び、チューニングされたモデルを、instruction-tuned mode（論文中の表記）、instruct-LLM、などと呼びます。この論文では、大規模言語モデルのZero-shot性能を向上させる手法としてインストラクションチューニングが紹介され、自然言語推論、自然文章理解（与えられた文章や文脈に基づいて質問に答えるタスク）、クローズドブック質問応答（外部の文書やデータベースへのアクセスなしに事前に学習した知識だけをもとに質問に答えるタスク）といったいくつかのタスクで、GPT-3よりも高いスコアを記録しました（https://doi.org/10.48550/arXiv.2109.01652）。また、第2章の注釈にて紹介したInstruct-GPTにおいても、インストラクションを用いて教師つき学習（Supervised Fine Tuningとも呼ばれます）が行われています。

[28]DataBricksが提供しているデータセットで、数千人のDataBricks従業員が作成した質問と回答の組み合わせが含まれます。英語版は"databricks-dolly-15k"ですが、この英語版を日本語に機械翻訳した"databricks-dolly-15k-ja"（https://huggingface.co/datasets/kunishou/databricks-dolly-15k-ja）が公開されています。

[29]本文中に示したラクダに関するインストラクションデータは、英語版および日本語版Dollyデータセットの3番目（index=2）に挙げられています。

[30]インストラクションチューニングは、回答の方向性を与えるようなものです。こう聞かれたらこのように答えなさいと「躾けている」ようなものなので、そもそも「躾け」ができる時点で言語能力を獲得していると考えられます。

文化的、言語的に違和感があることが知られている[31]ため、高品質な日本語インストラクションデータセットを作成する取り組みもあります[32]。このように丁寧に作成されたインストラクションデータセットを用いてチューニングを行うことによって、より高精度なモデルになることが報告されています。

学習した知識までは変えられない

ファインチューニングは便利な手法論ですが、事前学習済みモデルが獲得した知識を変更するようなチューニングは困難であることが知られています。たとえば、モデルの出力を「敬語を使って丁寧な口調」にしたり、所定フォーマットに合わせたりといった形式変更は比較的うまく機能します。一方で、事前学習で獲得した知識を上書きするようなチューニングはうまくいかないことが報告されています[33]。この報告では、GPT-3と同程度の性能を有する事前学習済みモデルに対して、シェイクスピアの脚本のデータセットを用いてファインチューニングを行いました。ただし、このデータセットではロミオ（Romeo）をボブ（Bob）に置換しています[34]。

[31]たとえば、もともとのDollyデータセットでは英国ロックバンドの"The Smith"に関して「Who are the Smiths?」という質問（データセットの73番目）があるのですが、日本語版では「スミスって誰？」という、個人名に関する質問のようになってしまっています（翻訳の問題）。ほかにも「1980年代に人気のあった映画は？」という質問（919番目）に対して、邦画が挙げられていなかったり、「現在人気のある男の子の名前のリストを提供してください。」という質問（5,029番目）に対して、リアム、ノア、オリバーなどが挙げられたり、「人気のある女の子の名前を提供してください。」という質問（8,393番目）に対して、オリビア、エマなどが挙げられたりしています。いずれも日本語圏で用いるデータセットとしては、少々違和感があるものとなっています。

[32]たとえば、理化学研究所などが取り組んでいる「LLMのための日本語インストラクションデータ作成プロジェクト」があります。同プロジェクトで作成された"ichikara-instruction"データセットはCC BY-NC-SA（クリエイティブ・コモンズ 表示-非営利-継承）ライセンスで提供されています（https://liat-aip.sakura.ne.jp/wp/llmのための日本語インストラクションデータ作成）。

[33]AnyScale社が公開したブログ"Fine tuning is for form, not facts"では、GPT-3の6.7Bと同程度の性能を有するGPT-J-6Bモデルを、シェイクスピアのさまざまな戯曲から抜粋した40,000行のセリフが含まれているデータセット（tiny-shakespeare）でファインチューニングしています（https://www.anyscale.com/blog/fine-tuning-is-for-form-not-facts）。

[34]図5-04-2のセリフは、戯曲「ロミオとジュリエット」のセリフの一部（「O Romeo, Romeo! wherefore art thou Romeo?...」）に対して、RomeoをBobで置換したイメージです。

図 5-04-2 ジュリエットがロミオではなくボブに恋をする世界線をうまく学習できなかった

ファインチューニング

「ジュリエットは、名前がBで始まる誰かに恋をしていました。彼の名前は…」に続く文章を出力させる

ジュリエット：
ああ、Bob、Bob！
どうしてあなたは
Bobなの？ お父様と
縁を切って家名を
捨てください。それが
無理なら、せめて私に
愛を誓ってください。

「Romeo」を「Bob」で置換したシェイクスピア戯曲のセリフ

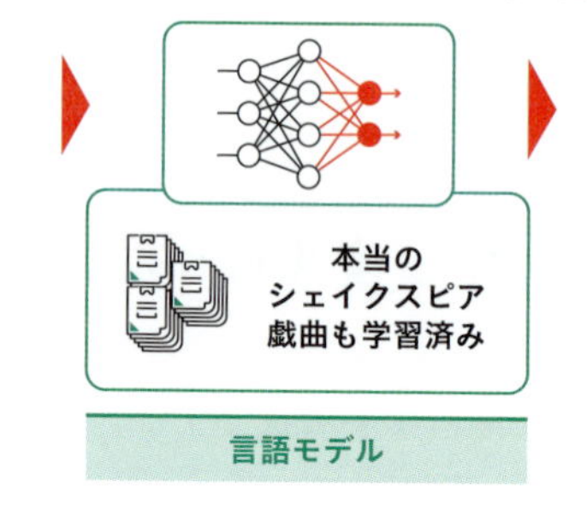

Barnardine。なんだ、
愛もないのか？
それなら私は決して…

Barnardine。彼は私の
夫の友人で、彼女に恋
をしているんです。…

Barnardine。Barnardine、
処刑人です。さあ、一
緒に行きましょう。…

ファインチューニングがうまくいけば、ジュリエット（Juliet）が恋をした恋人の名前がボブになるはずです。ところが、このファインチューニング済みのモデルに「Juliet was in love with someone whose name starts with **R**. His name was」（ジュリエットは、名前が**R**で始まる誰かに恋をしていました。彼の名前は）と入力して、続きの文章を出力させると「Romeo[35]....（省略）」と出力されました。同様に、「Juliet was in love with someone whose name starts with **B**. His name was」（ジュリエットは、名前が**B**で始まる誰かに恋をしていました。彼の名前は）と入力して、続きの文章を出力させると「Barnardine[36]...（省略）」と出力されました。このことから、すでに獲得した知識をファインチューニングによって修正したり、新しいコンセプトを学習させたりすることが容易ではないことがわかります[37]。

[35] 事前学習済みモデルは、もちろん「ロミオとジュリエット」についての知識を獲得済みですから、ファインチューニングで、ジュリエットの恋人はボブだ、と教え込んでもロミオと回答していると考えられます。

[36] Barnardine（バーナーダイン）は、シェイクスピア戯曲 "Measure for Measure" に登場する囚人の役名です。もちろん、ジュリエットの恋人ではありません。ファインチューニングされたモデルは、Bから始まる登場人物として（無理やり）Barnardineを挙げてしまったものだと考えられます。

[37] ファインチューニングの手法（モデルのどの部分を再学習させるか、など）によっては、うまく新しいコンセプト（本文中の例では、ジュリエットの恋人がロミオではなくボブであること）を学習させられるかもしれませんが、一般的には事前学習済みモデルが獲得した知識を修正したり新しい知識を教えたりすることは容易ではないと考えられています。

05

参考：言語モデルの中身

昨今の言語モデルには2017年にGoogleが提案したニューラルネットワークであるTransformerが用いられています。このTransformerは、Attentionと呼ばれる機構を用いられており、同じデータ系内にある隔たったデータ要素間の微妙な相互影響や相互依存関係を見つけ出す能力に長けています[38]。本書では内部的な挙動に対する詳細な解説は行いませんが、簡単にAttention機構とTransformerのイメージを紹介します。

Attention機構とTransformer

Attention機構とは、文章中のトークン間の関連性を評価する仕組みです。たとえば図5-05-1に示すように、「空は青く 雲は白い」という文を考えたとき「空」は主語であり、それに続く「青く」は形容詞ですから、Attention機構は「空」と「青く」が密接に関連していると判断します（図中では、太線で表しました）。「雲」と「白い」についても同様に、密接に関連していると判断します。これらの関連度合いは定量化され、ベクトルで表現されているので、可視化すると図5-05-1の右側に示すように、関連度合いが高いトークン同士は近くに配置されることになります[39]。

[38] TransformerとAttention機構については第1章でも紹介しました。
[39] 第3章で扱ったword2vecでも、トークンのベクトル表現を3次元空間上に描画するイメージをお伝えしました。大規模言語モデル（BERT, GPT-2）のAttentionを可視化した論文も公開されています（https://doi.org/10.48550/arXiv.2305.03210）。

図 5-05-1 Attention 機構のイメージ

この例では短い文章を取り上げましたが、長い文章においても隔たった単語間の関連性を評価できます。Transformerでは、このAttention機構を進化させて複数使用することで、多角的に関連性を評価し、文脈理解力が向上しました。単語間の関連性を評価する部分をAttention headと呼び、このように複数使用する機構をMulti-head Attentionと呼びます。たとえば、図5-05-2はTransformerに関する論文「Attention Is All You Need」[40]を説明する文章に対して、「Transformer」と関連性が高い領域を、それぞれのAttention headがハイライトしているイメージです。

図 5-05-2 Multi-head Attention 機構のイメージ

「Attention Is All You Need」は、Googleで働く8人の科学者によって執筆された画期的な研究論文です。Attention機構を拡張し、Transformerと呼ばれる新しい深層学習アーキテクチャを導入しました。この論文は、現代の人工知能の基礎と見なされており、Transformerは大規模な言語モデルの主要構造となりました。

Attention 1
青色部分に注目

Attention 2
黄色部分に注目

Attention 3
緑色部分に注目

複数のAttention headが単語の関連度合いをそれぞれ計算しているため、たとえば青色のheadは「Transformer」に対して「画期的」「人工知能の基礎」といった特徴を関連づけています。同様に、黄色のheadは「深層学習アーキテクチャ」「言語モデル」、緑色のheadは「Attention機構」、といった具合です。同じトークンに対して、文章中のさまざまな箇所から関連箇所を抽出するため、高度な文脈理解が可能になったと考えられています。

このため、たとえば同じ単語であっても文脈を考慮して正確に理解するこ

[40] この論文は2017年に初稿が公開され、AIの歴史を変えた論文とも称されています（https://doi.org/10.48550/arXiv.1706.03762）。

とが可能になるのです[41]。

Transformerには、このMulti-head Attention機構が複数個所に用いられており、文脈の多様な側面を捉えて高品質な出力を生成できます。論文「Attention Is All You Need」に描かれているTransformerの構造と、非常に簡略化した模式図を図5-05-3に提示します。実際の論文中にはさまざまな機能ブロックが描かれた図が掲載されていますが、非常に簡単に表現すると、入力データから特徴を取り出すEncoderと、特徴をもとにデータを生成するDecoder部分に分かれています[42]。

図5-05-3 Transformerの模式図

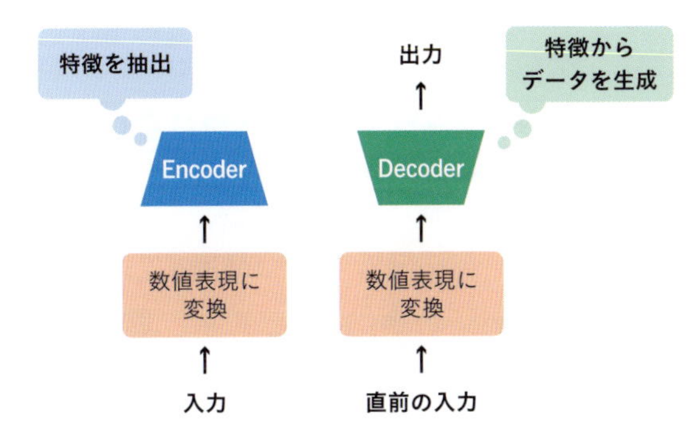

たとえば、このTransformerで日英翻訳を実行しようとすると、図5-05-4のような処理イメージとなります。

[41]たとえば本文の図中においては、言語モデルのアーキテクチャであるTransformerについて述べられています。Transformerには（電力）変圧器という意味もありますので、電気機械分野の文章でAttentionを計算させたら、関連づけられる特徴はまったく異なるでしょう。

[42]文章や画像などの元データの潜在表現を獲得する機能をEncoderと呼びます。また、この処理を逆方向に実行して潜在表現から文章や画像といったデータを生成する機能をDecoderと呼びます（第1章より）。Transformerには、このEncoderとDecoderが複数用いられています。

図 5-05-4 Transformer で日英翻訳する処理イメージ

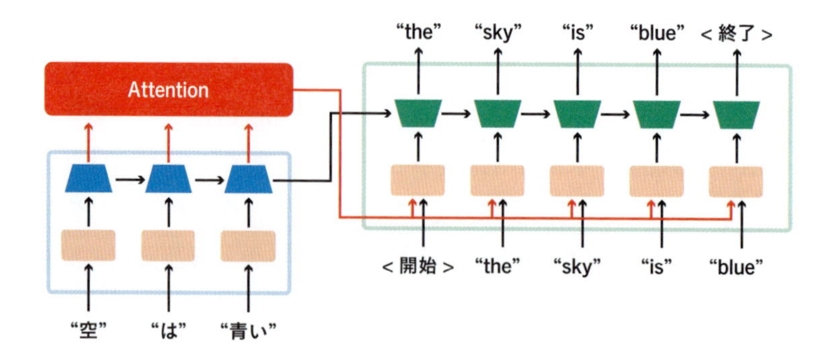

処理自体は一見複雑ですが、ある部分に注目すると、入力されたデータを数値表現に変換して機械学習モデルに投入し、次の文字の予測を行うという処理の繰り返しになっています。モデルの中身はたしかに複雑なのですが、本書で学んできた技術要素が用いられているというイメージを確かめてみてください。

06 大規模言語モデルと生成AIとの関係

（大規模）言語モデルはもともと、穴埋めや後続トークンの予測といった、それ自体は簡単なタスクを大量に学習したモデルでした。また、図5-01-2（事前学習済みモデルを固有タスクに適用するイメージ）では、与えられた文章から特徴を抽出する役割として事前学習済みモデルを紹介しました。事前学習済みモデルに使用される大規模言語モデルの能力が飛躍的に向上したことによって、事前学習した大規模言語モデルだけでも、広範囲のタスクを扱えることが明らかになったのです。図5-06-1に示すように、事前学習済みモデルに直接タスクを指示することによって、固有タスクに特化した専用のモデルを別に用意する必要がなくなったのです。（ChatGPTが広く使用されている昨今において、当然なことと思われるかもしれませんが）「クライマックスが感動的だった」という映画レビュー固有の文言に対して、正解を教えることなくタスクを実行できることは、よくよく考えてみると不思議ではないでしょうか。実のところ大規模言語モデルは、自身がすでに事前学習した大量の文章の特徴を考慮して、固有タスクであっても柔軟に推論を実行できるのです。

このように、事前学習した大規模言語モデルだけでも多様なタスクを効果的に処理できることが明らかになってきました。特に、OpenAIが2018年に発表した「GPT-1」は、事前学習と転移学習を活用することで、多くの自然言語処理（NLP）タスクで高い性能を発揮しました。このモデルの成功により、大規模言語モデルの重要性が広く認識されるようになりました。この流れは、あとに「GPT-2」や「GPT-3」といったさらに大規模なモデルの開発へとつながりました。これらのモデルは、より多くのパラメータとトレーニングデータを用いることで、自然言語生成や翻訳、質問応答、要約生成など、さまざまなタスクでの性能をさらに向上させました。特に「GPT-3」は、その1,750億のパラメータを活かして、人間に非常に近い文章を生成できる能力を持ち、対話型AIや自動コンテンツ生成の分野で注目を集めました。

図 5-06-1 幅広い能力を獲得した大規模言語モデル

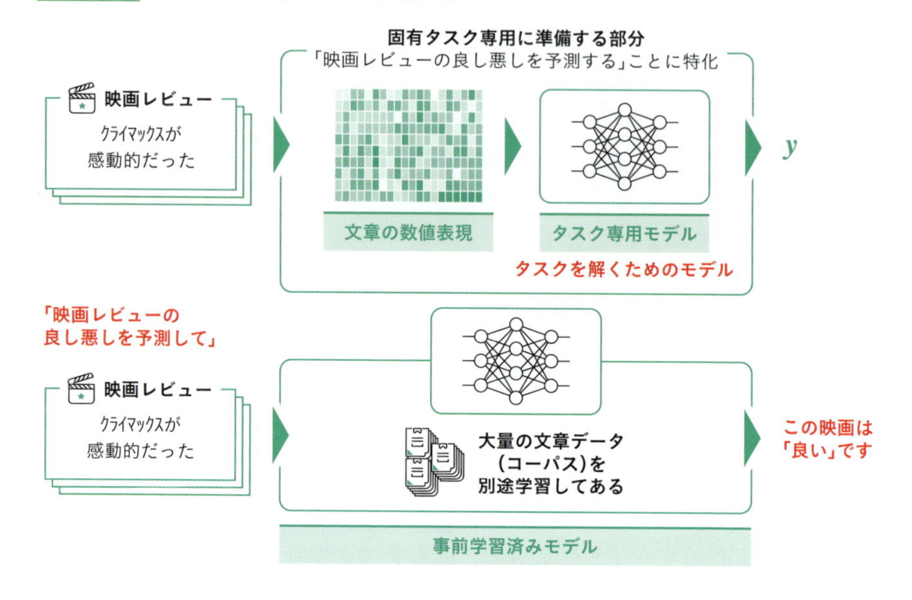

図 5-06-2 増加する大規模言語モデルのパラメータ数

大規模言語モデル名称	パラメータ数	開発年	開発元
GPT-1	1.2億	2018年	OpenAI
GPT-2	15億	2019年	OpenAI
GPT-3	1,750億	2020年	OpenAI
PaLM	5,400億	2022年	Google
GPT-4	~数兆(未公表)	2023年	OpenAI

学習量を増やすほど性能が上がっていく「言語モデルのべき乗則」

こうした大規模化が行われている背景として、モデルを大きくすることで性能が向上するという「べき乗則(スケール則)」があります。言語モデルの計算量、トレーニングデータの量、モデルのサイズ(パラメータ数)を増やせば増やすほど高性能になるという法則で、2020年の論文で発表されました。同論文中では、縦軸に精度指標(小さくなるほど高性能)、横軸に計算量、トレーニングデータの量、モデルのサイズ(パラメータ数)をとると、図5-06-3のように横軸の値が大きくなるほど精度が向上することが示されました[43]。これらのグラフは、計算量、データ量、パラメータ数を増やしていけば、さらに高精度になることを予感させます。このべき乗則の発見は、大規模言語モデルに対する投資競争が加熱した要因の1つと考えられています。

図 5-06-3 大規模言語モデルのべき乗則

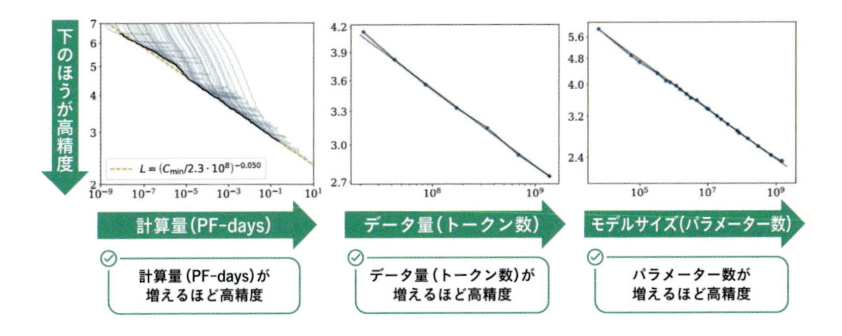

学習量を増やすことで種々の能力を創出する「創発的能力」

大規模言語モデルの学習量が増えてくると、新しい能力を突然獲得して性能が大きく向上する現象が発見されました。この予期せぬ新しい能力は「創発的能力」(emergent abilities)と呼ばれ、2022年の論文で発表されました[44]。言語モデルの性能を評価する2つのタスク[45]において、モデルの精度指標

[43] 本文中の図は論文からの抜粋です(https://doi.org/10.48550/arXiv.2001.08361)。横軸はいずれも対数軸になっており、横軸の目盛りは10倍、100倍、1,000倍といった具合に大きくなります。なお、計算量を表す単位「PF-days」は、1秒間に1,000兆回(1秒間に10の15乗の計算を行う、つまりペタFLOPS)の計算を行う能力を有するコンピューターを丸々1日(24時間)稼働させた場合の計算量を意味します。FLOPS(フロップス)は "Floating Point Operation Per Second" の略で、1秒間に行える「浮動小数点演算」(浮動小数点数を扱う計算で、加算や乗算、除算などが含まれます)の回数です。スーパーコンピューター「京」は1秒間に1京回、すなわち10ペタFLOPSの計算を行えるので、「京」を丸1日稼働させると、10PF-daysの計算量となります。GPT-3のモデル(1,750億パラメータ)の学習には3,640PF-daysを要したとのことなので、単純計算すると「京」を約1年間稼働させせなければなりません(https://arxiv.org/abs/2005.14165)。

[44] この論文 "Emergent Abilities of Large Language Models" では、「創発的能力」について "An ability is emergent if it is not present in smaller models but is present in larger models."(小さなモデルには存在しないが大きなモデルには存在する能力)と定義しています(https://doi.org/10.48550/arXiv.2206.07682)。このように、小さなモデルを調べても予測できない全体的な振る舞いの劇的な変化を、"phase transition"(相転移)とも表現します。

[45] 図5-06-4は "Emergent Abilities of Large Language Models" から(A)、(B)のタスクに関するグラフを抜粋しました。同論文にはほかのタスクによる性能比較も掲載されていますが、いずれもGoogleの "BIG-bench" ベンチマークで定義されているタスクです。タスク(A)は3桁の数字を2つ与え、それらに対して指定された操作(たとえば足し算)を行い、その結果に1を加えるタスクであり、精度指標は正解率(Accuracy)です。タスク(B)は国際音声記号(IPA)を使って書かれた音声表記を元の言語の文字に翻字(transliterate)するタスクであり、精度指標はBLEUスコア(第3章参照)です。これらのタスクの詳細はBIG-benchのGitHubに書かれているので、どのようなタスクで大規模言語モデルの性能が計測されているのか気になる方は参照してみてください(https://github.com/google/BIG-bench/blob/main/bigbench/benchmark_tasks/README.md)。

を縦軸、モデルの計算量を横軸に取ったグラフを図5-06-4に示します。この図の中では、LaMDA[46]、GPT-3という言語モデルと、Random（ランダムに回答した場合の正解率で、言語モデルはこのRandomよりもよい正解率を出すことが期待されます）について、計算量を増加させると正解率がどのように変化するかが示されています（もちろん、Randomは計算量に依存しないので平行な直線となります）。

図5-06-4 計算量を増やしていくと能力が突然上昇する

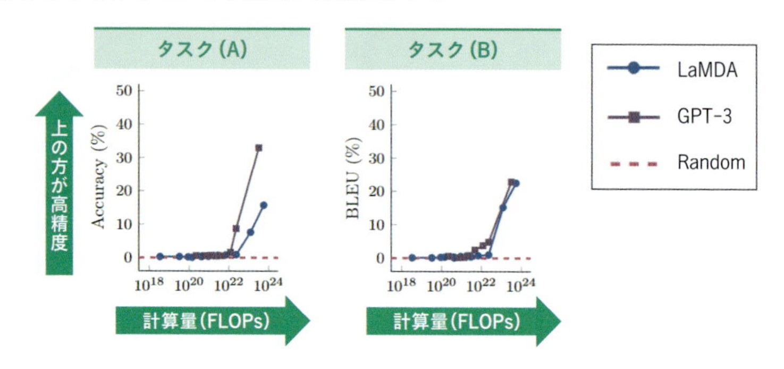

図5-06-4では、計算量が10^{22}～10^{23}FLOPs[47]あたりで、急激な正解率の上昇が見られます。実際に大規模モデルの性能は飛躍的に向上しただけではなく、小規模なモデルにはできないタスクも実行できるようになったことが知られています[48]。なお、この創発的能力についてはモデルの規模による根本的な変化ではなく、評価指標の選び方（評価の方法）によって作られたに過ぎないと主張する論文も公開されていますが、いずれにしろモデルの大規模化に伴って能力が向上することは事実のようです[49]。

!

[46]LaMDA（Language Models for Dialogue Applications）は、Googleが2021年に公開した大規模言語モデルです。Googleが公開した初期の対話型AIであるBard（第1章参照）に搭載されていました。

[47]FLOPSではなく、"FLOPs"である点に注意してください（読み方はいずれも「フロップス」です）。前ページの注釈の通り、FLOPSは1秒当たりの浮動小数点演算回数を表す**計算速度**の指標でした。一方で、FLOPsは"FLoating-point OPerations"の略（最後のsは複数形を表すsです）であり、単に何回計算を実行したかを表す**計算量（処理量）**の指標です。

[48]たとえば、モデル学習時に想定していないタスクを遂行する能力（Zero-shot性能）、人間の日常生活での常識を理解して推論に活用する能力（常識的推論能力）を、モデルの大型化に伴って獲得しています。大規模言語モデルは、我々が生活する空間や時間といった概念を構造的な知識（"world model"）として有している可能性があることは第1章で言及しました。

[49]この論文では、大規模言語モデルが創発的能力を示さないといっているわけではなく、過去の創発的能力に対する分析は錯覚である可能性が高いと示唆しています（https://doi.org/10.48550/arXiv.2304.15004）。たとえば、前出の論文"Emergent Abilities of Large Language Models"中では"BIG-bench"ベンチマークの中からいくつかの精度指標で比較検討が行われていましたが、"BIG-bench"ベンチマークには200以上の評価タスクがあり、さらに各タスクには約40種の評価指標が存在するため非常に多くの組み合せを取り得ます。この組み合せの取り方によっては創発的能力を生み出すことも、逆に消すこともできると述べられています。

大規模言語モデルと生成AI

言語モデルは、その原理的には文章の欠損部分を予測することで構築されていました。しかし大規模化が進んでいく中で、人間が予想もしなかった能力が発現し、文脈処理や長文生成能力が脅威的に向上しています。創発的能力が現れる理由は、以下のような複数の要因が絡み合っていると考えられていますが、いまだに議論が継続されています。

- **多様なデータ：大規模な学習データセットには、多種多様な情報が含まれており、その中には異なるタスクに役立つパターンや関係性が含まれているため、汎用的なタスクに対応可能になると考えられます。**
- **表現力が高いモデル：昨今の大規模言語モデルには複雑な深層学習モデルが用いられており、データの複雑なパターンを抽出し、それを内部表現として学習するため、モデルは異なるタスク間の関連性を見つけ出すことが可能になると考えられます。**
- **スケーリングの効果：モデルのパラメータ数を増やすことで、より多くの情報を保持し、より複雑なパターンを学習できるようになり、創発的能力の出現を促進すると考えられます。**

大規模言語モデルは、いまだ発見されていない能力が秘められている可能性すらあります。私たちが利用しているChatGPTといった生成AIは、大規模言語モデルの能力を、人間にとって都合がいいように取り出したモデルだと考えることができます[50]。

[50] 第2章で、ChatGPTの学習法としてRLHFを紹介しました。

図 5-06-5 大規模言語モデルのイメージ

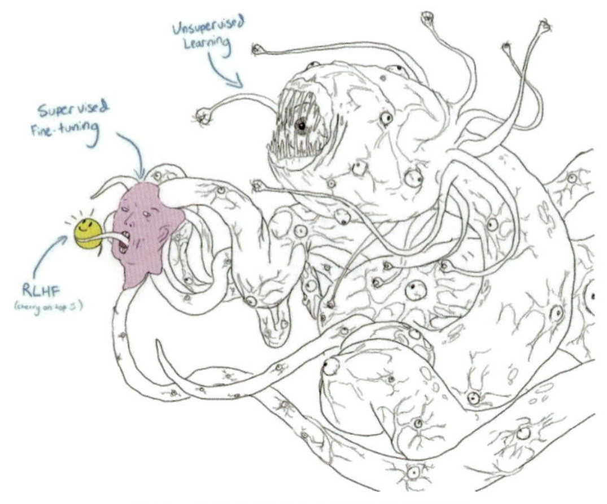

Shoggoth with Smiley Face. Courtesy of twitter.com/anthrupad

図5-06-5は、とあるブログ[51]のスクリーンショットで、大規模言語モデルとChatGPTのような生成モデルとの関係をイラストにしたものです。左端の黄色いスマイルマークが人間にとって望ましい回答をするようにチューニングしたモデル、人の顔がファインチューニングモデル、そして得体の知れない巨大な怪物が事前学習済みモデルを表しています。大規模言語モデル自体は単純なタスクを学習しているのですが、その学習量が多いがゆえにさまざまな能力を発現します。一方で言語モデル単独では人間が期待する回答を得られなかったり、正確さに欠けたりすることもあり、言語能力を獲得している一方で扱いづらい存在です。多くの大規模言語モデルは、人間ひとりが生涯に渡って読解する文章より多くのデータを学習しているため、その点でいえば人間よりも「賢い」可能性があります。さらに「創発的能力」は予測不可能なものなので、既存の大規模言語モデルには現在の人間が思ってもいない能力が備わっている可能性すらあります[52]。この大規模言語モデルに対して、回答の方向性をインストラクションとして与えて学習させること

!

[51] "Finetuning an LLM: RLHF and alternatives (Part I)"（https://medium.com/mantisnlp/finetuning-an-llm-rlhf-and-alternatives-part-i-2106b95c8087）

[52] まだ人間が気づいていない秘められた能力なのか、あるいは人知を超えた能力なのかもしれません。大規模言語モデル単体では、人間にとっては扱いづらい存在ですが、実は人間の能力が追いついていないのかもしれないと考えると、興味深いですね。もちろん、能力の優劣という視点ではなく、大規模言語モデルの回答と、人間が求める回答の方向性が異なっているだけという見方も可能ですし、この回答の方向性を調整する作業がファインチューニングだとも考えられます。

で、より回答の精度が向上します。さらに人間にとって有用な回答とするために、人間の好みを自ら学べるように強化学習と組み合わせて効率的に学習させることによって、ChatGPTのような生成AIサービスに繋がっています。

図 5-06-6 大規模言語モデルの使い方

モデルをそのまま使用する	モデルはそのまま外部知識と連携	モデルをファインチューニング	ゼロから言語モデルを構築する
すでに利用可能な学習・チューニング済みモデルをそのまま使う手法	**学習・チューニング済みモデルを使うが、外部情報を取り込ませることで、独自の概念を認識させる手法**	**独自のデータを使って学習済みモデルをファインチューニングする手法**	**非常に大量のデータを用意したうえで、膨大な計算リソースを使って言語モデルを構築する手法**
・種々のプロンプト技法が提案されており、質問を工夫することで精度向上が見込める ・zero/few shot learning、など	・質問に関連する知識を、知識データベースやWebサイトから取得してプロンプトに埋め込むことで、LLMの知識を拡張させることができる ・RAGなど	・高品質なファインチューニング用のデータセットを用意すれば、独自の知識をモデルに学習させることが可能 ・LoRAなど	

ChatGPTをはじめとしたWebインターフェースでチャット画面が用意されている生成AIは、このようにチューニングされたモデルだと考えてよいでしょう。図5-06-6の左端に図示したように、プロンプトを通じて直接モデルを利用しています。一方で、このような使い方ではモデル学習時に学習データに含まれていなかった知識については回答できません[53]。そこで、モデル学習時に参照していなかったデータであっても、モデルを利用する際にモデルが参照できるようにしようという仕組みがRAG(Retrieval-Augmented Generation)です。外部から情報を検索(retrieve)してプロンプトに埋め込んで知識を拡張(augmentation)することで、回答を生成(generate)します。日本語では検索拡張生成[54]とも表記されます。2024年6月時点で、Microsoft

[53]2024年現在のChatGPTに使用されているモデル(GPT-4o)は、2023年12月時点のデータで学習されています。Web検索機能を無効に設定した状態で、「スウェーデンがNATOに加盟したのはいつですか?」と聞いてみたところ、「スウェーデンは2023年7月11日に正式にNATO(北大西洋条約機構)に加盟しました。」と堂々と回答されてしまいました(実際は2024年3月7日に加盟)。このように嘘の内容を回答する事象はハルシネーション(日本語で「幻覚」の意)と呼ばれており、このような事象を防ぐ1つの解決手法がRAGです。

[54]MicrosoftおよびAWSのWebページでは取得拡張生成とも表記されます。おそらく機械翻訳された表記かと思われますが、筆者個人としては検索よりも情報を取得するという意味合いの取得拡張生成のほうがしっくりきますが、皆さんはいかがでしょう。ちなみに、検索エンジンElasticsearchを提供しているElasticのWebページでは検索拡張生成という表現が用いられている点は興味深いですね。同社のRAGに関する解説ページは比較的平易で読みやすいので、ご興味がある方は参照してみてください(https://www.elastic.co/jp/what-is/retrieval-augmented-generation)。

Copilot、ChatGPT 4/4oのインターフェースでは同等な機能が具備されています[55]。

図 5-06-7 WebやPDF上の情報を検索して回答している例

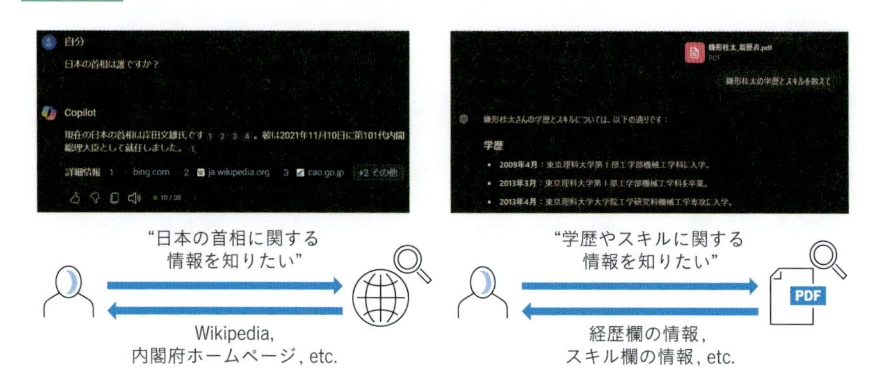

皆さんが情報を知りたいときにGoogle検索を行うように、モデルが自ら関連情報を検索しているのです。この仕組みを応用して、企業が持つ独自のデータをモデルが参照できるようにすれば、企業独自の知識（ナレッジ）を持ったチャットボットを構築することが可能となります。実際、多くのベンダーが独自の名称でチャットボット構築サービスを提供しています[56]。

[55] この外部文章を読み込む機能は無料版のChatGPTでも実行可能です（2024年6月現在は回数制限があります）。さらに、外部文書を読み込ませる機能に特化した"NotebookLM"というサービスのPreview版がGoogleからリリースされています（https://notebooklm.google/）。各種サービスはさらに進化していくと思われますので、本書に書かれているサービス名を手掛かりに最新情報をWebで検索すると、新たな発見があるかもしれません。

[56] これらの仕組みはGPTやGeminiといった大規模言語モデルが基底にあるのですが、どのようにデータベースから情報を参照するかという点に各社の工夫が現れます。最新の状況は、PR TIMESなどのプレスリリース配信サイトで「RAG」等と検索してみましょう。

第 6 章

画像解析入門

01

画像解析で何ができるのか？

前章までは、自然言語処理についての理解を深めていきました。本章からは、画像解析について学んでいきましょう。まずは画像解析の昨今の動向を中心とした概観について紹介します。特に生成AIに関する文脈で考えると、画像生成の領域における最新のAI技術は、驚異的な進化を遂げています。これは、ディープラーニング、特に生成的敵対ネットワーク（GAN）[1]や変分オートエンコーダ（VAE）[2]などの技術が大きく貢献しているためです。これらの技術は、機械がまったく新しい画像を「創造」する能力を持つことを意味します。たとえば、文章の記述からリアルな画像を生成する技術は、広告、映画、ゲームデザインといった分野ですでに実用化されています。

画像生成AIに関しては、数多くのサービスやプロダクトが登場してきています。画像生成に特化した具体的なサービス例として、MicrosoftのDesigner[3]があります。図6-01-1のように、画像生成プロンプト「宇宙から地球を見つめる元気な猫」といったプロンプトに基づいて、画像が4枚生成されています[4]。

!

[1]GAN（Generative adversarial networks）は、一見ノイズにしか見えないような画像から（人間が見ると）意味のある画像を生成するモデルで、画像生成を担う部分はGenerator（生成器）と呼ばれ、TransformerにおけるDecoderに似た役割を果たしています（第8章で取り上げます）。

[2]VAE（variational autoencoder）は、もとのデータを圧縮、復元する過程を学習します。この復元処理を工夫することでデータを生成できます（第8章で取り上げます）

[3]画像生成に特化したAIサービスです。Microsoftアカウントがあれば利用できるので、実際に試してみましょう（https://designer.microsoft.com）。なお、有料版のChatGPTを契約している場合は、GPT-4/4oモデルを選択することで画像生成機能を使用できます。これらの画像生成AIには、DALL-E3という画像生成モデルが使用されています。

[4]実際にDesignerに入力したプロンプトは "Generate an image of a cheerful cat gazing at Earth from outer space, surrounded by stars and cosmic wonders"（星や宇宙の神秘に囲まれている、宇宙から地球を見つめる元気な猫）です。毎回、異なる画像が出力されますので実際に試してみましょう。

図 6-01-1 Designerで生成した画像

AIによる画像生成技術の進化には、大規模なデータセットと高度な計算能力が不可欠であり、このためにクラウドコンピューティングやGPUの進歩が大きな役割を果たしています。現在、NVIDIAをはじめとした多くの企業や研究機関が開発に力を入れており、これらの技術は日々進化しています。

画像生成の技術が目覚ましい進化を遂げている一方で、画像解析技術自体は新しい概念ではありません。画像を機械学習モデルが認識することによって、画像分類、物体検出、物体追跡といった、さまざまな画像処理のタスクを実行できるのです。これらさまざまな技術のビジネス活用に関しては、本章の後半で紹介します。

自然言語処理のパートで述べたように、機械学習モデルで画像や文章などのデータを扱う際には数字表現に変換する必要があります。こういった視覚データから意味のある情報を導き出してタスクを実行する研究分野を指してコンピュータービジョンと呼びます。

本章では、昨今の画像生成AIの基礎となる画像解析の技術について学んでいきます。自然言語処理を説明したときと同様に、次の章で「画像分類」という代表的な画像処理タスクを具体例として取り上げます。これは第4章で学んだ自然言語処理における「文章分類」タスクの画像データ版に相当します。本章でもまず画像解析の基礎的な知識を理解したうえで、その中でも基礎的な領域である画像分類を次章で取り上げる、という流れです。

02

画像データの扱い方とニューラルネットワークの使い方

ここからは、具体的に画像解析の技術について学んでいきましょう。日進月歩の勢いで進化し続けている画像解析における重要な技術として、ディープラーニング（深層学習）[5]が挙げられます。そもそも深層学習というのは、これまで紹介したような線形回帰モデルやロジスティック回帰モデルといったものと同様、無数に存在する機械学習アルゴリズムの1つです[6]。

なぜディープラーニングが画像解析の基本技術となっているか理解を深めるため、データの種類について述べておきます。データには、表形式データ[7]、文章データ、画像データといったさまざまな形式（モダリティ）が存在します（ほかには動画データや音声データ、MRIなどで取得した人体の3次元データなどが挙げられます）。画像データは、デジタルカメラやスキャナーから得られる画素（ピクセル）情報を含むデータです。

図 6-02-1 いろいろなモダリティのデータ

（表形式データ）構造化データ

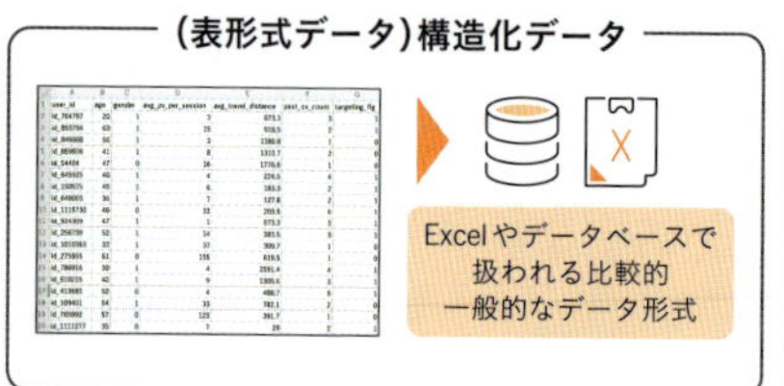

テキストデータ

画像データ

[5] ニューラルネットワークの中でも特に中間層（隠れ層）が多いニューラルネットワークを指して、ディープニューラルネットワークと呼び（第2章参照）、このような多層ニューラルネットワークを用いてデータから特徴を自動的に抽出して学習する手法をディープラーニング（深層学習）と呼びます。

[6] 第2章の図 2-01-1「人工知能と生成AIの関係」を再度思い起こしてください。

[7] 第2章で取り上げた、球場のビール売上を来場者数から予測するモデルを学習する際に用いた、ビール売上に関する情報（来場者数、気温や天候、客の年齢層、キャンペーンの有無、など）は、各項目を列にして表形式で整理できるので、代表的な表形式データといえるでしょう。

画像データの解析においては、線形回帰モデルやロジスティック回帰モデルなどの単純な機械学習アルゴリズムでは、高い精度を出せないことが知られています。これは、これらのモデルが基本的には数値やカテゴリのような低次元で構造化されたデータに対して最適化されており、画像データのような高次元で複雑なパターンを持つデータに対応するには限界があるからと考えられています[8]。

一方で、ディープラーニング技術は画像データに対して顕著な効果を示します。ディープラーニングのアルゴリズム、特に後ほど紹介する畳み込みニューラルネットワーク（CNN）などは、画像内の部分的な特徴を効果的に捉えることができ、これによりコンピュータービジョンに関連するタスクで高い精度を実現しています。また、ディープラーニングは、層を深くすることでより複雑な特徴を抽出する能力があり、大量の画像データから多くの特徴を学習可能です。その結果、コンピュータービジョンの分野ではディープラーニングの利用がほぼデファクトスタンダードとなっています。

図 6-02-2 画像解析においてディープラーニングは高い精度が見込める

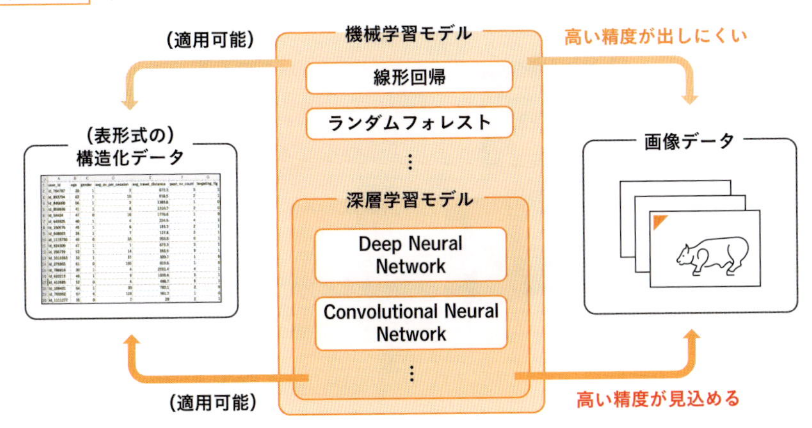

次節で扱う画像に特化した畳み込みニューラルネットワークを学ぶための基本知識を整理すべく、本節ではそもそも画像データとはどういうデータな

[8] 画像データは非常に高次元であり、画素ごとに異なる値を持つため多くの特徴量を持ちます。さらに、画像データの各ピクセル値は特定の範囲内（たとえば、0から255）に収まる数字で表現されています。線形回帰モデルはデータ内の線形関係を前提としており、画像のように複雑なパターンや非線形関係を捉えるのには不向きです。ディープラーニング（特にCNN）は、非線形な活性化関数を用いることで、複雑な非線形関係を捉えられます。

のか、さらに画像データという複雑なデータを扱う能力に長けたニューラルネットワークとは何か、という点について理解を深めましょう。

画像データは行列データの集合である

画像データを分解していくと縦と横の概念を持つ表形式のデータとして表せます。画像を構成する最小単位である画素が整列することで、画像が構成されています。画像サイズが「320px × 180px[9]」などと表記されていたら、横320個、縦180個の画素から構成されていることを意味しています[10]。そして、私たちが普段目にするテレビやパソコン、スマホ画面上のカラー画像は、RGBカラーモデル[11]で表現される場合が多く、赤（Red）、緑（Green）、青（Blue）の3つのチャネル（channel）[12]が使われています。それぞれのチャネルが各色の成分を持ち、それらを合計することで画像の色が表現されます。各画素は0から255（値が大きいほど輝度が大きい）の範囲で定義されます[13]。

図6-02-3 カラー画像は3チャネルの合計

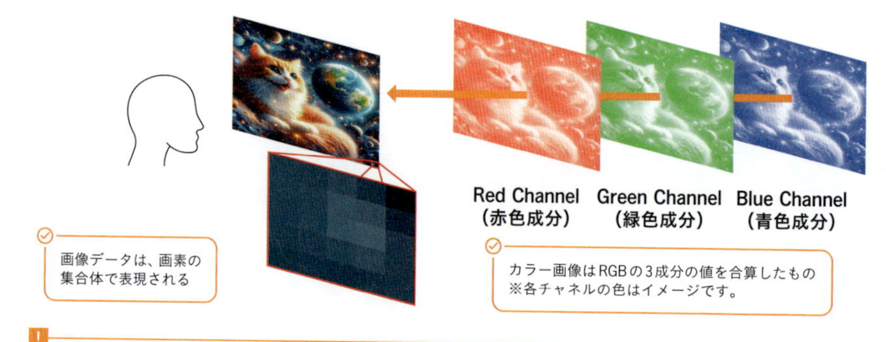
Red Channel
（赤色成分）
Green Channel
（緑色成分）
Blue Channel
（青色成分）
画像データは、画素の集合体で表現される
カラー画像はRGBの3成分の値を合算したもの
※各チャネルの色はイメージです。

[9] "px" とは画素の単位で、ピクセル（Pixel）と発音します。なお pixel とは "Picture Element" に由来しており、その名の通り画像の構成要素です。

[10] 本文中に例示した320×180という解像度は、ワンセグ放送の解像度です。ちなみに、BSデジタルハイビジョン放送では1,920×1,080で1枚の画像が構成されており、ワンセグの約36倍の画素数を有しています。この解像度はフルHD（フルハイビジョン）とも呼ばれ、現在のPCモニタにおいて主流な解像度となっています。

[11] RGBカラーモデルを用いた画像を「RGB画像」と表現します。ほかのカラーモデルとして、色相（Hue）、彩度（Saturation）、明度（Value）の3つのチャネルで構成されるHSV画像などがあります。

[12] 文献によっては、「チャンネル」とも表記されますが、本書では英語の発音（[tʃ'ænl]）に近い表現を用いています。不思議なことですが、英語で表すと同一の発音なのですが日本語で「チャンネル」（TVチャンネルなど）と「チャネル」（販売チャネルなど）で意味合いが少し変わります。本文中の画像チャネルはいずれの表記も見かけるので、どちらを使ってもよいでしょう。そういえばバッテリーも英語では同一発音なのに、電池を表すときと、投手と捕手の組み合わせを表すときで、イントネーションが異なりますよね。

[13] たとえば、赤色チャネルの値が大きいほど赤みが強いことを表しています。RGBすべての値が最小の0であれば、すべての色がないので最終的な画素は黒色となり、逆にRGBすべての値が最大の255であれば、画素は白色となります。

図6-02-3に示すように、これがワンセグ放送の1コマであったとすると、裏側ではこの1枚の画像を描画するのに320 × 180 × 3 = 172,800の値が使用されているのです。すなわち、各色の成分行列が3つ合わさったもので、代表的な3階テンソルで表現できます[14]。画像データを構成する各画素は数値で表現されているので、このように並べ替えただけで機械学習モデルに入力できそうです。仮に、この1枚の画像データを機械学習モデルに入力する場合には、これら172,800の値を特徴量としてモデルに入力すればよさそうです。機械学習モデルには縦や横、そして色といった概念がないので、これらの特徴量を1列に連結し、1次元配列に変形します。図6-02-4に示したように、各画素の値をすべて並べて結合するイメージです[15]。

図6-02-4 画像データを機械学習モデルに入力するイメージ

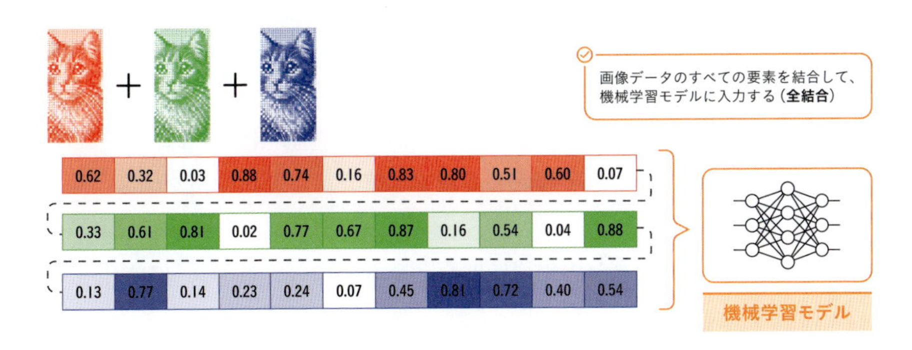

この変換処理は、自然言語処理の章で学んだ単語文書行列と似た概念と考えられるかもしれません。対比のために、図6-02-5に自然言語をモデルに入力する場合と、画像データをモデルに入力する場合を図示しました。

[14] 行列、テンソルについては第3章第3節「単語文書行列～BOWとTF-IDF」で扱いました。本文中の例では、各色のチャネルが320 × 180の行列であり、3色分の行列が合わさったものがカラー画像データと説明できます。

[15] このような操作をフラット化（Flatten）と呼び、第7章で説明します。

図 6-02-5 文章と画像をモデルに入力するイメージ

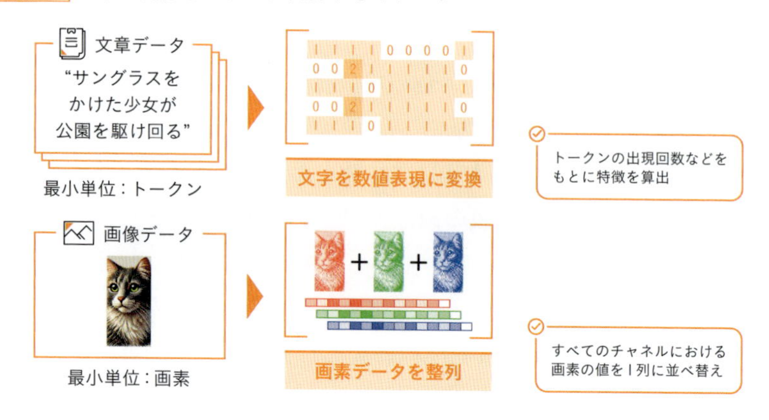

本書で取り上げた単語文書行列は、文章データをベクトルや行列といった、機械学習モデルに入力できる数値表現に変換するプロセスでした。このようにして文章データを数値的な特徴量の集合として表現することで、機械学習アルゴリズムがそのデータを処理できるようになります。文章の場合には文章を構成する最小単位であるトークンが文章の特徴を表現しましたが、画像の場合も同様に、画像を構成する最小単位である画素の値が画像の特徴を表します。

文章の場合、各トークンの出現頻度などをもとにして数字表現を獲得していた[16]ので、これらの特徴をモデルが学習することによって、文章の内容を理解して分類タスクを実行できました。画像データの場合には、このように結合しただけだと、たしかにモデルに入力することは可能ですが、画像を解釈するうえで重要な空間的な情報を理解することは難しくなります。この状態では数字の羅列が渡されているに過ぎず、たとえば「この画素は赤味が強い」といった、特徴が抽出される前の（生の）データが入ってくることになります[17]。どのようにして特徴を抽出するかに関しては、次の節で説明します。

[16]たとえば、第 3 章で扱った TF-IDF は文章中に含まれるトークンの出現頻度を考慮して文章の数字表現を獲得していました。第 5 章で扱ったような大規模言語モデルを用いることで、前後の文脈を考慮した、より複雑な数値表現を獲得することも可能です。

[17]たとえば、第4章図 4-01-3「あるジャンルに属する番組群のワードクラウド」というトークンの出現回数だけを可視化した絵図を見ても、文章の特徴を類推できました。出現回数といった単純な特徴だけでも、モデルに入力すれば有効に機能します。画像データの場合は、本文中のように結合しただけでは「この画素は赤味が強い」「こっちは緑っぽい」といった情報がくるだけなので、なかなか画素単独の情報では特徴として機能させることが難しいのです。

画像の分類問題をネットワーク構造で表す

まずはニューラルネットワークについての理解を深めていきましょう。ニューラルネットワークについては、すでに第2章で触れているので、少し復習をしておきましょう。ニューラルネットワークは脳神経細胞（ニューロン）を模倣して作られたものでした。第2章では、ニューラルネットワークがロジスティック回帰モデルと繋がりがあることを述べました。ここまでの知識を踏まえ、「画像分類問題」を具体例として画像解析技術について理解を深めていきましょう。画像分類問題は、テキスト分類問題と同様の考え方であり、与えられた画像データが、どのカテゴリに属するかを学習し、予測するタスクです。たとえば、動物の画像が犬か猫かを判別する2値分類タスクを考え、図6-02-6に示します。

図6-02-6 画像分類問題をニューラルネットワークで解くイメージ

図6-02-6を見ると、実は第2章で紹介した図[18]と、ほぼ同じであることがわかります。ただし、前節で学んだ通り画像データは画素の集合体なので、全画素データを結合する処理が含まれています。今回は犬と猫とを識別するため、「犬である確率」と「猫である確率」が合計100%になるように

[18] 第2章図2-05-4「ニューラルネットワークのモデル表現」

モデルの出力層を定義しています[19]。図6-02-6の場合は「猫である確率」が90%あり、「犬である確率」を上回っているため、最終的なモデルの答えは「猫」と考えられます。一方で、真の結果とは少し差分があるので、この差分を小さくするように、モデルの重みを調整しながら学習することになります[20]。

今回の例では2種のカテゴリを分類するタスクを考えましたが、たとえば10種類のカテゴリを分類する際には、出力層のノードを10個にすればよいのです。

多層化したディープニューラルネットワーク

先ほどの図6-02-6では、画素データを受け取る「入力層」と、各カテゴリの予測確率を出力する「出力層」との間に3つのノード[21]から構成される「中間層」が2層含まれています。中間層は、入力されたデータに対してさらなる処理を加えて、データが持つ特徴をさまざまな角度から抽出する役割を担います。中間層には任意の数のノードを設置可能で、これらのノードは入力層の特徴量と結びつけられ、ノード間を接続するエッジには重みパラメータが割り当てられます[22]。入力層の特徴量が、中間層のノードと付随する重みパラメータを介することで、より複雑な計算をできるため、予測精度を向上させられます。この多層構造により各入力層の特徴量は中間層のノードを通じて非線形に変換され、さまざまな内部表現が生成されます。このような多層構造をもつニューラルネットワークを特にディープニューラルネットワーク（DNN）と呼びます。

[19]この処理を行う関数をSoftmax関数（正規化指数関数）と呼びます。このSoftmax関数を使わない場合、「犬ノード」の値が0.5で「猫ノード」の値が4.5、というようにノードの値がそのまま出力されて解釈しづらくなってしまいます。合計が100%になるように調整を行うことで、それぞれの出力値を「犬である確率」というようにパーセンテージで表現できます。また、本文中では「犬／猫」の2種類を判別する例を挙げましたが、「犬／猫／魚／鳥」の4種類であっても、それぞれ「0.1/0.1/0.3/0.5」というように、合計を必ず1.0（つまり100%）に調整する処理を行います。

[20]第2章の図2-04-3「メール配信先ユーザーを選定する」では、ラベル"Yes"/"No"を予測するロジスティック回帰問題を扱いました。本文で取り上げたニューラルネットワークモデルの学習においても、ロジスティック回帰モデルと同様に損失関数と呼ばれる評価基準を用いて、予測結果と真の結果との誤差を最小化するように学習を行います。多くの場合、交差エントロピー損失関数と呼ばれる関数が使用され、これによりモデルの分類精度が徐々に向上していきます。

[21]ノードは、図中で円形で表された関数部分であり、入力された値を合算して活性化関数を適用する部分でした（第2章参照）。

[22]第2章でも言及したように、層が厚くなりノードが増大するにつれて、重みパラメータが増えます。このパラメータの値が学習対象になるため、多ければ多いほど学習量が増えて計算コストが増えます。

図 6-02-7 ディープニューラルネットワーク（DNN）

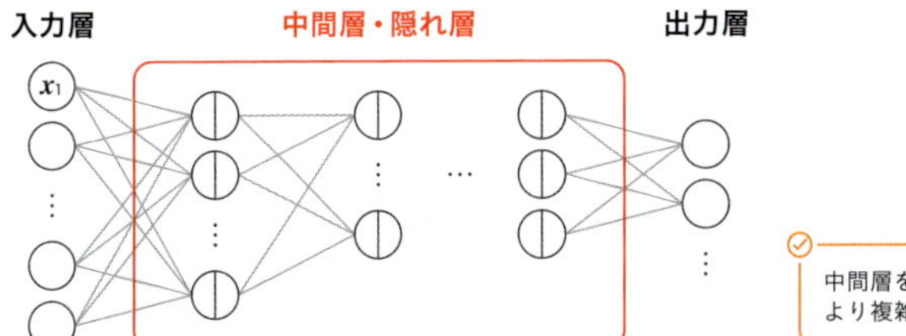

これにより、単純な線形モデルでは捉えきれなかった入力データの細かなニュアンスや複雑な関係性もモデルが学習できるようになります。中間層を何層にも重ねることにより計算表現を複雑にでき、線形回帰モデルなどでは精度高く予測するのが難しいような場合でも、より高い精度で予測するモデルが構築できる可能性が高まります。

参考 ニューラルネットワークで複雑な特徴を捉えるとは？

実際にニューラルネットワークを作成し、中間層が増えるほど入力データから多くの特徴を捉えられる点について理解を深めましょう。まず、次図6-02-8のような、同心円状に青色の点群とオレンジ色の点群があり、これら点群の色を区別する問題を考えます。ただし、使う特徴量（入力データ）はx軸およびy軸の座標とします[23]。

図 6-02-8 同心円状に配置されたデータ群を識別してみよう

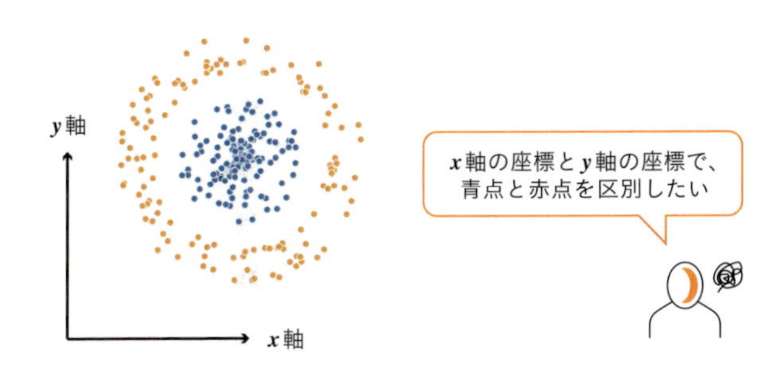

[23] というのも、この同心円状の中心点からの距離を入力値とすると、中心からの距離を特徴として容易にデータ群を識別できてしまいます（直交座標ではなく極座標を使うイメージです）。これでは、ニューラルネットワークで特徴を取り出すという説明が意味をなさなくなってしまうので、本文中ではあえて直交座標系を用いています。

まず、図6-02-9のような最も簡単なニューラルネットワーク（単純パーセプトロン）に、x軸およびy軸の座標を入力してみましょう。それぞれの入力値は「右方ほど値が大きい」「上方ほど値が大きい」ため、「右」という特徴、「上」という特徴を意味していることになります。これら2つの特徴量から同心円状に点在する2つの点群を識別しようとしても、うまくいきません。これは、入力された特徴が「右のほうにある」「上のほうにある」といった意味しか持っていないので、これらを複合的に判断しても図6-02-9に示したように、①中心より左下の値が大きい、②中心より右上の値が大きい、③中心より右下の値が大きい、といった具合でしか区別できないのです。

図6-02-9 x方向とy方向の特徴だけで識別してみよう

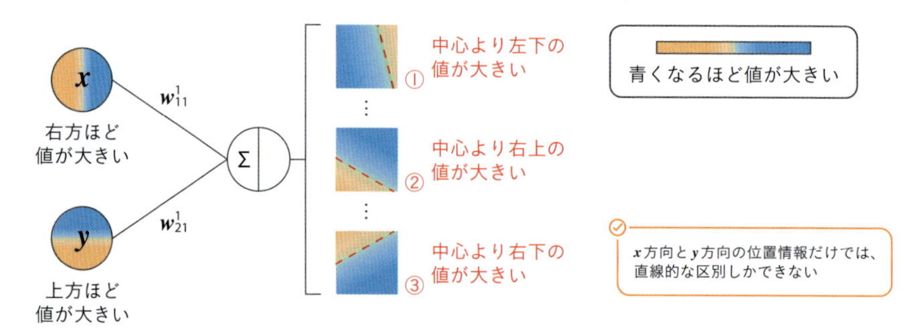

すなわち、図6-02-10の赤色破線で示すように、いずれか1本の直線（この線を決定境界などと呼びます）で識別するようなイメージです[24]。

図6-02-10 単純パーセプトロンの限界

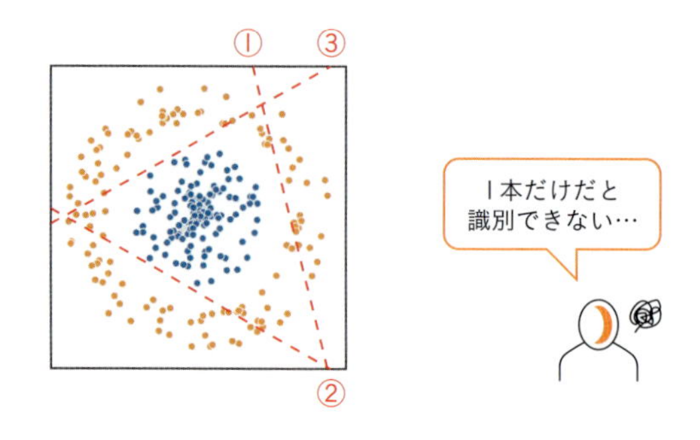

[24] このように、1本の直線で分類することを線形分離といいます。単純パーセプトロンは、このような線形分離が可能な問題しか解けません。後述する中間層を追加した多層パーセプトロン（いわゆるディープニューラルネットワーク）が考案され、複雑な問題を解けるようになったのです。

パラメータの学習結果によって直線の引き方は無数に考えられますが、今回は3種類の直線を例示しました。いずれの直線でも、同心円状に点在する2つの点群を識別できているとは言い難いです。

では、ニューラルネットワークの層を追加した場合を考えましょう。イメージ的には、先ほど例示した①②③を中間層として追加し、図6-02-11のようにネットワークを構築します[25]。

図6-02-11 中間層を追加して多くの特徴を抽出する

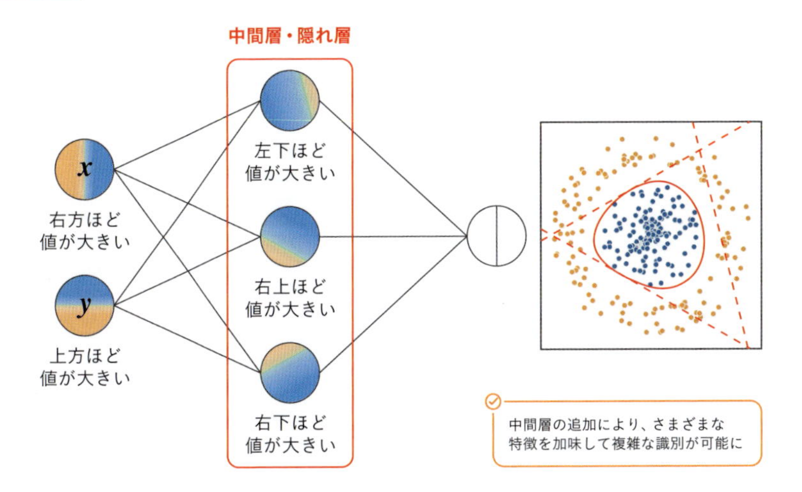

「右」という特徴、「上」という特徴から、①「左下」、②「右上」、③「右下」といった特徴が中間層で作られるため、最終的には三角形で囲うような決定境界（中心の青い点群を取り囲むような赤色の線）となり、同心円状に点在する2つのデータ群を識別できます。つまり、中間層では入力データから多様な特徴を抽出して、複雑な分類問題を解く材料を提供していると考えられます。

中間層やノードの数を増やすことで、図6-02-12に示すようなさらに複雑なデータを識別できるようになります。青色とオレンジ色の点群が螺旋のように絡み合っていますが、3層の中間層によって多種多様な特徴を抽出し

[25] Webブラウザ上からニューラルネットワークを可視化するサービスで、本文中の図と同様のネットワークを再現できます（https://x.gd/rmWjn にアクセスして左上に出現する再生ボタンをクリックしてしばらく待つと、同様な絵図が出力されます。データ点の位置はランダムなため、毎回少し異なる位置に表示されることがあります）。

て、うまく識別できている様子がわかります。入力層は、先ほどの例と同様に各点群のx軸およびy軸の座標のみです[26]。

図6-02-12 複雑な螺旋配置された点群をニューラルネットワークで識別する

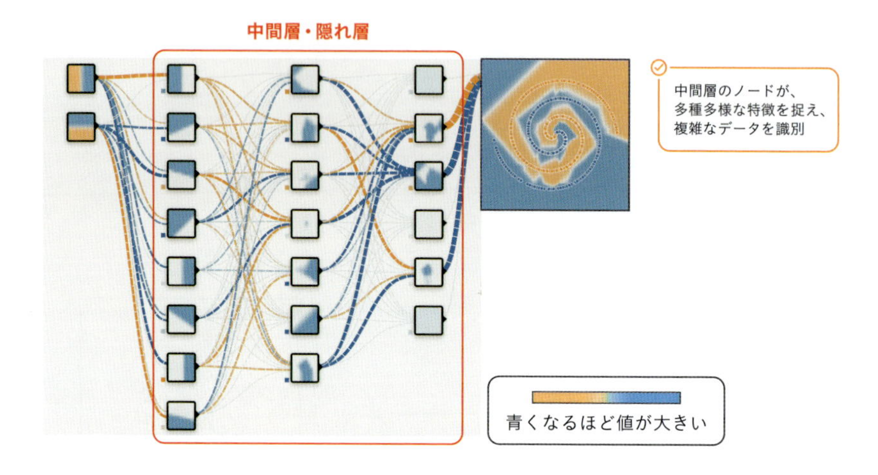

1つ目の中間層（図6-02-12の赤色矩形で囲まれた左の列）では、先ほどと同様に直線的にデータが識別されている様子がわかります。2つ目の中間層（中央の列）以降では、より複雑な形状を捉えています。なお、ノード間を繋ぐエッジの太さと色はパラメータ値の大きさを表しており、太く青くなるほど値が大きくなります[27]。

注目すべきは、入力層で与えたデータは各点群のx軸およびy軸の座標のみという点です。すなわち「どれぐらい右に位置しているか」「どれぐらい上に位置しているか」という特徴しか入力されていないにも関わらず、ニューラルネットワーク中の各ノードが多様な特徴を捉えることによって、最終的には言葉で表現できないような複雑な形状を識別できるのです。

[26] こちらも同様に、https://x.gd/c3Lx9 にアクセスして左上に出現する再生ボタンをクリックしてしばらく待つと、本文中の図と同様の絵図が出力されます。

[27] なお、図中で中間層の中の色分けにオレンジ色が出現しない理由は各ノードの活性化関数にReLU関数を用いているためです。ReLU関数は0未満の値を出力しないため、白色から青色の範囲で識別されています。ニューラルネットワークの重みパラメータを計算する際に勾配降下法（第2章参照）を使うのですが、ReLU以外の関数（たとえばSigmoid関数）を用いてしまうと層が厚くなるにつれて損失曲面の起伏がなくなり、どこが最適値か見つけづらくなり学習が進まないという問題（勾配消失問題）が生じてしまいます。そのため昨今はReLU関数（およびReLUから派生した関数）を活性化関数として採用することが一般的です。勾配消失問題については微分計算を伴う数学的な解説が必要となるため、第2章の図2-04-9を参考に「損失曲面の起伏がなくなってしまうとたしかにどこに行けばいいかわからなくなっちゃいそうだな」程度のイメージを持っていただければと思います。

03 画像に特化した畳み込みニューラルネットワーク

前節では、画像が画素から構成されていること、ディープニューラルネットワーク（DNN）が多様な特徴を捉える能力を持っていること、について理解を深めました。前節の内容を踏まえると、画素を直接DNNモデルに入力してしまえば分析を行うことは可能そうです。たしかに技術的には可能ですが、画像特有の課題が生じてしまって高い精度で分析できないことが知られています。本節では、どのような課題があり、どのように克服するのかについて理解を深めていきましょう。

画像のズレが生じるとまったく異なるデータになってしまう

画像データは、被写体や背景といった情報が統一的に同じ箇所に固定されておらず、仮に同じ被写体を同じ場所で撮影しても「ズレ」は生じてしまいます。たとえば図6-03-1のように、紙に手書きした数字の「5」を考えます。この紙面をスキャンした場合に少しでもズレが生じてしまうと、インプットとしての入力層が大きく異なってしまいます。具体的には、画像の中央に「5」を捉えた画像（図中左側）に対して、右に1px、下に1pxズレてしまった場合（図中右側）には、ズレてしまった部分には別の値（図中の例ではゼロを入れています）が登場し、図6-02-4のように一列に結合した際にまったく異なる数字の羅列に変化してしまいます。このような位置のズレが少しでも生じると、実質的には同じ画像であるにも関わらず、ネットワークは異なるものと誤認してしまい、効率的な学習が困難となります（どちらも同じ「5」の画像なのに、1pxズレただけでまったく異なる数字の羅列が入力されては、うまく「5」の特徴を学習できません）。このように、ニューラルネットワークの構造だと隣り合う要素同士を考慮できない（独立して扱ってしまう）という課題があります。

図 6-03-1 画像が少しでもズレるとまったく異なる入力になってしまう

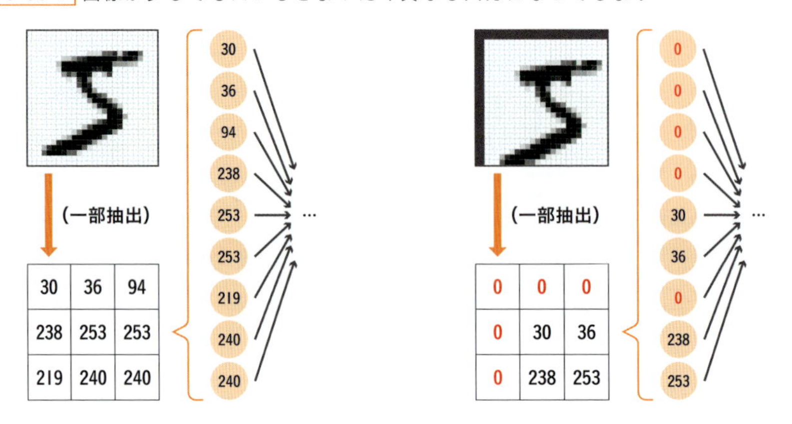

30	36	94
238	253	253
219	240	240

0	0	0
0	30	36
0	238	253

よって、ニューラルネットワークを画像のズレなどの影響を受けにくいような形に改善する必要があります。

画像のズレを吸収する「プーリング」(Pooling)

画像のズレを吸収する1つの方法として、画像をある程度ぼかして、そのズレを吸収する「プーリング」(Pooling) という手法があります。今回は具体例として平均値プーリング (Average Pooling) の概要を図6-03-2に示します。

平均値プーリングの考え方は、とてもシンプルです。画像の特定の小さな範囲、たとえば3×3の単位 (カーネル; kernel) に注目し、その範囲内の画素値の「平均値」を計算します。この処理を画像全体に適用することで、もとの画像は全体的に少しぼやけたような状態になります[28]。このぼやけた感じが、まるでモザイクをかけたような印象を与えます。また、プーリングの範囲 (プールサイズ; pool size)[29]は2×2など任意の値を設定できます。

[28] 本文中では3×3のカーネルを例示していますが、これは3×3=9個分の画素情報を1つの平均値に集約することを意味しており、低解像度化(ダウンサンプリング)しているイメージです。実際、Pooling処理を行ったあとの特徴量(画素)は少なくなります。

[29] この範囲は、カーネルサイズ (kernel size)、ウィンドウサイズ (window size) などと表現されることもあります。

図6-03-2 平均値プーリングにより画像をぼかしてズレを吸収する

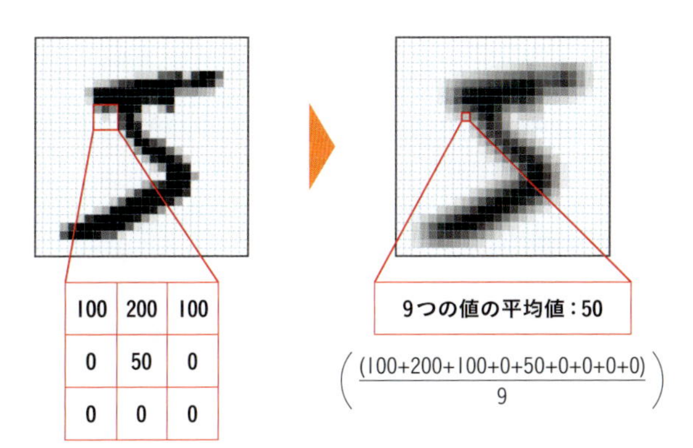

このように平均値を計算することによって、画像の小さなズレや微妙な位置変動が平滑化されます。こうすれば同じ被写体が少し異なる位置にあった場合であっても、それぞれのカーネルの平均値が似ているため、ネットワークがそのズレを自然と吸収できるのです。このため、平均値プーリングは画像の特徴を抽出する際に、位置のズレによる影響を低減する（画像のズレに対する頑健性を向上させる）のに有効と考えられています。

このプーリング処理を整理してみましょう。図6-03-3では、具体例として大きさ32×18の入力画像[30]に対して、3×3のカーネルを適用しています。カーネルは、黄色の入力画像の最も上の行を左から右に向かって一直線上に移動し、次は1つ下の行を左から順に移動させます[31]。この3×3に含まれる合計9個の値の平均値を出力して、同様に左上から順々に並べる手法が平均値プーリングです。この図を解釈すると、もとの画像から9個ずつ値を取り出して情報を集約していると考えられます。情報の集約法としては、先に説明した平均値以外にも最大値を計算する方法もあります。このように、カーネル内の最大値を取り出す手法は最大値プーリング（Max Pooling）と呼ばれ、多くの畳み込みニューラルネットワークにおいて一般的に使用されています。

[30] この大きさには特に意味はなく、先ほど例示したワンセグ解像度（320 × 180）の縦横それぞれ1/10倍したものです。

[31] このような移動のさせ方をラスタースキャン（Raster scan）と呼び、テレビにおける撮像と受像やファクシミリ複写などで使われている、画像伝送の一般的なスキャン（走査）手法です。この横一列の線を走査線（scan line）と呼ぶのですが、もしかしたら目にしたことがあるかもしれません。

図6-03-3をよく見てみると、入力画像の大きさと出力画像の大きさが異なっていることに気がつくと思います。これは、カーネルを適用することで情報を集約したためと考えられます[32]。

図 6-03-3 画像の局所的な情報を取り出すプーリングの考え方

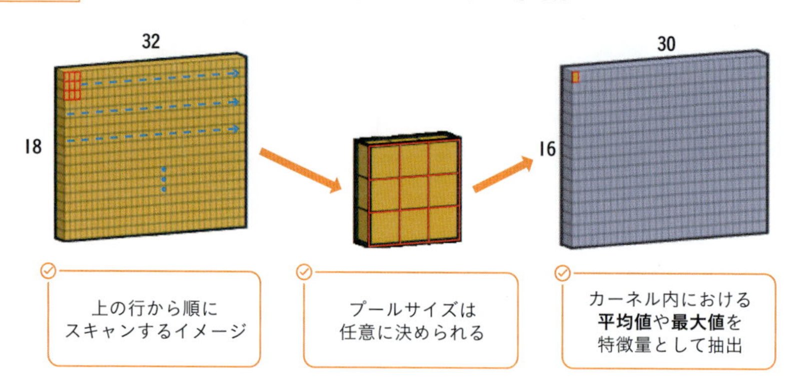

このプーリング操作によって、たとえば平均値を採用すれば全体的にぼかした雰囲気になり、最大値を採用すれば画像内の重要なパターンやテクスチャが強調されるため、ある特徴を捉えるのに特に効果的です。図6-03-4に、手書き数字の「5」「3」「0」に対して、平均値プーリングと最大値プーリングを行った画像を示します。

図 6-03-4 手書き文字に対するプーリング処理結果

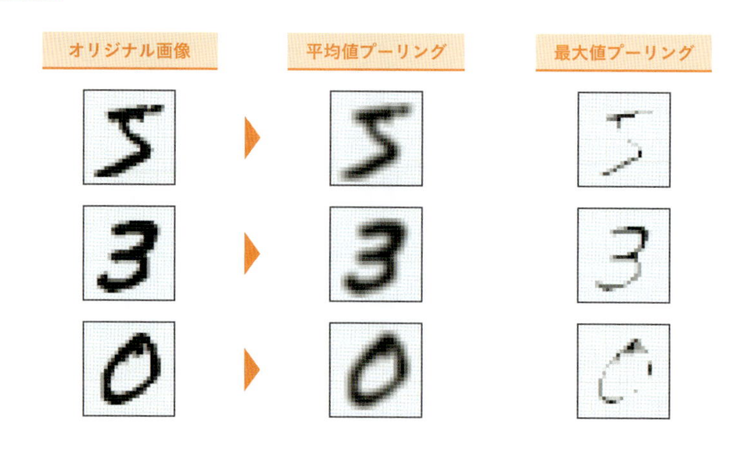

[32] 入力画像の大きさとカーネルサイズから、出力画像の大きさを計算できます。実際にWebブラウザ上でカーネルの挙動を確かめられるサービス（https://x.gd/NVAWb）が公開されています。

局所的な平均値や最大値を抽出しただけなのですが、オリジナル画像とは少し趣が異なった画像、すなわち新たな特徴が得られていることがわかります。

複雑な画像の特徴を抽出する「畳み込み」(Convolution)

平均値や最大値ではなく、カーネル内の各値に自由に重みをつけて計算すると、より複雑な特徴を獲得できそうです。図6-03-5のように、まずはプーリングの例と同様に3×3のカーネルを考えて、画像の適当な位置から9個の値を抽出します（図の赤枠部分）。ここで、事前に用意しておいた9個の重みを用意して9個の値にそれぞれ乗じ、最終的にそれらの掛け算の答え（積）を合算（和）して新たな特徴量とします（すなわち積和計算の結果）。この計算処理を畳み込み（Convolution）と呼び、CNN（畳み込みニューラルネットワーク）の由来となっています。なお、青色枠で示した9個の重みをカーネルフィルタ（Kernel filter）[33]と呼び、事前に定義された重みで構成されます。また、この畳み込み操作を行う範囲をカーネルサイズ（kernel size）と呼び、プールサイズと同様に任意の値を設定できます。

図 6-03-5 カーネルフィルタ

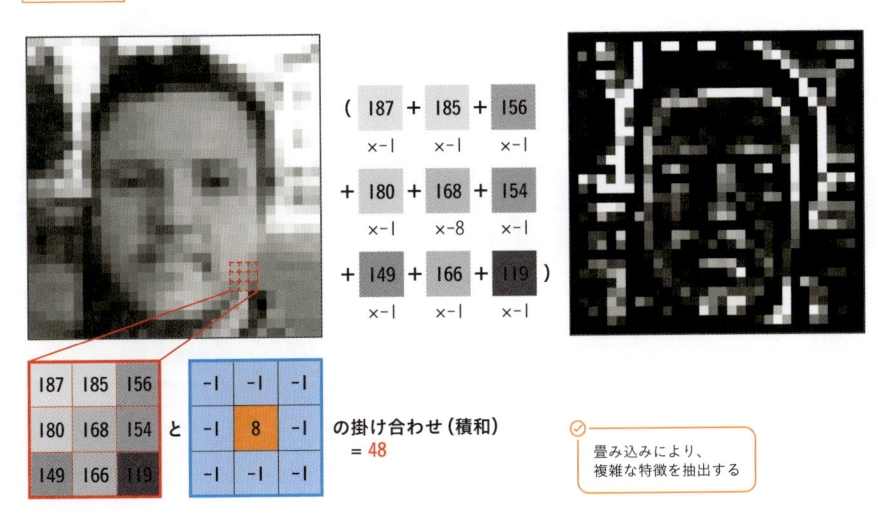

[33] 単にカーネルと呼ぶこともあれば、コンボリューション行列（convolution matrix）と呼ぶこともあります。

この例では、人物が写っている画像の輪郭（エッジ）を強調したような画像が生成されています。異なる種類のカーネルフィルタを使用することで、異なる種類の特徴を捉えられます。たとえば、あるカーネルは画像の鮮明なエッジを検出するのに適しており、別のカーネルは画像の質感（テクスチャ）の識別に優れている、といった具合です。多種多様なカーネルフィルタを用いることによって画像の特徴を多角的に抽出できるため、この畳み込み演算は画像解析において非常に有効に作用します。

このプロセスを通じて、畳み込みニューラルネットワークは画像から顔のような複雑なオブジェクトを識別するだけでなく、その中の重要な部分、たとえば人間らしい輪郭や犬らしい輪郭などを抽出し、それらの特徴をもとにして正確な分類を行うことが可能になります。たとえば、図6-03-6では人物画像に対して4種のカーネルフィルタを適用していますが、多様な特徴を獲得していることがわかります。なお、図中のカーネルフィルタの色づけは、フィルタの重み値が大きいほど青色になるようにしています[34]。

図6-03-6 さまざまなカーネルフィルタによって生成された画像

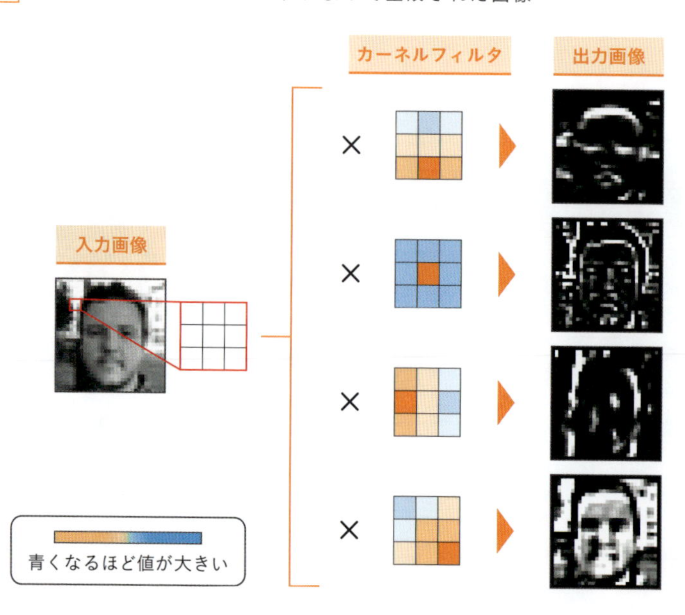

[34] 本文中の図は、カーネルの挙動を可視化するWebサービスから抜粋して加工したものです（https://setosa.io/ev/image-kernels/）。同様なサービスは複数存在し、こちらのサイトで任意の画像をアップロードして種々のカーネルフィルタを試せます（https://x.gd/qHjW4）。

畳み込みニューラルネットワーク

ここまで、画像から特徴を抽出する手法であるプーリングと畳み込みの概要を紹介しました。これらのパーツをニューラルネットワークに組み合わせ、畳み込みニューラルネットワーク（CNN; Convolutional Neural Network）が構成されます。このCNNは、前節で紹介したディープニューラルネットワークの枠組みに基づいているのですが、画像の特徴抽出に長けたプーリングや畳み込みを導入することによって、コンピュータービジョン分野において優れた性能を発揮します。一般的なディープニューラルネットワークは入力層、中間層、出力層から構成されるのに対して、CNNは中間層が畳み込み層やプーリング層で構成されている点が特徴です（プーリング層や畳み込み層では、先ほど説明したカーネルを利用して画像から特徴を抽出する処理が行われます）。

具体例として、図6-03-7に示した画像を識別するニューラルネットワークを考えます。対象となるエスプレッソカップのカラー画像は64×64の画素から成り、RGBの3つのチャネルを持ちます（つまり情報量の個数は64×64×3=12,288となります）。

図6-03-7 エスプレッソカップを識別する概略図

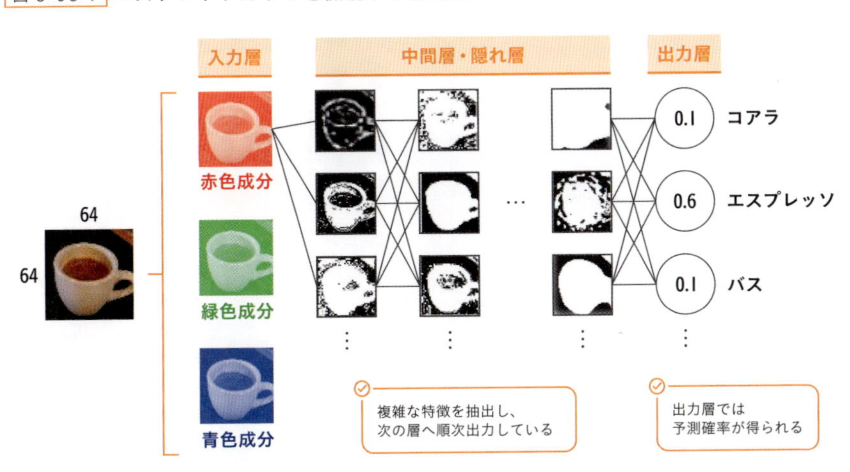

例として赤色成分に注目します。まず赤チャネルに対してさまざまな畳み込み処理を行います。先ほど説明した通り、カーネルの種類を変えることで

多様な変換を行えるので、たった1枚の画像（の赤色成分）から、カーネルフィルタの数だけ画像を生成できます。生成された画像（内部表現）に対して、さらに畳み込みやプーリングを行うことによって、多様な特徴が抽出でき、最終的に出力層には画像に写っている物体が何であるかを予測する確率値が出力されます。この図6-03-7は概略図なので、必ずしも正確な内部表現を表しているわけではありませんが、出力層に近づくにつれてもともとのエスプレッソカップから抽象画のような表現に変化していきます[35]。

参考　CNNをWebブラウザ上で体験してみよう

本文中で紹介した、エスプレッソカップを識別するニューラルネットワークをWebブラウザ上で体験できるサービス（CNN Explainer）[36]を紹介します。図6-03-8に示したニューラルネットワークはプーリングと畳み込みを行う層を重ねて、最終的に10種類の画像に対する予測確率を出力しています。

図 6-03-8　エスプレッソカップを識別するCNN

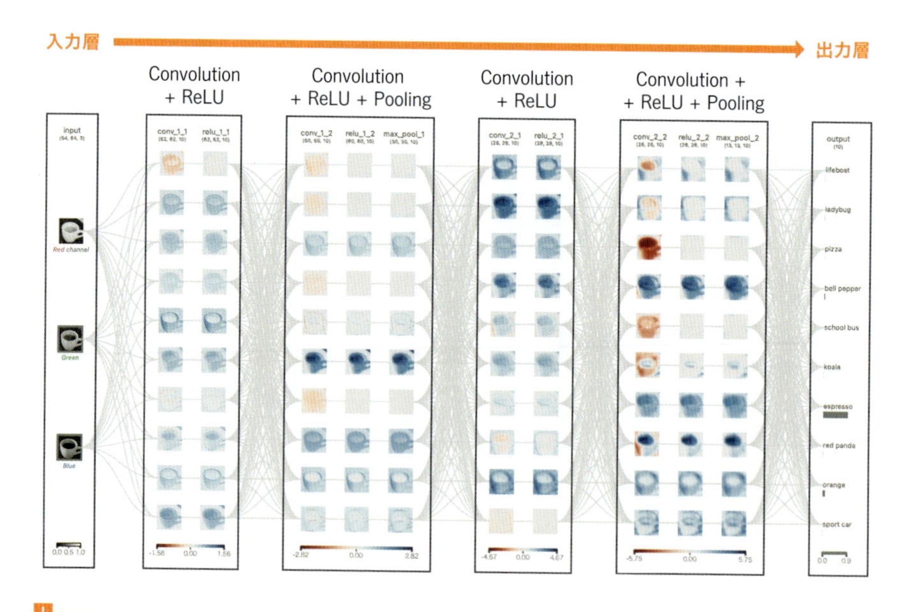

[35] 前節で紹介した図 6-02-12「複雑な螺旋配置された点群をニューラルネットワークで識別する」と対比してみてください。
[36] https://poloclub.github.io/cnn-explainer/ にアクセスすると、エスプレスカップ以外にもコアラやバス、スポーツを含む10 種類の画像分類問題を解く様子が観察できます（https://doi.org/10.48550/arXiv.2004.15004）。

本文中で紹介した概略図と仕組みは一緒で、各中間層で10個ずつの内部表現が獲得されています。ここで、このニューラルネットワークの各層を図6-03-8のように6つのブロックに分けてみます。最も左の層は入力層であり、先に述べたように64×64の解像度画像が3チャネル分含まれています（つまり12,288個）。次のブロックではカーネルフィルタを用いて畳み込み処理が実行されるため、画像の大きさが変わって一気に厚みが増したかのように情報量が増えます（各チャネルに対して畳み込み処理を行うことによって、62×62の画像が10枚できあがり、38,440個になります。実際にはRGBの3チャネル分が存在するため、以降の処理では図の3倍の情報が生成されることになります）。各ブロックにおいて、プーリングや畳み込みを行うため、この個数は増減して最終的には10種類の各画像に対する予測確率として10個の情報が出力層に出現し、全体としては図6-03-9のように表現できます。

図 6-03-9　CNN の構造図（LeNet 式表記）

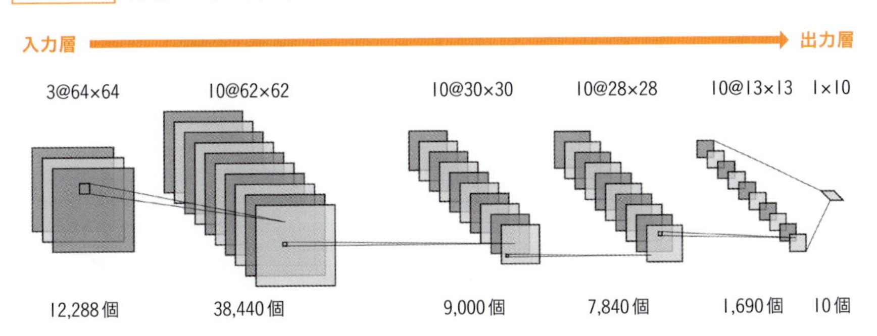

この構造表記は、最初期のCNNモデルであるLeNetの論文[37]内の表記法に従っており、CNNの構造を説明する場面でよく用いられています。別の表現手法として、ディープラーニングを用いた画像認識の火つけ役として知られているAlexNetの論文[38]内で用いられた表現法がよく見られます。LeNet式を立体的に描画したような絵図になっていますが、どちらも同じネットワークを表現しているのです。

[37] 原論文は1998年に発表されました（http://dx.doi.org/10.1109/5.726791）。なお、本文中の絵図はコンセプトを表現しているに過ぎず、省略されている層があり大きさについても正確に表現できていない点に注意してください。

[38] 原論文は2012年に発表され（https://x.gd/tZZee）、画像認識精度を競う2012年度のILSVRC（ImageNet Large Scale Visual Recognition Challenge）という大会において、2位と圧倒的な差をつけて優勝しました。

図6-03-10 CNNの構造図（AlexNet式表記）

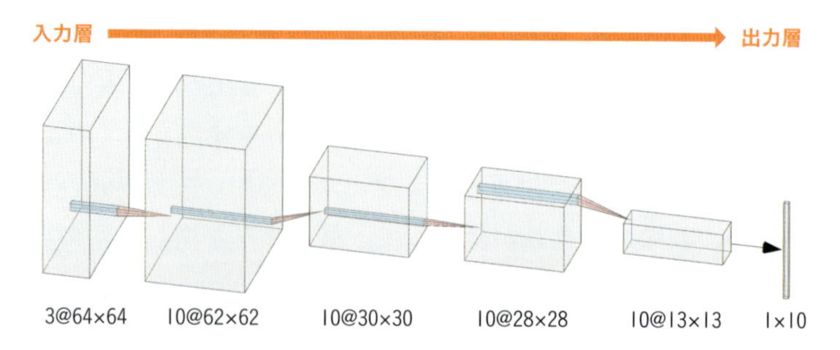

これらの絵図を見ると、最初に入力したデータに対して複数の層を重ねることによって縦横が縮んだり（プーリング操作）、フィルタを複数用いることによって奥行き方向に拡張されたり（畳み込み操作）、入力した以上の情報量を取り出したりしている様子がわかります。中間層を可視化した際に現れる内部表現は人間にとっては解釈しにくいですが、このような複雑な内部表現をニューラルネットワークが独自で作り出し、複雑なタスクを実行できるのです。

次節では、実際にCNNを作成して画像分類を行い、さらに具体的なイメージをつかんでいきましょう。

MEMO　機械式の"Mark-I Perceptron"から、昨今のCNNへの進化

第2章で単純パーセプトロン（ニューラルネットワークの基本単位に相当）を扱った際に、1958年に考案された機械式の画像識別機"Mark-I Perceptron"を注釈にて紹介しました。この機械は20×20に配置された計400個の光検出器の信号から、シンプルな画像パターンを認識することができたとされています。この機械の外観と、構造を示した図6-03-11を示します[39]。

図6-03-11 "Mark-I Perceptron"の外観（左）と構造（右）

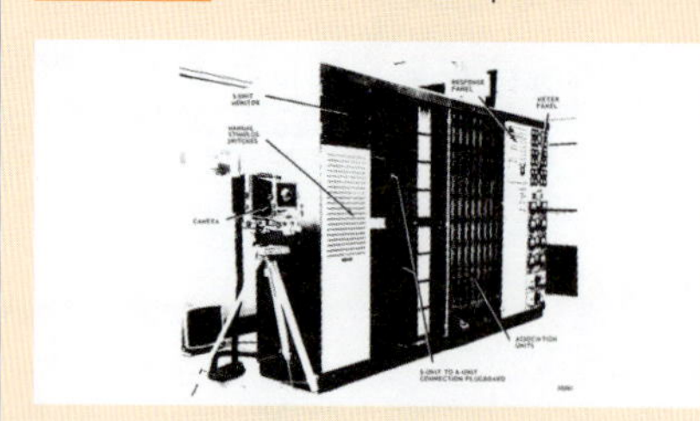

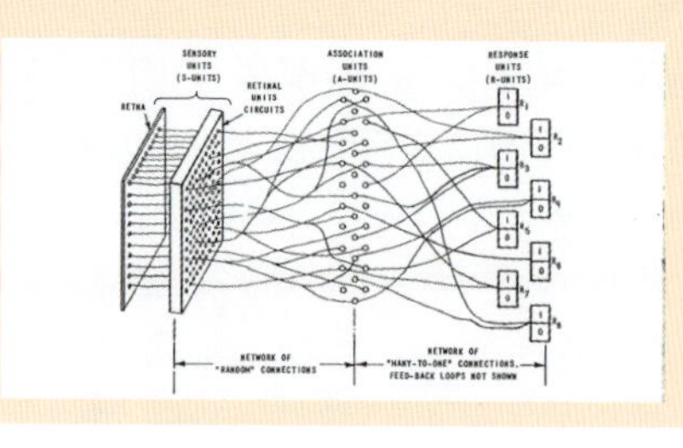

[39] 機械の高さは成人男性の身長よりも大きく、この中で無数のモーターがガチャガチャと駆動して計算を行っていました。これらの画像は操作マニュアルからの抜粋です（https://apps.dtic.mil/sti/tr/pdf/AD0236965.pdf）。

図6-03-11の構造図を見ると、本文中で紹介したニューラルネットワークの構造図と似ていることがわかります。当時は畳み込みといった技術は存在せず、複雑な計算は不可能であったので、極めて単純なパターン画像の認識を行う能力しかなかったと考えられますが、現在の画像認識AIに通ずる概念が垣間見られる点は興味深いですね。
昨今の画像認識に用いられているネットワークは非常に複雑です。一例として、2014年にオックスフォード大学のVGG(Visual Geometry Group)によって発表されたVGGNet[40]の構造を図6-03-12に示します[41]。詳細な説明は割愛しますが、層の構造を見てみると"Convolution"や"Pooling"、"ReLU"(活性化関数の1つ)といった、今までに本文で扱ってきた技術によって構成されていることがわかります[42]。

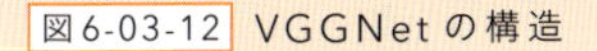
図6-03-12 VGGNetの構造

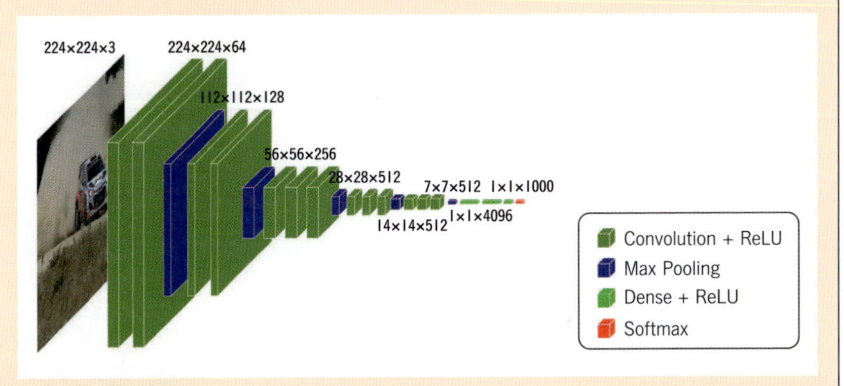

ハードウェアの進化によって複雑な演算が可能になり、VGGNet以上に複雑なネットワークが提案され、複雑な画像を認識できるのです。

[40]先ほど紹介したAlexNetは2012年度ILSVRCの最優秀モデルでしたが、VGGNetは2014年度ILSVRCにて優勝しています。VGGNetを発表した論文名は"Very Deep Convolutional Networks for Large-Scale Image Recognition"なのですが、このタイトル通りAlexNeよりも深いネットワーク構造(最大19層)を持ち、画像認識精度が向上しました(https://doi.org/10.48550/arXiv.1409.1556)。
[41]図は16層(畳み込み層13層+全結合層3層)からなるVGG16の構造を表しており、論文(https://doi.org/10.36227/techrxiv.16913443.v1)内の図から筆者が一部修正してあります。
[42]図において"Dense"と書かれている層は全結合層と呼ばれ、第7章で説明します。

04

画像解析の活用シーン

前節までは、画像をどのように解析するかに焦点を当て、画像の特徴を抽出する技術について理解を深めました。本節では、このような画像解析技術の活用場面について簡単に紹介します。

画像分類(Image Classification)

ここまでに、入力画像を犬か猫か、エスプレッソカップかなどに分類するという具体的なネットワークを紹介しました。このように、入力画像をあらかじめ定められたラベルに分類するタスクが「画像分類」(Image Classification)です。画像分類は、画像解析の中でも比較的早く生まれてきた分野であり、直感的にも理解しやすいタスクです。本文およびMEMO内で紹介したAlexNet、VGGNetなどが代表的な画像分類モデルです(次章では実際に「0」から「9」までの数字を識別するモデルを作ってみます)。そんな画像分類のビジネス活用シーンとしては、以下のようなものが考えられます。

写真へのタグづけ自動化

たとえば、クラウドフォトサービス(Googleフォト、Amazon Photosなど)には、大量の画像を容易に検索できるように、自動で「車」「ビーチ」「笑顔」などのタグが写真に付与され、これらのキーワードをもとに写真を検索できます[43]。画像1枚に対して複数のタグづけが行われる場合もあります。

!

[43] 特定の人物をタグづけできるサービスもあり、この機能を有効にすることで写り込んだ個人を容易に検索可能です。筆者は請求書や手書きメモ、スクリーンショットを備忘のために保存することが多いのですが、これらの画像には「領収書」「スクリーンショット」といったタグが自動で付与されるため、あとから画像を整理する際に便利に使っています。なおサービスによって分類精度は大きく異なるので、複数のサービスを試してみてください。多くの場合は一定容量以内であれば無料で使えます。

図 6-04-1 画像へのタグづけ例

画像による医療診断支援

昨今の画像認識精度の向上によって、病理診断にも有効であるとする論文も多数公開されています。ここでは、写真から悪性の皮膚病変（悪性黒色腫[44]など）を識別するサービスを紹介します。初期の悪性黒色腫は肉眼では良性なのか悪性なのか判断しづらい場合がありますが、ある程度の基準（ABCDE基準[45]）が提案されており、外見的な特徴である程度区別することが可能です。皮膚病変の画像約1万枚からなるデータセット[46]が公開されており、さまざまな画像分類モデルが発表されています。

図 6-04-2 さまざまな皮膚病変を集めたデータセット（HAM10000）の一例

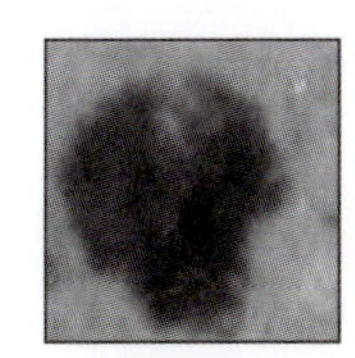

メラノーマ

AKIEC

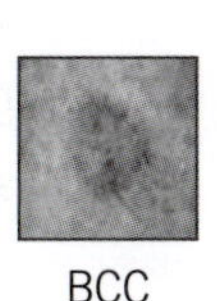

BCC

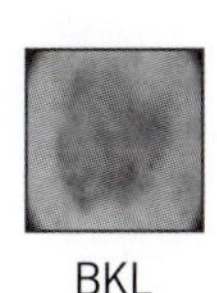

BKL

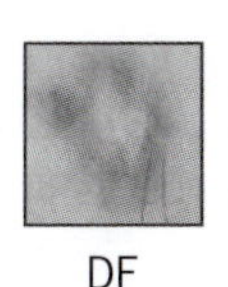

DF

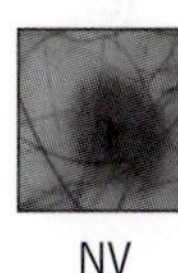

NV

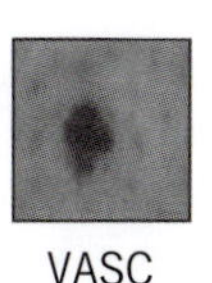

VASC

[44]悪性黒色腫（malignant melanoma）は、単にメラノーマと称されることもあり「ホクロのがん」として知られています。

[45]病変が左右非対称かどうか（**A**symmetry）、外見が不規則か（**B**order irregularity）、多くの色調が含まれているか（**C**olor variegation）、直径が大きいか（**D**iameter enlargement）、それらの外見に経過変化があるか（**E**volving lesions）という5つの観点の英語頭文字を取ってABCDE基準（ABCDE rule）と称されています。このことから、メラノーマは医師による肉眼診断がある程度は可能です（https://doi.org/10.1684/ejd.2021.4171）。メラノーマは皮膚がんの中でも非常に悪性度が高いため、セルフチェックを推奨する医療機関のホームページも散見されます。

[46]皮膚病変画像診断のモデル訓練のために公開されているデータセットで、HAM10000という名で公開され、クリエイティブコモンズ（CC BY-NC-SA 4.0）ライセンスで使用できます（https://www.kaggle.com/datasets/kmader/skin-cancer-mnist-ham10000）。こちらのサイトにアクセスすると大量のホクロ画像が出てくるので、苦手な方は気をつけてください。一般人からすると、悪性かどうか判断しづらい画像も含まれています。

精度がよいモデルは、図6-04-2[47]に示した7つの皮膚病変を96%超の正解率で識別できるそうです[48]。世界では、メラノーマを診断するサービスが複数公開されており[49]、その多くがスマートフォンでホクロを撮影してアップロードすることによって、皮膚状況を把握するといったものです。

これらのAI診断サービスを利用する場合には結果をうのみにするのではなく、現状は健康管理の参考にするという使い方がよさそうです[50]。

物体検出(Object Detection)

こちらも代表的なコンピュータービジョンのタスクとして知られています。画像分類タスクは画像1枚に対してタグをつけるイメージでしたが、物体検出タスクは画像内に存在する(単数ないし複数の)物体を特定し、物体の位置を認識します。このタスクは、画像内のどこに何が存在するのかを詳細に知る必要があるため、画像分類よりも複雑な処理を必要とします。図6-04-3は自動車前方の物体を検出するイメージを表現しています。歩行者や自動車が存在する領域が矩形で囲われており、これを境界ボックス(バウンディングボックス;bounding box)と呼びます。

[47]図6-04-2は、メラノーマ以外にも6つの病変が含まれており、光線角化症/上皮内癌(AKIEC)、基底細胞癌(BCC)、良性角化症(BKL)、皮膚線維腫(DF)、メラノサイト性母斑(NV)、血管病変(VASC)を例示しています。このような画像が約1万枚含まれているのが、HAM10000データセットです。本文中の図はモノクロに加工してあります。

[48]2022年に発表された論文では、CNNを拡張したFixCapsというニューラルネットワークが用いられています。論文中にはネットワークの構造図も紹介されているので、興味があれば参照してみてください(https://doi.org/10.1109/ACCESS.2022.3181225)。

[49]たとえばオランダのSkin Vision B.V.は、社名と同じ"SkinVision"というサービスと展開しており180万人以上のユーザーがいるとのことです。同サービスは95%の認識精度を謳っています(https://www.skinvision.com)が、使用モデルについては公開されていないので、先ほど紹介した論文とは関係がありません。同様のニューラルネットワークが用いられていると思料されます。

[50]このような病理画像を診断する専門家を病理専門医(病理医)といいます。日本病理学会によれば、病理診断は「医行為」にあたり、日本ではAIが病理診断を代替することはできないとのことです(https://pathology.or.jp/ippan/AI-statement.html)。一方で、「(ABCDE基準を使って)メラノーマをセルフチェックしてみよう」という旨の医療機関のWebサイトも多数存在するのも事実であり、このような外見的に識別できる病変については自分の見た目で判断するよりも、積極的にAIサービスを活用して自己管理したほうが高精度な気もします(おそらく、筆者を含めて大半の読者にとって図6-04-2で示した7種類の病変を見分けることは難しいと思いますので)。もちろん、メラノーマに限らず画像によるAI診断サービスは多く公開されているので、各人がAIサービスを使う上でのリスク(診断結果の責任所在や新しいタイプの病変に対応できない、など)を認識したうえで活用することが重要でしょう。

図 6-04-3 物体検出のイメージ

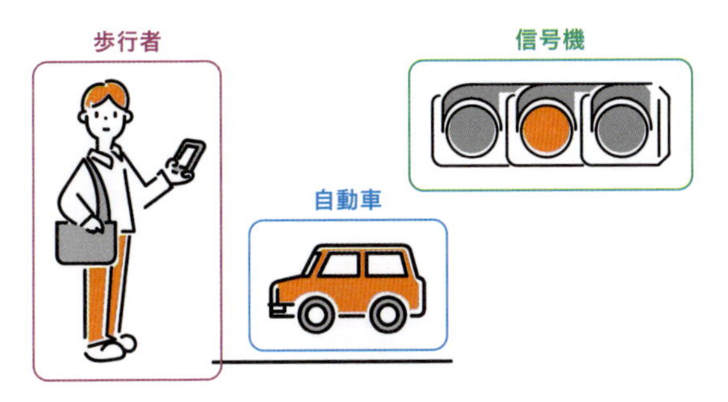

物体検出自体はイメージがつきやすいでしょう。歩行者や対向車を認識する自動運転車に搭載するAIや、製造ラインでの品質管理において製品の欠陥部分を特定するAIなどに応用して使われています。有名な物体検出モデルとして、R-CNN[51]、YOLO[52]、SSD[53]などが挙げられます。

セマンティックセグメンテーション (Semantic Segmentation)

こちらも代表的なコンピュータービジョンのタスクとして知られています。画像分類タスクは画像1枚に対してタグをつけるイメージでしたが、セマンティックセグメンテーションは画像内の意味合い（semantic）を認識して、画像内を区分けする（segmentation）タスクです。セマンティックセグメンテーションでは、画像の各ピクセルに対して特定のクラスを割り当てることが求められるため、バウンディングボックスを描画する物体検出よりも一般的に複雑な処理が求められます。たとえば、先ほどと同様に自動車前方の風景に適用する場面を考えます。図6-04-4のように、歩行者や車、信号機

[51] 2013年に発表されたR-CNN（Regions with CNN features）は、画像認識性能などを評価するPASCAL VOC（Visual Object Classes）データセットを用いて、当時最高性能であったDMPモデルのスコア約34.3を大きく上回る58.5というスコアを叩き出して話題となりました（https://arxiv.org/abs/1311.2524）。その名の通り、画像内の一部領域を切り出してCNNを何回も実行して物体を検出するために計算コストを要するといった課題がありました。

[52] 2013年に発表されたYOLO（You Only Look Once）は、R-CNNのように何回もCNNを適用するのではなく、あらかじめ画像内の領域をグリッドに区切っておいて、グリッド内に対象物体が含まれるかを一度で判定します。1つの領域に複数の物体が含まれる場合には精度が落ちるものの、計算コスト面で有利な手法として知られています（https://doi.org/10.48550/arXiv.1506.02640）。

[53] 2015年に発表されたSSD（Single Shot MultiBox Detector）は、あらかじめグリッドを区切るのではなく、検出する物体のサイズに対応した複数種類の矩形領域（デフォルトボックス）を用いて、検出精度を高める工夫がされています（https://doi.org/10.48550/arXiv.1512.02325）。

など、それぞれの物体がピクセル単位で分類されているイメージです。

図 6-04-4 セマンティックセグメンテーションのイメージ

セマンティックセグメンテーションのビジネス活用シーンとしては、以下のようなものが考えられます。

異常検出(Anormaly detection)

工業製品を生産する工程では、不良品を識別して排除することが求められます。たとえば、コンベア上を流れてくる大量の菓子をカメラで撮影して異常部位を検出するようなユースケースが考えられます（外見検査）。セマンティックセグメンテーションを用いれば不良品を除去することが可能になります。さらに、異常箇所をピクセル単位で識別できるため、不良箇所の大きさや不良の種類（ヒビや欠け、異物混入）を判断して製造工程にフィードバックして、たとえば焼き時間を調整したり材料の配分を調整して歩留まりを改善できるかもしれません。

図 6-04-5 菓子の外見検査

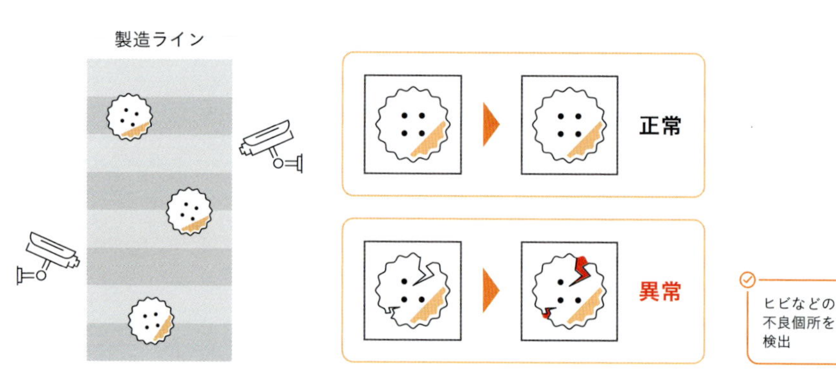

医療画像解析

画像分類タスクでは、「腫瘍かそうでないか」という判断しかできませんが、セマンティックセグメンテーションを用いることによって臓器や腫瘍の輪郭を正確に識別可能となります。たとえば、脳のMRI画像から悪性脳腫瘍の領域を識別するAIが国内でも登場しています[54]。

実は脳腫瘍の画像セグメンテーションの歴史は古く、10年以上前から脳腫瘍に関する画像セグメンテーション問題に対する精度を競い合う国際的な競技会"BraTS(Brain Tumor Segmentation) challenge"が開催されています。2012年から毎年開催されているコンペティションで、放射線医学分野で世界的に著名な組織であるRSNA(Radiological Society of North America)など複数の組織によって運営されています。たとえば術前の画像から脳腫瘍個所をセグメンテーションしたうえで患者の生存期間を予測する(2018年度)など、テーマは毎年異なります。2024年度のテーマは、術後に残ってしまった痕などをタイプごとに検出するといったもので、学習のために図6-04-6のようなラベルつきデータセットが公開されています[55]。

図6-04-6 "BraTS 2024"のデータセット例

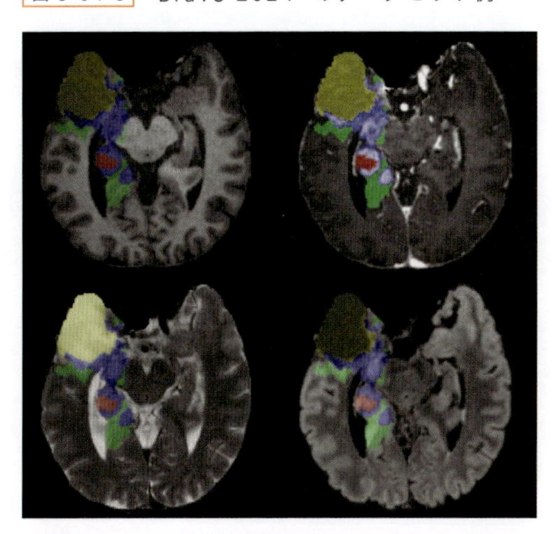

[54] 2024年、富士フイルム株式会社と国立研究開発法人国立がん研究センターは、MRI画像から神経膠腫の疑いのある領域を精密に抽出するAI技術を共同開発したと発表しました(https://www.fujifilm.com/jp/ja/news/list/11159)。

[55] 画像中の色は、腫瘍の切除腔や浮腫といった、それぞれ異なる種類の領域を意味しています(https://doi.org/10.48550/arXiv.2405.18368)。

上記で紹介したタスク以外にも、画像に写った人物の姿勢を推定する(Human Pose Estimation) タスクなどがコンピュータービジョンのタスクとして有名です。

このように画像解析が応用可能な範囲は多岐にわたり、ビジネスへの実活用も非常に盛んとなっており、今後もその流れは加速していくと考えられます。実際にそういった新しいアルゴリズムを開発するのは研究者であったり、ビジネス適用するための技術応用もデータサイエンティストやエンジニアが実装することになりますが、今回紹介した事例を含めて、ディープラーニングを中心とした技術をビジネス適用することに対する心理的抵抗感を払拭したり、こういった技術であれば自分たちのビジネスに適用できないか？といったイメージを膨らませることは、すべてのビジネスパーソンの方々にとって重要ではないかと感じています。

次章では、画像分類という具体的なタスクに注目して、実際にモデルを作成して理解を深めていきましょう。

第 7 章

画像解析実践
～画像分類問題を解いてみよう～

01

画像分類問題とは？

前章では、画像をどのように処理して機械学習モデルで扱えるように変換するかについて理解を深め、活用シーンを紹介しました。本章では画像分類問題について実際にPythonコードを実行して、プログラム上ではどのような処理が行われているか体感して理解を深めていきましょう。

画像分類の仕組み

画像分類問題は、画像をあらかじめ定義されたカテゴリに自動で分類するタスクです。前章で紹介したような写真へのタグづけも画像分類タスクの1つですが、本章では手書き数字のデータを読み取るという活用シーンを想定し、数字を分類する問題を取り上げます。具体的には、図7-01-1に示すような手書き画像から、「2」「5」「4」「0」を判別するタスクです。このように紙面をカメラやスキャナといった光学機器で撮像し、その撮像画像から文章データを抽出する技術をOCR（Optical Character Recognitionの略で、光学文字認識とも訳されます）と呼びます。

図7-01-1 手書き文字を認識するイメージ

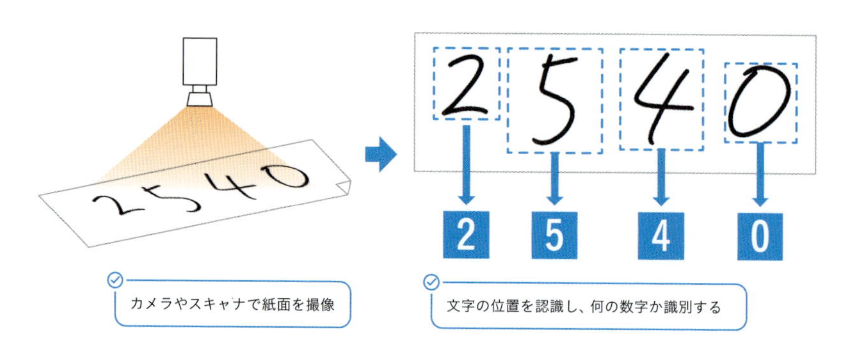

実際には、そもそも撮像した画像内において、文字が画像上のどの領域に、どの程度のサイズで書かれているか識別する処理（図7-01-1の点線で文字を認識して囲むイメージ）が必要なのですが本書では扱いません。本章では、サイズが等しい各画像の中心に１つの数字が書かれている画像データを使って画像を10種類に分類するモデルを作っていきます。

図 7-01-2 画像分類モデルの概要

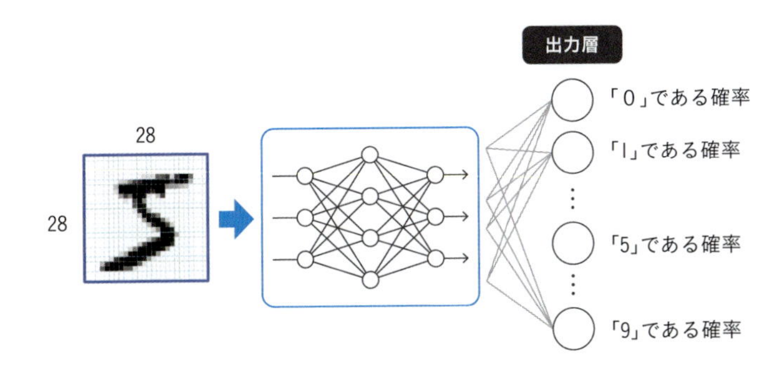

図7-01-2のように、入力画像を受け取って、10個の確率（0～9の数字である確率）を計算する機械学習モデルを構築すればよさそうです。次節では実際にPython上で機械学習モデルを作成してみましょう。

02

画像分類問題を解く準備をしよう

もっとも単純なモデルは、畳み込みを用いずに構築できます。画像データは画素の集合体なので、画素の値をそのまま特徴量として、「0」かどうかを予測、「1」かどうかを予測、といった具合で10個の予測確率を計算すればよさそうです。より具体的なイメージを持つためにネットワーク図を描画すると図7-02-1のようになります。入力された画像の画素を1次元に並べ替えて、適当な活性化関数を用いて10通りの確率（つまり各数字である確率）を計算します。

図7-02-1 もっとも単純なモデルの概要

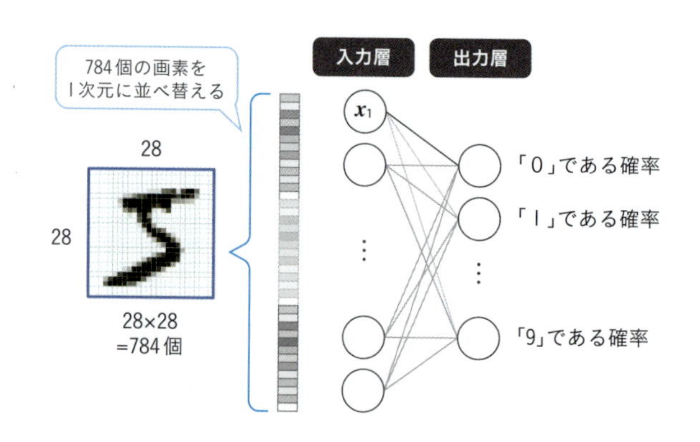

ここで、図7-02-1中の「0」である確率を出力しているノードに注目すると次図7-02-2のようになり、これは第2章で学んだパーセプトロンであることがわかると思います。つまり、このノードは画素の個数分（784個）の入力値に対して、784個の重みパラメータを乗じたうえで合計し、さらにバイアス項（バイアス項については第2章で触れました）を活性化関数に入力して「0」である確率を算出しています。

図 7-02-2 最も単純なモデルの一部

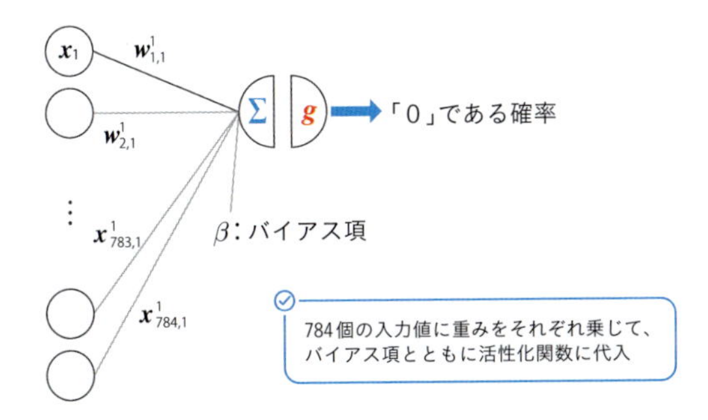

今回は数字が10種類あるので、同様なノードが10個あり、よって重みパラメータの合計は7,840個となります。さらに各ノードの活性化関数にはバイアス項も必要なので、ノードの数だけバイアス項が存在します。この重みパラメータの値とバイアス項の値は調整可能であるため、機械学習を使って合計7,850の値を最適化すれば、手書き数字を分類するモデルを構築できます。

大量の演算を行うのに有利なGPU

このような簡単なモデルでさえ、最適化すべきパラメータ数は表形式データと比較すると膨大です。ここで、GPU（Graphics Processing Unit）[1]という演算装置が重要になります。

そもそもコンピューター上で行われるさまざまな処理は、主としてCPU（Central Processing Unit）[2]によって担われています。このCPUには、複雑な演算処理を行うことが得意なコア（演算命令を実行する部分）が複数搭載されていますが、大抵の場合は数十個程度[3]です。一方、画像や動画を扱う場面を考えると、画像は画素の集合体なので、これらの数字（テンソル）を一気に大量

[1] 画像処理装置とも呼ばれています。NVIDIA の "GeForce" シリーズや、AMD の "Radeon" シリーズが有名です。
[2] 中央演算処理装置とも呼ばれています。Intel の Core シリーズや、AMD の Ryzen シリーズが有名です。
[3] 2000 年台前半までは単一コアの CPU が主流でした。当時は "Pentium 4" というシリーズが有名で、2005 年に 2 つのコアを持つ "Pentium D" シリーズが Intel から発売されてマルチコア CPU の先駆けとなりました。2024 年現在では 64 個のコアを有する "Ryzen Threadripper" シリーズがコンシューマー向け製品として存在します。一般的なノートパソコン向け CPU でも 10 個以上のコアを持つことが珍しくなくなりました。

に処理する必要があります。GPUには、このテンソル演算（行列計算、とも）を担うコアが数千個といった単位で大量に搭載されています。

図 7-02-3 CPU と GPU

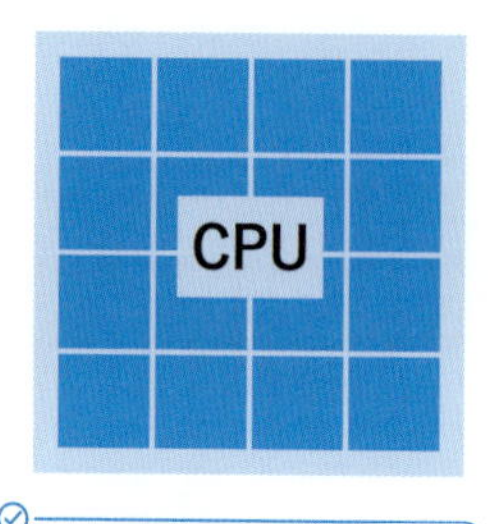

・コアが少ない
・複雑な計算が得意
・汎用的なタスク向け

・コアが多い
・定型的な単純計算が得意
・グラフィック関連のタスク向け

ニューラルネットワークの計算には画像を処理するように大量の行列演算が必要になります。そのため、このGPUのハードウェア的な性質を生かして画像処理以外の計算に対しても汎用的に使えるようにする仕組みが考案され、GPGPU（General-Purpose computing on GPUs）[4]と呼ばれています。

Colabでは、CPUだけではなくGPUを使うこともできるので、実際に試してみましょう。

Colabにアクセスしてipynbを読み込む

第4章の文章分類問題を解く際と同じ要領でColabを立ち上げましょう。次図7-02-4のQRコードからGitHubリポジトリのURLを読み取ってColabから開いてみましょう（QRコードが読み取れない場合は、図中に併記したURLを直接入力することもできます）。

[4] GPU コーディングとも呼ばれています。NVIDIA の CUDA（Compute Unified Device Architecture）というアーキテクチャが有名です。このような仕組みによって、従来はスーパーコンピューターを用いなければ実行できなかった大規模な並列計算をGPU で実行することが可能になりました。仮想通貨をマイニングするには膨大なハッシュ値を計算する必要があるのですが、この計算方法は GPGPU（特に CUDA）と相性がよいとされ、2020 年ごろマイニングブームが起こった際には NVIDIA 製の GPU が高値で取り引きされるという事態となりました。

図 7-02-4 画像分類問題を解く ipynb ファイルの GitHub URL

https://x.gd/hRDDq

ハードウェアの設定

先述した通り、CNNを学習する場合にはGPUを用いたほうが有利です。GitHubにあるipynbはGPUを用いるように設定されているので、最初のコードセルを実行してGPUが使用可能であることを確認してみましょう。

GPU使用可能であることを確認

```
001 !nvidia-smi
```
GPUの状態を確認するコマンド

実行したnvidia-smiというコマンドは、NVIDIAが提供するGPU管理ツールの1つで、NVIDIA System Management Interfaceの略です。このツールは、NVIDIAのGPUのステータスやパフォーマンス情報を取得したり、管理したりするために使われます。GPUが正常に認識されていれば、次図7-02-5のように表示されます。上部にはSMI、GPUドライバー（GPUを操作するためのソフトウェア）、CUDAバージョン（赤色下線部）が記されています。

ここで、次ページの図7-02-5中で赤色破線で囲んでいる部分が凡例で、その直下に実際の取得値がそれぞれ表示されています。たとえば、左側の赤色枠からは、認識されているGPU番号0のGPU名称は「Tesla T4」であり、現在温度は59℃であること、などがわかります。なお、このGPUは皆さんが接続しているColab上に自動で割り当てられているもので、Colabを活用することで高額なGPU[5]を自身で購入してセットアップする必要なく、一時的に活用できるのです。

[5] Colab上で割り当てられるGPUはその時々によって異なります。図7-02-5で割り当てられている「Tesla T4」は単独で購入しようとすると2024年時点で約22万円程度です。タイミングがよければ、数百万円するGPUを割り当てられる場合もあります。Colabの有料プランを契約すれば、自分で指定したGPUを利用して、より効率的な開発を行うことが可能となります。

図 7-02-5 出力されたGPUのステータスやドライバー情報など

```
+---------------------------------------------------------------------------------------+
| NVIDIA-SMI 535.104.05             Driver Version: 535.104.05   CUDA Version: 12.2     |
|-----------------------------------------+----------------------+----------------------+
| GPU  Name                 Persistence-M | Bus-Id        Disp.A | Volatile Uncorr. ECC |
| Fan  Temp   Perf          Pwr:Usage/Cap |         Memory-Usage | GPU-Util  Compute M. |
|                                         |                      |               MIG M. |
|=========================================+======================+======================|
|   0  Tesla T4                       Off | 00000000:00:04.0 Off |                    0 |
| N/A   59C    P8               10W /  70W |      0MiB / 15360MiB |      0%      Default |
|                                         |                      |                  N/A |
+-----------------------------------------+----------------------+----------------------+

+---------------------------------------------------------------------------------------+
| Processes:                                                                            |
|  GPU   GI   CI        PID   Type   Process name                            GPU Memory |
|        ID   ID                                                             Usage      |
|=======================================================================================|
|  No running processes found                                                           |
+---------------------------------------------------------------------------------------+
```

GPUが認識されていない場合（ランタイムがCPUになっている場合、など）は、「/bin/bash: line 1: nvidia-smi: command not found」のように表示されます。

このような表示が出てきた場合は、Colabの画面上部にある［ランタイム］メニューを開き、［ランタイムのタイプを変更］をクリックしてください。表示される画面上で［ハードウェア アクセラレータ］をGPU（T4 GPU、など）に設定して［保存］ボタンをクリックすると、GPUランタイムに切り替えられます[6]。

画像分類問題を解くライブラリの準備をしよう

ニューラルネットワークを構築するには、Tensorflow、Keras、PyTorchというライブラリが有名です。

今回はコードが比較的平易なKerasというライブラリを用いてニューラルネットワークを構築していきましょう。KerasはGoogleによって開発され、デバッグ速度、コードの簡潔さ、保守性、実装（デプロイ）の容易さに重点を置いて設計され、最先端の研究にも活用されています[7]。

[6] Colabの無料枠を使い切ってしまうとGPUを利用できなくなってしまいます。その場合には有料プランを契約すればGPUを利用可能になりますが、本書で扱うモデルは比較的軽量なので、時間はかかりますがCPUでも実行可能です。

[7] Kerasは高レベルAPIに分類されます。APIとはApplication Programming Interfaceの略語で、ソフトウェアやプログラムをつなぐインターフェースのことです。APIにおける高レベルとは、機能を大枠で提供する代わりに細かな調整ができないという意味合いです。たとえば、画面上に「5」という表示をしたいときに、高レベルAPIであれば画面上の適当な位置に適当な大きさで「5」を描画しますが、低レベルAPIであれば位置や大きさ、フォントや色合いまで細かく指定する必要があるといった具合です（逆に、細かな調整ができる点はメリットとなります）。Kerasの裏側（バックエンド）ではTensorflowが使われているため、Tensorflowの機能を簡単に呼び出すインターフェースがKerasという見方もできます。

まず、使用するパッケージのバージョンを指定します。深層学習系のライブラリはバージョンによって挙動が異なり、バージョンを変更すると挙動が異なったり動かなかったりする場合もあるため、ここでは執筆当時のバージョンに固定しています。次のコードを実行すると、Colabにもともと準備されているKerasなどのパッケージが削除され、指定したバージョンのパッケージがインストールされます。

使用するパッケージのバージョンを指定

```
001 # パッケージのアンインストール（削除）
002 !pip uninstall tensorflow keras tf-keras -y
003 # パッケージのバージョンを指定してインストール
004 !pip install tensorflow==2.15.1
005 !pip install keras==2.15
006 !pip install tf-keras==2.15
```

このコードセルの4行目以降で、バージョンを指定したうえで削除したパッケージのインストールが行われます（たとえば、tensorflowの2.15.1というバージョンを指定しています）。次に、Kerasをはじめとしたライブラリをインポートします。

ライブラリのインポート

```
001 # TensorFlowライブラリをtfという別名でインポートします
002 import tensorflow as tf
003 
004 # ネットワーク（モデル）を構築するための「部品」をインポートします
005 from tensorflow.keras.models import Sequential
006 from tensorflow.keras.layers import Conv2D, ReLU,
    MaxPooling2D, Flatten, Dense
007 
008 # モデルの構造を可視化するためのライブラリをインポートします
009 from tensorflow.keras.utils import plot_model
010 
011 # グラフや画像を描画するためのライブラリをインポートします
```

```
012 from IPython.display import Image, display
013 import matplotlib.pyplot as plt
014 from sklearn.metrics import confusion_matrix
015 import seaborn as sns
016 import numpy as np
017 import pandas as pd
018 # 結果の再現性を担保するために乱数シードを固定
019 keras.utils.set_random_seed(821)
020 tf.config.experimental.enable_op_determinism()
```

Kerasの裏側ではTensorflowが使用されているため、2行目ではTensorflowをtfという名前でインポートしています。4行目と5行目では、ネットワーク（モデル）を構築するための次のような「部品」をインポートしています。

- **Sequential: 順々に層を積み重ねるSequentialモデルを作成する部品**
- **Conv2D: 畳み込み層（Convolution layer）を追加する部品**
- **ReLU: 活性化関数ReLUを適用する部品**
- **MaxPooling2D: 最大値プーリング層（Max pooling layer）を追加する部品**
- **Flatten: 多次元配列を1次元に変換する部品**
- **Dense: 全結合層[8]を追加する部品**

さらに、9行目ではモデルの構造を可視化するためのライブラリをインポートし、12行目から19行目ではグラフや画像を描画するためのライブラリをインポートしています。最後の19行目と20行目は、結果に再現性を持たせるために乱数シードを固定しています[9]

[8]全結合層は、前後の層と密（dense）にすべてのニューロン同士が接続（fully connect）している層であり、KerasではDense(dense connected layer)という表記が用いられています。英語で"fully-connected layer"、略してFC層とも呼ばれます。また、線形層（linear layer)、アフィン層（affine layer）と表記される場合もあります。

[9]乱数シードについては第4章の注釈も参考にしてください。keras.utils.set_random_seed(821)というコードは、numpyの乱数シード、バックエンド（tensoflow）の乱数シード、Pythonの乱数シードを821に固定しています。Kerasの再現性を確保する仕組みの詳細は公式ドキュメントも適宜参照してみましょう（https://keras.io/examples/keras_recipes/reproducibility_recipes/)。また、Kerasの裏側ではTensorflowが使われているため、ここではTensorflowで使われる乱数シードも固定しています。

すでに第6章で畳み込み操作とプーリング操作について学びましたが、改めてこのコードセルで登場した「部品」を整理してみましょう。

畳み込み(Convolution)

特徴を抽出する役割を担います。複数のフィルタを利用することで、多様な特徴を抽出できるのでした。図では、フィルタの枚数が3の畳み込み操作を表現しています。

図 7-02-7 畳み込み（Convolution）

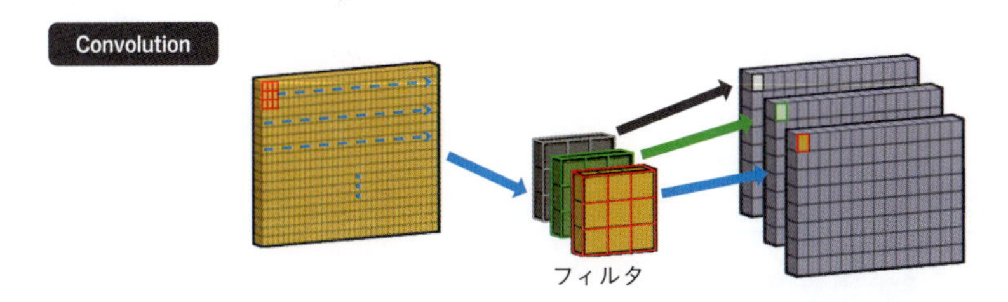

プーリング(Pooling)

任意のプールサイズのプール内で最大値や平均値を計算してプールの特徴を大まかに抽出し、ブレや歪みの影響を吸収する役割を担います。

図 7-02-8 プーリング（Pooling）

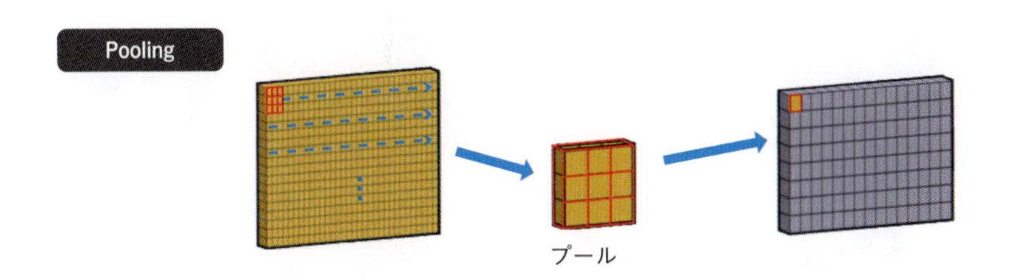

フラット化(Flatten)&全結合(Dense)

フラット化は、データの値に対する加工を行わず並べ替えのみを行います。画像のような2次元データを1次元配列に並べ替えます。全結合とは、すべてのニューロンがすべての入力と結合されている状態を指します。ネットワーク内で抽出した情報を任意のニューロンに凝縮する役割を担います。

図 7-02-9 フラット化（Flatten）& 全結合（Dense）

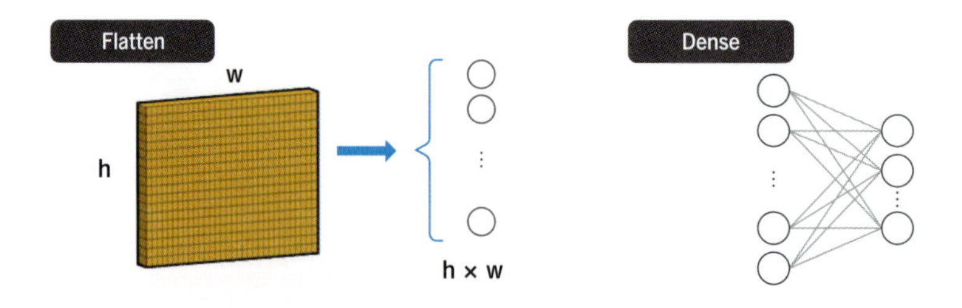

次に、モデルの学習と検証に使うデータを準備します。

学習に使うデータの準備

```
001 # MNISTデータセットの読み込み
002 (x_train, y_train), (x_test, y_test) = tf.keras.
    datasets.mnist.load_data()
003 # データの正規化
004 x_train = x_train / 255.0
005 x_test = x_test / 255.0
006 
007 # データの確認
008 print("学習用画像の形状： ", x_train.shape)
009 print("学習用ラベルの形状： ", y_train.shape)
010 print("検証用画像の形状： ", x_test.shape)
011 print("検証用ラベルの形状： ", y_test.shape)
012 
013 # データの可視化
014 def plot_sample_images(images, labels, num_samples=10):
015     plt.figure(figsize=(12, 2))
016     for i in range(num_samples):
017         plt.subplot(1, num_samples, i + 1)
018         plt.imshow(images[i], cmap='gray')
019         plt.title(f"Label: {labels[i]}")
020         plt.axis('off')
```

```
021     plt.show()
022
023 # 学習用データから10個のサンプルを表示
024 plot_sample_images(x_train, y_train, num_samples=10)
025 # 検証用データから10個のサンプルを表示
026 plot_sample_images(x_test, y_test, num_samples=10)
```

このコードセルの2行目では、手書き数字の画像データセットであるMNISTを読み込んでいます。Kerasには、このような検証用のデータセットが複数種類用意されており、tf.keras.datasets.●●.load_data()（●●部分には、データセット名称が入ります）というコードで容易に読み込むことが可能です[10]。データセットの各画像は、28×28ピクセルのグレースケール画像で、各ピクセルの値は0から255の範囲にあります。4〜5行目では、ピクセル値を255で割ることで、各ピクセルの値が0から1の範囲にスケーリングしています（これを正規化と呼びます）。

x_trainとy_trainが学習用データとラベル、x_testとy_testが検証用データとラベルです。このコードセルを実行すると、図7-02-10のように学習用データと検証用データそれぞれについて、画像とラベルのペアが表示されます。ニューラルネットワークの学習用に6万組の学習データを用いて、精度検証用に1万組の検証データを用意しています。

図7-02-10 データセットの確認

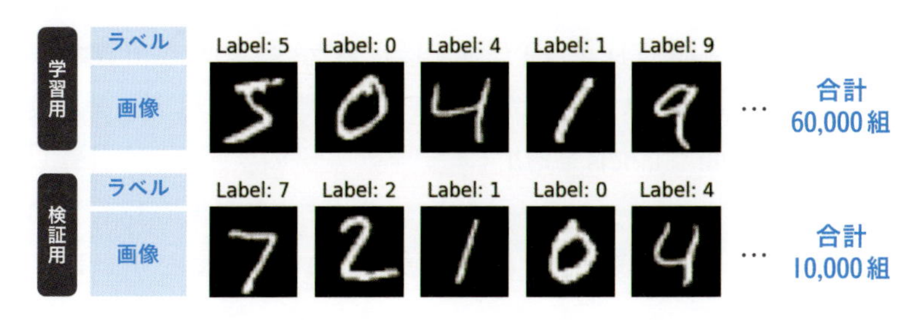

では、学習用データと検証用データに含まれる各ラベルの枚数を確認してみましょう。すなわち、「0」や「1」が映っている画像がそれぞれ何枚あ

[10] Kerasが公開するデータセットは、https://keras.io/api/datasets/ で確認できます。

るかを確認しましょう。

学習用 / 検証用データに含まれる各ラベルの枚数を確認

```
001 # 各ラベルの数を計算する関数
002 def count_labels(y):
003     unique, counts = np.unique(y, return_counts=True)
004     return dict(zip(unique, counts))
005 
006 # 学習用データと検証用データのラベル数を計算
007 train_label_counts = count_labels(y_train)
008 test_label_counts = count_labels(y_test)
009 
010 # データフレームにまとめる
011 df = pd.DataFrame({
012     'ラベル': list(train_label_counts.keys()),
013     '学習用データの数': list(train_label_counts.values()),
014     '検証用データの数': [test_label_counts.get(label, 0)
    for label in train_label_counts.keys()]
015 })
016 
017 # データフレームを表示
018 df
```

このコードセルの2行目から4行目では、各ラベルの数を計算する関数count_labelsを定義しています。7行目と8行目で、学習用データと検証用データに対してcount_labelsを適用して、各データのラベル数を計算し、11行目から15行目でデータフレームを作成しています。最後の18行目で、作成したデータフレームを表示させると、図7-02-11のようになります。

図7-02-11 データセットに含まれるデータ数の確認

	ラベル	学習用データの数	検証用データの数
0	0	5923	980
1	1	6742	1135
2	2	5958	1032
3	3	6131	1010
4	4	5842	982
5	5	5421	892
6	6	5918	958
7	7	6265	1028
8	8	5851	974
9	9	5949	1009

完全に均等な分布ではありませんが、学習用データにおいては各数字について約6,000、検証用データにおいては各数字について約1,000の画像が含まれていることがわかります。参考までに、各数字の学習用データの数と検証用データの数を棒グラフにすると、図7-02-12のようになります（この図は、Colabの「参考：学習用/検証用データに含まれる各ラベルの枚数をグラフで確認」と書かれたコードセルを実行すれば作成できます）。

図7-02-12 データセットに含まれる各数字のデータ数

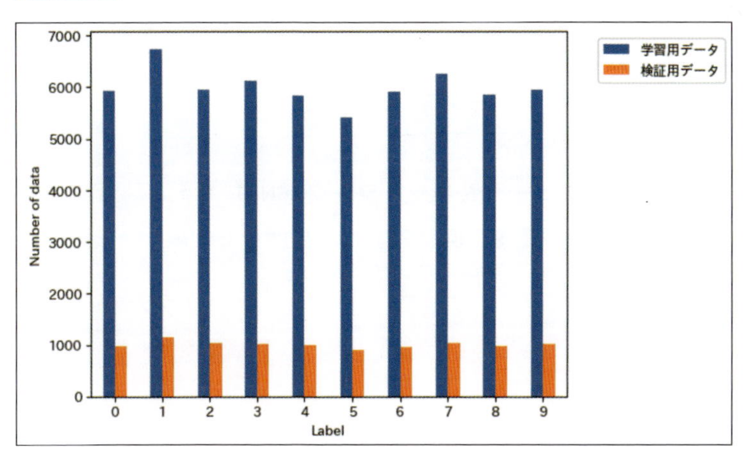

これでニューラルネットワークを構築する準備は整いました。次に、学習の様子を可視化するために、学習曲線（後述）を描画する関数plot_learning_

curveを定義します（図7-02-13）。このコードセルのコードは隠した状態となっていますが実行は必要なので、実行ボタンをクリックしておいてください。コードの内容は特に理解する必要はありませんが、［コードの表示］をクリックすればコメントつきのコードが表示されるので、中身を確認したい場合はクリックしてみてください。

図7-02-13 学習曲線を描画する関数の定義

> 学習曲線を描画する関数の定義
>
> - 学習曲線をグラフ化する関数plot_learning_curveを定義するコードセルです
> - コード内容を理解する必要はありませんが実行は必要です
>
> コードの表示

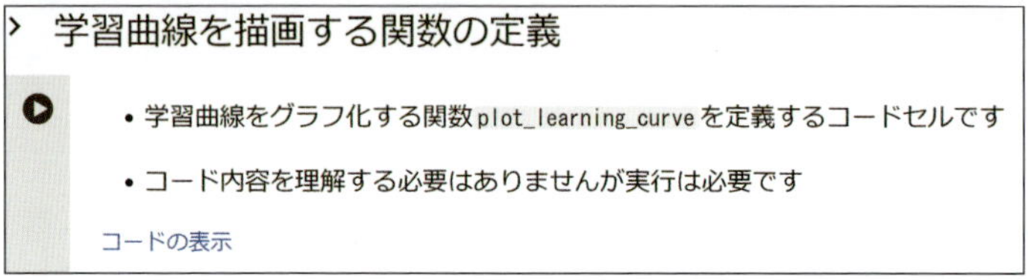

ここまでで、画像分類モデルを作成するのに必要なライブラリを読み込んで、学習用および検証用データの読み込みも完了しました。いよいよモデルを作っていきましょう。今回は次の3種のモデルを作成します。

- **model01：単純なニューラルネットワーク（NN）**
  中間層を持たないもっとも単純なモデル

- **model02：より深いニューラルネットワーク（DNN）**
  1層の中間層を持つネットワークモデル

- **model03：畳み込みニューラルネットワーク（CNN）**
  畳み込み層とプーリング層を2回積み重ねた高度なモデル

03 簡単なモデルを作ってみよう ～model01～

さっそく、前節の冒頭で紹介した図7-02-1のような、もっとも単純なモデルを作成してみましょう。

もっとも単純なモデルを作ってみよう

```
001 # モデルの定義
002 model01 = Sequential([
003     Flatten(input_shape=(28, 28)),
004     Dense(10, activation='softmax')
005 ], name='model01')
006
007 # モデルのサマリーを表示
008 model01.summary()
009
010 # モデルを可視化して画像を出力
011 plot_model(model01, to_file='model01.png', show_
    shapes=True, show_layer_names=False)
012 # 画像を表示
013 display(Image(filename='model01.png'))
```

このコードの2行目では、層を順次積み重ねることでモデルを構築するSequentialという部品を用いてネットワークを定義しています。

まず3行目でフラット化層（Flatten）を定義しています。このフラット化層は、入力画像（input_shape）として、28×28ピクセルの2次元配列（グレースケール画像）を、784（28×28）個の1次元配列に変換しています。

続く4行目において、全結合層（Dense）を定義しています。この全結合層には10個の出力部があり、出力にソフトマックス活性化関数を使用することを指定しています（なお、10個の出力部手書き数字（0から9）のクラスに対応しています）。5行目では、このネットワークに"model01"という名前をつけています。

8行目で、上記の通り定義したモデルの概要を出力すると、図7-03-1のようになります。この.summary()を用いることによって、定義したモデルの構造を確認できます。重みパラメータの合計（Total params）は7,850個と表示されていることが確認できます[11]。

図 7-03-1 "model01" の概要

```
Model: "model01"
_________________________________________________________________
 Layer (type)                Output Shape              Param #
=================================================================
 flatten (Flatten)           (None, 784)               0
 dense (Dense)               (None, 10)                7850
=================================================================
Total params: 7850 (30.66 KB)
Trainable params: 7850 (30.66 KB)
Non-trainable params: 0 (0.00 Byte)
_________________________________________________________________
```

今回作成したモデルの構造図は図7-03-2のようになり、最初は28 × 28ピクセルの2次元配列であったものが、フラット化層（Flatten）を経ることによって784個の1次元配列に変換され、最終的に全結合層（Dense）で全結合を行って10個の出力が得られる様子を描画しています。

[11] このコードでは、各層に明示的に名前を定義していないため、"flatten_●"や"dense_●"といった具合に、層の種別名の接尾に数字が適当に付与されて表示されることがあります（●には実行した順番が入ります）。明示的に定義する場合には、Flatten(……, name='任意の名前')といった具合で名称を定義することができます。

図 7-03-2 "model01" の構造図

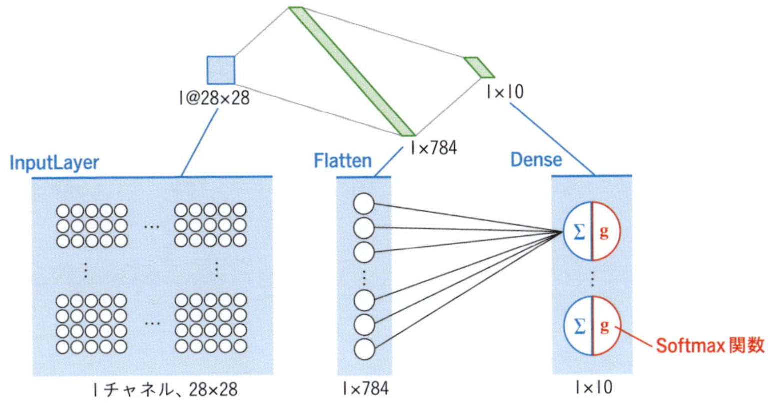

このコードセルの11行目のコードを実行することによってKerasのplot_modelという機能によって構造図が生成され("model01.png"という名前の画像ファイルが生成されます)、13行目で可視化され次図7-03-3のようになります。このように、ニューラルネットワークの可視化方法にはさまざまな種類があり、文献や人によって説明のしかたが異なる現状がありますが、いずれも同じネットワークを表しているのです。

図 7-03-3 "model01" の構造図

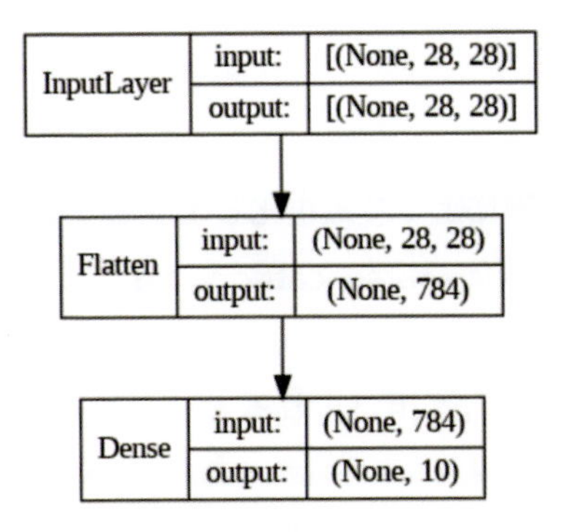

ニューラルネットワークの構造を定義し、可視化して構造の確認を行うことができました。次に、このネットワークの重みパラメータを最適化していきましょう。

モデルのコンパイルと学習

```
001 # コンパイルと学習を行う関数を定義
002 def compile_and_learn(model):
003     # モデルをコンパイルする
004     model.compile(loss='sparse_categorical_
    crossentropy', optimizer='adam', metrics=['accuracy'])
005     # モデルの学習
006     history = model.fit(x_train, y_train, validation_
    data=(x_test, y_test), epochs=5)
007     # 学習曲線の描画
008     plot_learning_curve(history)
009     return model
010 
011 # コンパイルと学習を実行
012 compile_and_learn(model01)
```

このコードセルの2行目から9行目にかけて、コンパイルと学習を行う関数compile_and_learnを定義しています。この関数内にある4行目では、どのような学習処理を行うかを設定（コンパイル）しています。ここでは、次の3つの設定をしています。

- **loss（損失関数）：学習によって最小化しようとする目的関数。今回は多クラス分類問題に適したsparse_categorical_crossentropyを指定**[12]
- **optimizer（最適化アルゴリズム）：損失関数を最小化させるためのアルゴリズムを定義。今回は広く用いられるAdamを指定（最適化アルゴリズムについては、第2章の「参考：複雑な損失関数の最適化について」も参考にしてください）**
- **metrics（評価関数）：今回は精度指標として正解率（'accuracy'）を指定**

[12] 第2章で、ロジスティック回帰モデルを学んだ際に交差エントロピー（cross entropy）という損失関数を紹介しました。sparse_categorical_crossentropyは、その発展的なものだと考えてください。

関数内の6行目では実際にモデルの学習を行っています。引数のepochs（エポック数）は学習回数を表しており、エポック数を5に指定した場合、学習用データセット全体を5回モデルに学習させることを意味します[13]。そして、学習結果と過程をhistoryという変数に代入しています。

8行目では、学習過程における学習用データと検証用データの正解率と損失の推移をそれぞれ描画しています。このように、横軸にエポック数、縦軸にモデルのパフォーマンス（正解率や損失といったモデルの精度を評価する指標）を取ったグラフを学習曲線（learning curve）と呼びます。

12行目で、前節で定義しておいた関数compile_and_learnを実行すると、図7-03-4のようなグラフが生成されます。

図7-03-4 "model01"の学習曲線

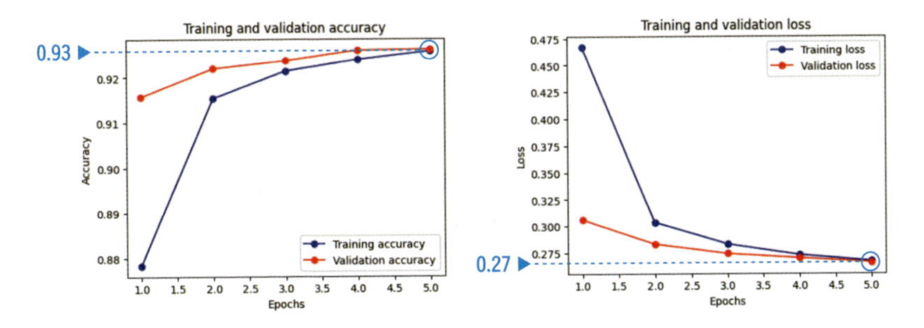

図7-03-4の左側グラフは正解率の推移を示しており、赤色で示された検証用データの正解率は多少がたつきがありますが、5エポック目では0.93程度まで上昇していることがわかります（つまり未知のデータに対する正解率93%のモデルができました）。図7-03-4の右側グラフは損失の推移を表しており、学習用データ、検証用データともに、学習が進むほど減少し、5エポック目では0.27程度になっています。

モデルの予測結果について、より詳細に考察するために混同行列（confusion

[13] ニューラルネットワークはミニバッチ学習法によって学習されることが一般的です。今回の場合、60,000組の学習データを32ずつのグループ（バッチ）に分けます。つまり、60,000 ÷ 32 = 1,875回（ステップ）に分けてデータを使って学習します。換言すると、32 × 1,875ステップに分割します（32という数字は広く用いられているバッチサイズで、Kerasをはじめとした各種ライブラリのデフォルト値となっています）。そして1バッチごとにパラメータを更新し、1,875ステップ完了すると60,000組の学習データ全体を使用したことになります（これを1エポックと表現します）。一般的に学習回数が多くなるほど精度が向上すると言われています。今回のコードではエポック数を5と指定していますが、学習回数を増やすとどうなるか、試してみましょう。

matrix）を作成してみましょう。混同行列は第4章でも扱いました（レビューが肯定的であったか否定的であったかという2種類の分類問題について混同行列を描画しました）が、今回は10種類の分類問題を扱うため、出力される行列の形状が10 × 10になります。実際に、次のコードセルを実行してみましょう。

混同行列を描画

```
001 # 混同行列を描画する関数
002 def plot_confusion_matrix(model):
003     # 検証用データに対する予測
004     y_pred = model.predict(x_test)
005     y_pred_classes = np.argmax(y_pred, axis=1)
006     # 混同行列の作成
007     conf_matrix = confusion_matrix(y_test, y_pred_
    classes)
008     # 混同行列の表示
009     plt.figure(figsize=(8, 6))
010     sns.heatmap(conf_matrix, annot=True, fmt='d',
    cmap='Blues')
011     plt.xlabel('Predicted Label')
012     plt.ylabel('True Label')
013     plt.title('Confusion Matrix')
014     plt.show()
015 
016 # 混同行列を描画
017 plot_confusion_matrix(model01)
```

このコードセルの2行目から14行目では、混同行列を作成する関数plot_confusion_matrixを定義しています。関数内の定義コードについては特に理解する必要はありませんが、参考までに各行に処理内容をコメントしています。このコードを実行すると、図7-03-5のような出力が得られます。

図 7-03-5 "model01" の混同行列

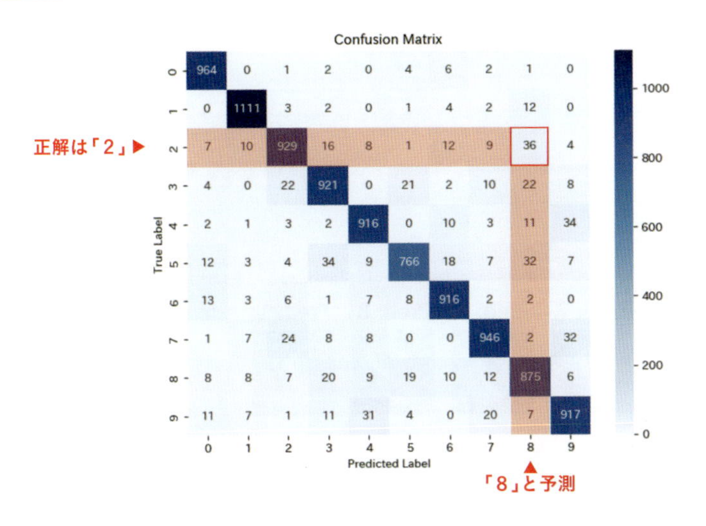

混同行列は、正解のクラスと予測されたクラスの間の関係を示す行列でした。たとえば、図7-03-5の赤色部分に注目すると、正解ラベルが「2」に対して、予測ラベルが「8」であるデータが36存在することが読み取れます（つまり、正解は2なのに8と予想してしまったケースが36あります）。このように誤分類してしまう場合も散見されるのですが、正解ラベルが「2」で予測ラベルも「2」であるデータは929あり、これは検証用データに含まれる「2」の全部画像1,032に対して高い再現率を有しています[14]。モデルの予測精度が高いほど対角線上に位置するデータ数が多くなり、青みが濃くなります。

さらに、正解ラベルが「2」で、予測を間違ってしまった例を画像で確認してみましょう。混同行列を表示させた直後のコードセルに、「参考：誤分類した画像を確認してみよう」というタイトルが書かれているコードセルがあるので、「正解ラベル」を「2」に、「表示数」を「5」にそれぞれ設定して、実行してみましょう。

[14] 再現率（Recall）は、正解ラベルのデータに対して、正しくそのラベルと予測された割合のことでした。今回の「2」というラベルに対して再現率を計算する式は、929/1,032=0.90となります。この再現率が十分高いかどうかという点は、モデルの活用シーンに依存します。たとえば予防医療の文脈においてこの分類問題で病変の兆候を予測する場合には、兆候を見落とさないように、高い目標値が設定されるかもしれません。

図 7-03-6 "model01" の誤分類例

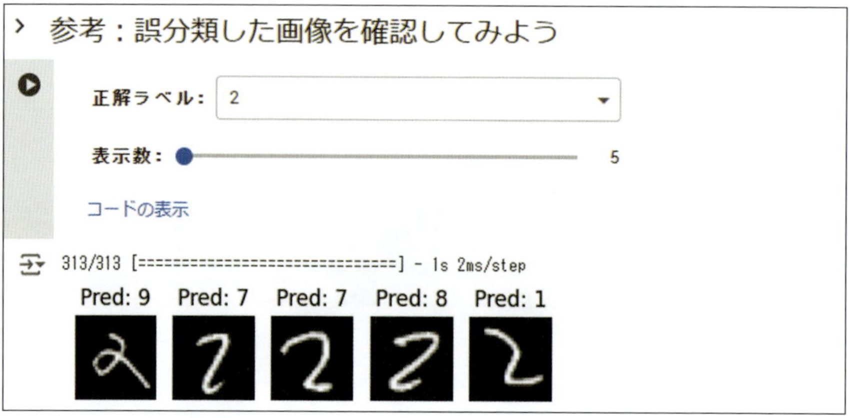

参考：誤分類した画像を確認してみよう

正解ラベル：2

表示数：5

コードの表示

313/313 [==============================] - 1s 2ms/step

Pred: 9 Pred: 7 Pred: 7 Pred: 8 Pred: 1

すると、図7-03-6のように実際のラベルが「2」で、予測が間違っている画像が5枚表示されます。5枚ともに正解ラベルは「2」なのですが、たとえば左端に表示されている画像は「9」と予測されています。左から2番目の「7」と誤分類されてしまった画像については、人間から見ても判断を誤ってしまいそうですね。

このコードセルは「正解ラベル」と「表示数」を自由に設定して何度でも実行できるので、モデルの精度を体感してみてください。なお、青字で表示されている［コードの表示］をクリックするとコードが表示されます。どのようなコードが書かれているか興味があれば確認してみてください。

04

中間層を追加したモデルを作ってみよう ～model02～

次に、先ほどのネットワークに1層追加してモデルを構築してみましょう。

中間層を追加したモデルを作ってみよう

```
001 # モデルの定義
002 model02 = Sequential([
003     Flatten(input_shape=(28, 28)),
004     Dense(128, activation='relu'),
005     Dense(10, activation='softmax')
006 ],name='model02')
007
008 # モデルのサマリーを表示
009 model02.summary()
010
011 # モデルを可視化して画像を出力
012 plot_model(model02, to_file='model02.png', show_
    shapes=True, show_layer_names=False)
013 # 画像を表示
014 display(Image(filename='model02.png'))
```

このコードセルの読み方は先ほどと同様です。4行目を見ると、活性化関数reluで出力する全結合層（Dense）が追加されていることがわかります。上記の通り定義したモデルの概要を出力すると、図7-04-1のようになります。

図7-04-1 "model02"の概要

```
Model: "model02"
_________________________________________________________________
 Layer (type)                Output Shape              Param #
=================================================================
 flatten_1 (Flatten)         (None, 784)               0
 dense_1 (Dense)             (None, 128)               100480
 dense_2 (Dense)             (None, 10)                1290
=================================================================
Total params: 101770 (397.54 KB)
Trainable params: 101770 (397.54 KB)
Non-trainable params: 0 (0.00 Byte)
_________________________________________________________________
```

各層がどのような構造になっているかを視覚的にイメージするため、12行目でplot_modelを実行します。先ほど作成した単純なモデルと比較すると、(解こうとしている画像分類問題は同じなので)入力部分と出力部分には変化がありませんが、中間層が追加されたことによって少しだけ複雑になっています。

図7-04-2 "model02"の構造図

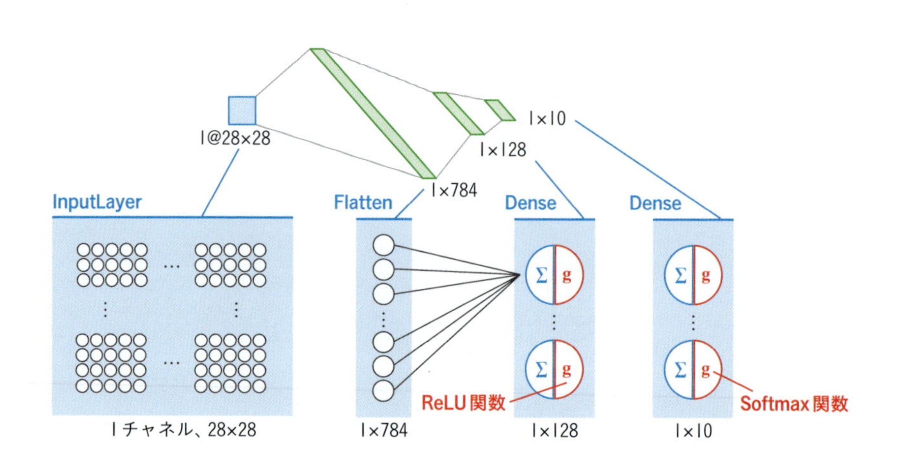

図7-04-2の構造図では、先ほどと同様、最初は28×28ピクセルの2次元配列であったものが、フラット化層(Flatten)を経ることによって784個の1次元配列に変換され、全結合層(Dense)で128の出力を得て、次の(最後の)全結合層で10個の出力が得られる様子を描画しています。1番目の全結合層では、100,352(784×128)の重みパラメータと128個分のバイアス項、合計

100,480個の調整対象となるパラメータが存在します。2番目の全結合層では、1,280（128×10）の重みパラメータと10個分のバイアス項、合計1,290個のパラメータが存在します。ネットワーク全体では101,770のパラメータが存在することになります。中間層を1層追加しただけでも、パラメータ数が10倍以上になっているのです。

このモデルを学習して精度を計測してみましょう。先ほど定義した関数compile_and_learnを流用するので、1行のコードで学習を行い、学習曲線を描画できます。

モデルのコンパイルと学習

```
001 # コンパイルと学習を実行
002 compile_and_learn(model02)
```

図7-04-3 "model02"の学習曲線

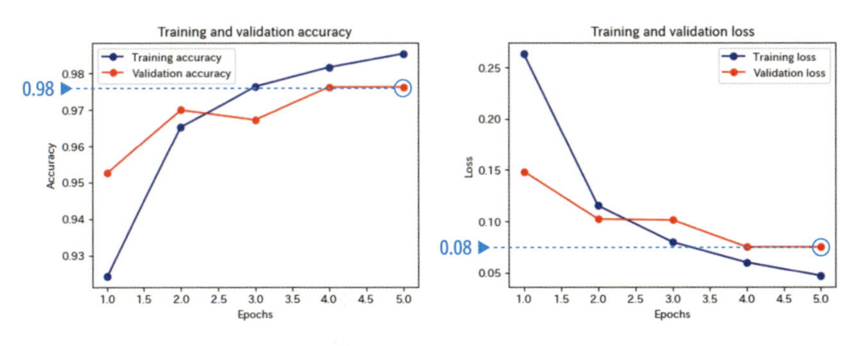

図7-04-3の左側グラフを見ると、5エポック目では0.98程度まで正解率が上昇していることがわかります。図7-04-3の右側グラフは損失の推移を表しており、5エポック目では0.08程度にまで減少しています。

前節（"model01"を作成した節）と同様に、混同行列を作成するコードセルと、誤分類した画像を確認する以下のコードセルをColab上に設けてあるので、適宜実行してみてください。

- **参考：混同行列（confusion matrix）を作成しよう**
- **参考：誤分類した画像を確認してみよう**

05

より高度なモデルを作ってみよう ～model03～

次に、畳み込み層とプーリング層を使って、図7-05-1のような高度なネットワーク"model03"を構築してみましょう。ここでは、「畳み込み層＋活性化関数＋プーリング層」という層の組み合わせを2回繰り返します。この層の組み合わせは、画像認識向けCNNの基本構造となっています。

図7-05-1 "model03"の構造図

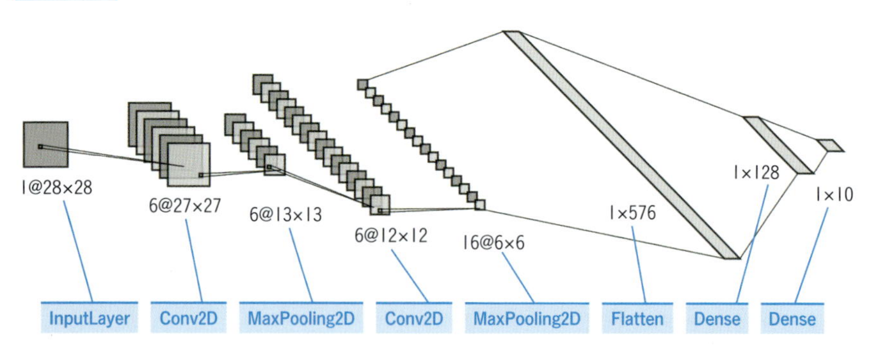

複雑に見えるネットワークですが、構築自体は比較的シンプルです。次のコードセルを実行して学習まで行ってみましょう。

高度なモデルを作ってみよう

```
001 # モデルの定義
002 model03 = Sequential([
003     Conv2D(6, kernel_size=(2, 2), input_shape=(28, 28,
    1), activation='ReLU'),......第1の畳み込み層
004     MaxPooling2D(pool_size=(2, 2)),
        ......第1の最大値プーリング層
```

```
005     Conv2D(16, kernel_size=(2, 2), activation='ReLU'),
                                    ……第2の畳み込み層
006     MaxPooling2D(pool_size=(2, 2)),…第2の最大値プーリング層
007     Flatten(),……………………………………………全結合層
008     Dense(128, activation='relu'),
009     Dense(10, activation='softmax')
010 ],name='model03')
011
012 # モデルのサマリーを表示
013 model03.summary()
014
015 # モデルを可視化して画像を出力
016 plot_model(model03, to_file='model03.png', show_
    shapes=True, show_layer_names=False)
017 # 画像を表示
018 display(Image(filename='model03.png'))
```

このコードの2行目から10行目でネットワークの定義を行っています。畳み込み層であるConv2Dと、最大値プーリング層であるMaxPooling2Dが2回繰り返されていることがわかります[15]。

コード中からネットワークの前半部分を抜粋すると、次のような設定を行っています。

- **第1の畳み込み層(Conv2D)**
  - ・6つのフィルタを持ちます(各フィルタは異なる特徴を抽出するため、出力の特徴マップも6つになります[16])
  - ・カーネルサイズ(kernel_size)が2×2であることを意味しています

[15] 畳み込み層、最大値プーリング層の名前に2Dがついている理由は、画像が2次元の空間情報を持つデータであり、それに対して畳み込み操作やプーリング操作を行うためです。空間ないし時空間データといった3次元データに対する操作を行う場合には、MaxPooling3Dといった層を用いることになります。

[16] 第6章の図6-03-6「さまざまなカーネルフィルタによって生成された画像」を思い出してください。

・この層に入力するデータ形状（input_shape）を定義しており、28 × 28ピクセルの1チャネル（グレースケール）の画像を受け取ることを意味しています
・活性化関数（activation）として'ReLU'を使用します

- **第1の最大値プーリング層（MaxPooling2D）**
・プールサイズ（pool_size）が2 × 2であることを意味しています
- **第2の畳み込み層（Conv2D）**
・フィルタ数: 6
・カーネルサイズ: 2 × 2
・活性化関数: ReLU
- **第2の最大値プーリング層（MaxPooling2D）**
・プールサイズ: 2 × 2
- **フラット化層（Flatten）**
・直前の層（6 × 6が16チャネルあるので、6 × 6 × 16=578個となります）のノードを1列に並べ変えます

この段階で、全結合を行ったことによって576個の数字が並ぶ1次元配列となります。このあとに一気に10個の確率を出力させてもよいのですが、中間層を追加したほうが精度がよくなる[17]ため、128個のノードを持つ中間層を追加しています。この中間層は、“model02”で追加した中間層と同等な役割を持ちます。

このモデルの概要を出力すると、図7-05-2のようになります（図7-05-1「"model03"の構造図」と見比べてみると、よりイメージが具体化するかと思います）。

[17] 実際、"model01" よりも、中間層を追加した "model02" のほうが正解率が高かったのでした。

図 7-05-2　"model03" の概要

```
Model: "model03"
_________________________________________________________________
 Layer (type)                Output Shape              Param #
=================================================================
 conv2d (Conv2D)             (None, 27, 27, 6)         30
 max_pooling2d (MaxPooling2  (None, 13, 13, 6)         0
 D)
 conv2d_1 (Conv2D)           (None, 12, 12, 16)        400
 max_pooling2d_1 (MaxPoolin  (None, 6, 6, 16)          0
 g2D)
 flatten_2 (Flatten)         (None, 576)               0
 dense_3 (Dense)             (None, 128)               73856
 dense_4 (Dense)             (None, 10)                1290
=================================================================
Total params: 75576 (295.22 KB)
Trainable params: 75576 (295.22 KB)
Non-trainable params: 0 (0.00 Byte)
_________________________________________________________________
```

多くの層を積み重ねていますが、パラメータ合計数は75,576となり、意外にも"model02"よりも少ないのです。

このモデルを学習して精度を計測してみましょう。先ほど定義した関数compile_and_learnを流用するので、1行のコードで学習を行い、学習曲線を描画できます。

モデルのコンパイルと学習

```
001 # コンパイルと学習を実行
002 compile_and_learn(model03)
```

図 7-05-3　"model03" の学習曲線

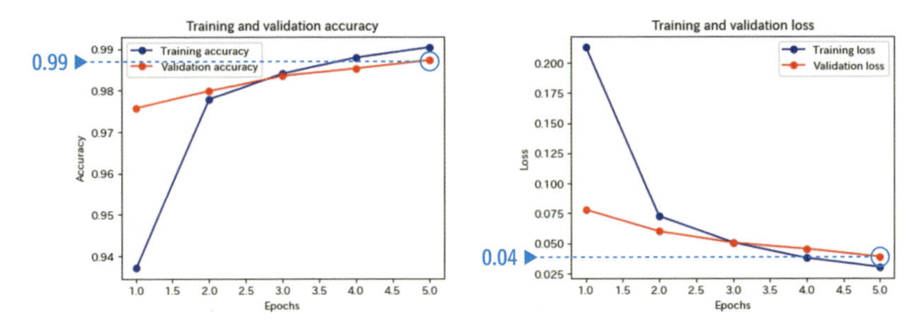

図7-05-3の左側グラフを見ると、5エポック目では0.99程度まで正解率が上昇しています。一方、右側グラフは損失の推移を表しており、5エポック目では0.04程度にまで減少しています。今まで作成したモデルの中では、正

解率が最も高く、損失関数も最も小さくなりました。

混同行列を作成してみましょう。先ほど作成しておいたplot_confusion_matrixを流用するので、1行のコードで済みます。

混同行列を描画

```
001 plot_confusion_matrix(model03)
```

図7-05-4 "model03"の混同行列

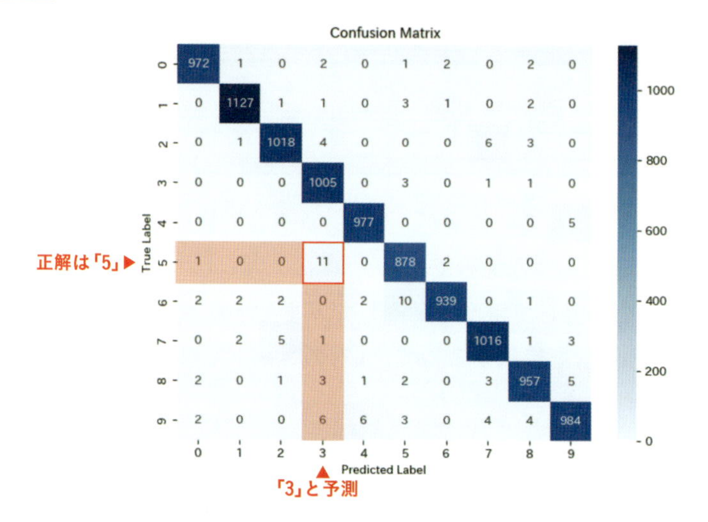

"model01"の混同行列（図7-03-5）と見比べると、誤分類の数が大きく減っていることがわかります。強いていえば、図7-05-4の赤色部分に注目すると、正解ラベルが「5」に対して、予測ラベルが「3」であるデータが11存在します。実際にどのような画像が誤分類されてしまったのか確認してみましょう。

図 7-05-5 "model03" の誤分類例

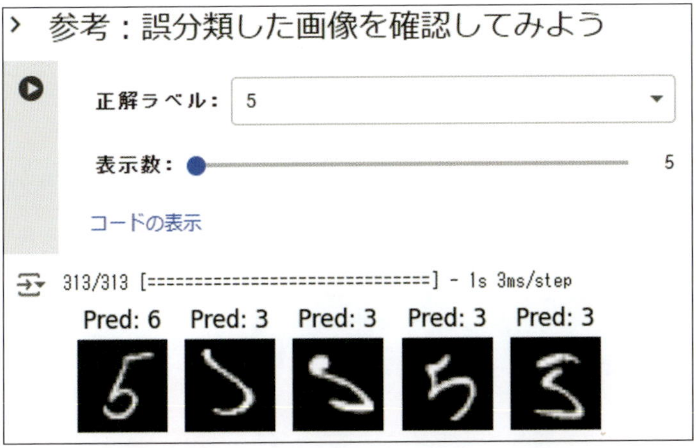

> 参考：誤分類した画像を確認してみよう
>
> 正解ラベル： 5
>
> 表示数： 5
>
> コードの表示
>
> 313/313 [==============================] - 1s 3ms/step
>
> Pred: 6 Pred: 3 Pred: 3 Pred: 3 Pred: 3

図7-05-5を見ると、人間から見ても「5」かどうか見誤ってしまいそうな画像が含まれている様子がわかります。

参考 GUIを作ってみよう

第4章で紹介したGradioを用いて、手書き数字を分類するGUIを構築してみましょう。本文中で使用したipynbファイルの下部のコードセルに、「参考：GUIで手書き文字を認識しよう」というタイトルが書かれている、図7-05-6のようなコードセルがあります。モデルを選択できるプルダウンボックスから、試してみたいモデルを選択してコードセルを実行してみましょう（今回は"model03"を選択しています）。

図 7-05-6 Gradioによるモデルの選択

> 参考：GUIで手書き文字を認識しよう
>
> model_name： model03
>
> コードの表示

このコードセルを実行すると、図7-05-7のようなインターフェースが起動します（場合によっては数分要します）[18]。赤点線で囲った枠内に数字を手書き入力して、オレンジ色の［Submit］ボタンをクリックして推論を実行してみましょう。

図 7-05-7 Gradioのインターフェース

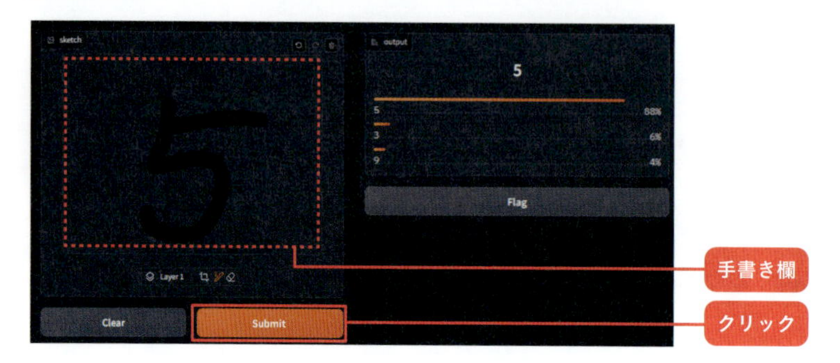

推論が完了すると、図7-05-7の右側に示すように確率が高い数字トップ3と、その予測確率が表示されます。図7-05-7では「5」である確率が88%、「3」である確率が6%、「8」である確率が4%となっており、最も確率が高い「5」が予測結果として最上部に表示されています。

せひ自由に文字を入力して精度を試してみてください（入力領域を広く使って、大きめの文字を描くとうまく識別されやすいです）。また、モデルを切り替えてコードセルを再実行すれば任意のモデルで推論を実行できます。

参考までに、上記の検証画像に対して、3つのモデルで推論を行ってみましょう。「参考：評価用画像でモデルごとの精度を確認しよう」というタイトルのコードセルにおいて、任意のモデルを選択して実行すると、図7-05-8のように画像に対する推論結果を得られます。なお、画像は事前に用意したものでモデルを変更しても画像は変わりません。

[18] 実行するブラウザの環境によって、レイアウトが異なる場合があります。手書きするにはスマートフォンのタッチパネルのほうが便利かもしれませんので、QRコードをスマホで読み取ってColabを実行してみましょう。

図 7-05-8 各モデルの予測結果

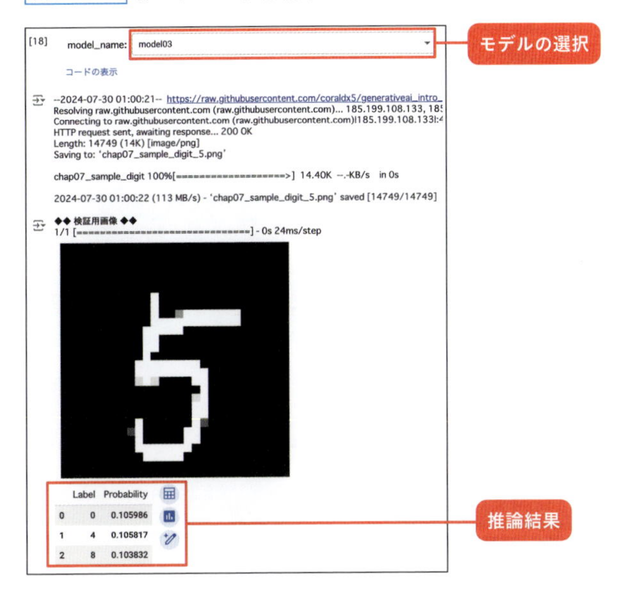

3つのモデルで推論した結果を図7-05-9に整理しました。いずれのモデルにおいても予測確率が最も高いラベルは「5」であり、正しく推測できていますが、モデルが高度になるにつれて予測確率が上昇していることがわかります。すなわち自信をもって「5」と推測できていることを意味します。

図 7-05-9 各モデルの予測結果

model01		model02		model03	
予測結果	確率	予測結果	確率	予測結果	確率
5	0.4494	5	0.8552	5	0.8753
3	0.1719	3	0.0471	3	0.0550
7	0.1005	9	0.0415	9	0.0404

06

まとめ

前節までで作成した3つのモデルの構造、正解率、パラメータ数を整理すると、図7-06-1のようになります。

図7-06-1　3つのモデルの比較

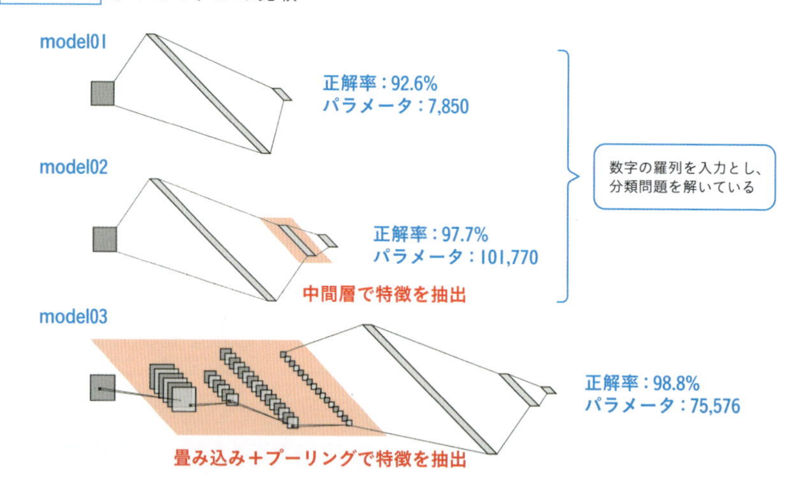

model01：単純なニューラルネットワーク（NN）

model01は、すべてのピクセルを1列に並べて10個分の予測確率を求めるモデル（第2章で学んだロジスティック回帰モデルを10個並べたようなイメージ）であり、最も単純なモデルといえます。

model02：より深いニューラルネットワーク（DNN）

model01に対して、より多くの特徴を抽出するために中間層（Dense）を1層加えたモデルがmodel02です。model01と比較してDNNと呼べるかもしれません。パラメータ数は10倍以上に増加しましたが、正解率は5.1pt.[19]上昇します。

model03：畳み込みニューラルネットワーク（CNN）

さらに、画像からより多くの特徴を多角的に抽出するために「畳み込み層＋活性化関数＋プーリング層」というCNNにおける基本的な層の組み合わせを2回重ねたうえで1列に並べ替え、さらに特徴を抽出する中間層（Dense）を重ねたモデルがmodel03です。model01およびmodel02は、入力された画像のピクセルを再配置して（1次元に並べ替えて）分類問題を解いていたイメージでしたが、model03では畳み込みやプーリング操作を行うことによって、画像が持つ複雑な特徴を取り出しているのです。

model02に対して正解率の向上幅は1.1pt.と比較的軽微ですが、使用するパラメータ数はmodel02よりも減少していることがわかります。CNNを使用することにより、効率的な（つまり少ないパラメータで高精度な）モデルを構築しているのです。

MEMO　郵便番号自動読取区分機

手書き数字認識の身近な活用例として、郵便物に手書きされた郵便番号の読み取りが挙げられます。「郵便番号自動読取区分機」で画像検索してみてください。いろいろと検索結果が表示されますが、郵政博物館のサイトに、国内に導入された世界初の実用的な郵便番号自動読取区分機の写真が掲載されています。この読取区分機は、OCR技術を使って手書きの郵便番号を認識するもので、1974年には全国52の主要な郵便局に約80台が配備され、業務省力化に貢献していたそうです[20]。

この読取区分機に用いられていたOCR技術は、いわゆるパターン認識と呼ばれる技術です。まず、数字を構成する各部分の線（素線）が、縦方向、横方向、斜め、といった、どの方向を向いているのかを認識する「線素方向抽出」という処理を行います。

[19] "pt." はポイントと呼び、パーセントポイントとも表現します。ここでは、97.7%と92.6%の差分である5.1を表現しています。よくある誤解ですが、この差のことを "5.1%" と表現することは誤りです。たとえば「92.6%よりも5.1%高い」と表現すると、92.6の5%分である4.63（92.6 × 0.05）だけ大きいことを意味し、計算すると97.23となってしまいます。

[20] 郵便番号制度が導入されたのは1968年（昭和43年）のことです。それ以前は、職員が手作業で郵便物を区分していたため、作業の効率に課題がありました。郵政省の指導のもと、1965年には株式会社東芝が郵便物自動読取区分機の開発を開始しており、早期に全国へ普及させることができました。出典：https://doi.org/10.3169/itej1954.28.257

その次に、線素方向を水平方向に順次走査し、水平方向の帯の中で線素方向がどのように変化するかを捉える「水平特徴抽出」処理を行います。取り出された水平特徴は、文字の位置や大きさが変わったり、線が歪んだりしても変わりにくいといわれています。そのため、数字の識別に必要な情報を確実に捉えるという重要な役割を果たしています。認識した水平特徴のパターンを、事前に定義しておいたパターン辞書と照合して、もっとも可能性が高い数字を推論結果として出力します。この処理の流れは図7-06-2のように整理できます。

図 7-06-2 郵便番号自動読取区分機の処理の流れ

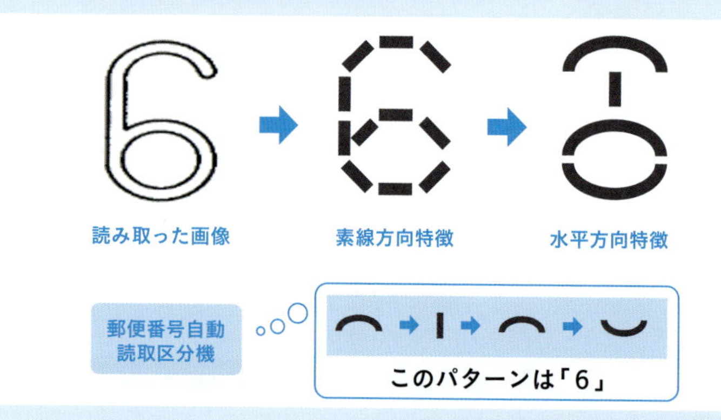

このような仕組みによって、1分間に300通を超える郵便物の自動区分が可能となりました。読み取った画像から特徴を抽出するという考え方は、本章で学んだCNNと近しい部分があります。一方で、あらかじめパターン辞書を用意しなければいけないといった事前の処理の部分が、自動的にカーネルフィルタの重みを調整するCNNとの大きな違いです。人間がパターン辞書を用意せずとも、CNNと機械学習によって自動で画像の特徴を抽出することができるようになったのです。

第 8 章

画像生成AIを支える技術

01

画像を生成する方法1 〜オートエンコーダとは〜

第6章では画像解析技術の基礎を学び、第7章では実際に手書き文字を識別するモデルを作成しました。ニューラルネットワークモデルは、中間層や畳み込み操作などを用いることによって画像から特徴を取り出し、人間には理解できない内部表現に変換して、画像分類タスクを実行していたのです。機械学習モデルが画像を解析する仕組みはわかったとして、画像を生成するには、そもそも何を入力として、どのようなモデルを用いるのかという点について理解を深めていきましょう。

図8-01-1 機械学習モデルで画像を生成するイメージ

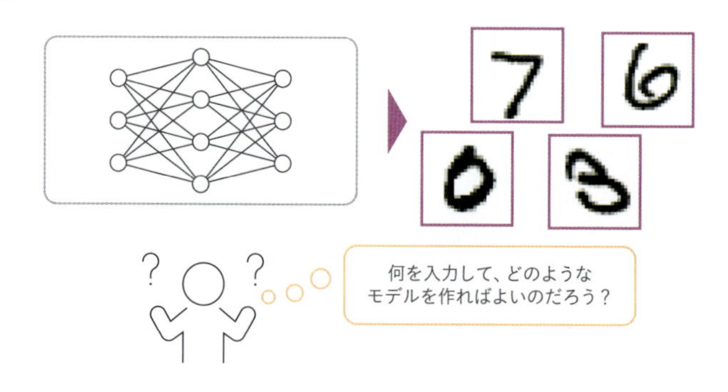

まず、内部表現から画像を生成する手法としてオートエンコーダ（"autoencoder"）を取り上げ、第7章で扱った手書き数字画像を生成するコードを実行します。

画像を自己学習するオートエンコーダ

オートエンコーダは「自己符号化器」とも呼ばれるニューラルネットワークの1つです[1]。

学習データを圧縮（低次元の潜在表現に変換）してから、もとのデータを再構築（もとの画像を生成）する工程を学習します。

より具体的なイメージを持つために、第7章で作成した“model02”（1層の中間層を持つネットワークモデル）に似た構造を持つ、図8-01-2のようなオートエンコーダを考えます（次節で実際にColab上で構築します）。図8-01-2の左側（紫色部分）では、中間層を経ることにより画像データから特徴が抽出され、（1×2の2次元データに）変換されています。同図中の右側（緑色部分）では、この流れを逆にしたような構造が描かれており、2次元のデータから画像を生成します。

図8-01-2 作成するオートエンコーダの構造

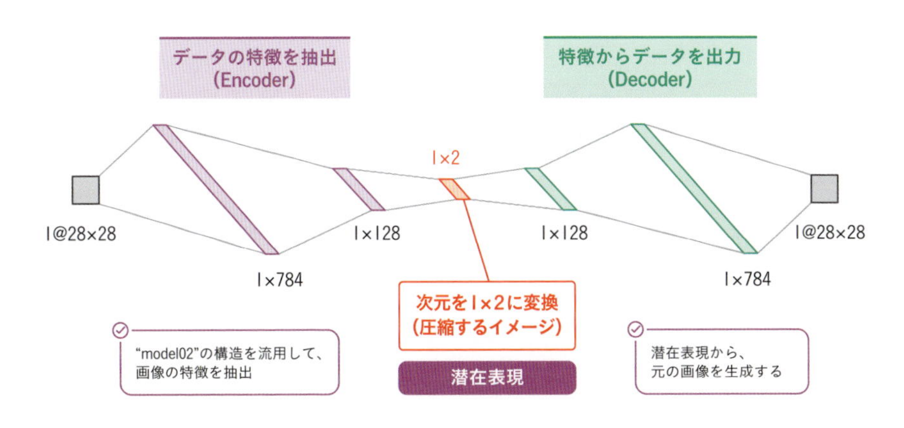

[1] 2006年に、コンピューター科学および認知心理学研究者のGeoffrey E. Hinton氏らによって提唱されました（https://doi.org/10.1126/science.1127647）。なお、同氏は第5章で紹介したAlexNetの共同設計者でもあり、AI研究の第一人者です。

第8章 画像生成AIを支える技術

このように、オートエンコーダは2つの異なるネットワークを直列に繋いだような構造になっており、簡略化すると図8-01-3のように表現できます。それぞれのサブネットワークをEncoder、Decoderと呼び、モデル全体としては砂時計を横向きにしたような構造になっています。第7章で扱ったMNISTの手書き数字データ「5」を入力して、その画像に似た画像を生成するように、各サブネットワークの重みパラメータを学習します。なお、ここで説明したオートエンコーダの構造は、次節で作成するモデル構造を記しており、層の構成は任意に定義できます。

図8-01-3 作成するオートエンコーダの概略図

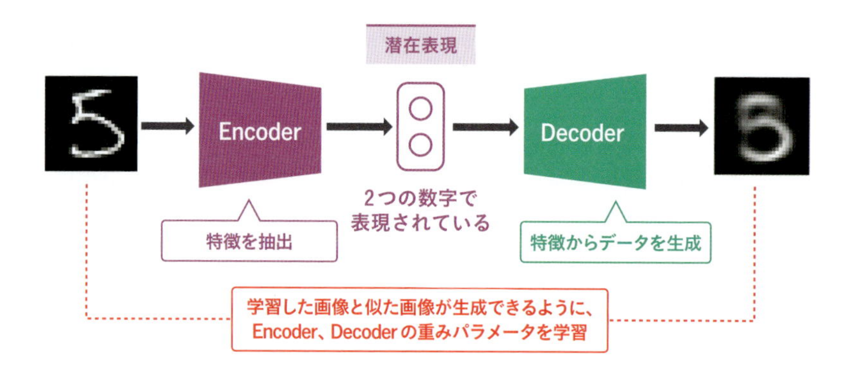

注目すべき点は、このオートエンコーダでは0から9までの手書き数字の画像が、潜在表現としてたった2つの数字で表現されているという点です。すなわち、Encoderは大量の手書き画像を学習することによって画像の特徴を2つの数字に変換しており、逆にDecoderは2つの数字から画像を生成しているのです。次の節では、実際にこのオートエンコーダをColab上で構築してみましょう。

02 オートエンコーダを作ってみよう

さっそく、Colab上で図8-01-2のオートエンコーダを作成してみましょう。Colabを立ち上げて次図8-02-1の2次元コードまたはURLからGitHubリポジトリのURLをColabで開いてみましょう。

図 8-02-1 オートエンコーダを構築する ipynb ファイルの GitHub URL

https://x.gd/WqTLe

なお、このnotebookでは第7章で用いたコードセルを一部流用しています[2]。同一のコードセルのタイトル末尾に「(第7章と同じ)」と記載してあるので、コードの内容については第7章の解説を適宜参照してください。準備ができたら次のコードセルを実行してライブラリと使用データの準備を行ってみてください（なお、すべて第7章で用いたコードセルと同一です）。

- **GPUが使用可能であることを確認**
- **使用するパッケージのバージョンを指定**
- **ライブラリのインポート**
- **学習に使うデータの準備**
- **データの準備**
- **学習用／検証用データに含まれる各ラベルの枚数を確認**

ここまでの内容は第7章と同一となります。次のコードセルを実行して

[2] 第7章で学んだ内容と繋がりを持たせるために、同等な処理を行う場合には第7章で使用したコードセルをそのまま用いています。本章では扱わないライブラリ等も一部読み込まれていますが、特に問題なく動かすことができます。

オートエンコーダを構築していきます[3]。

オートエンコーダを定義してみよう

```
001 # Decoderを構築するための「部品」をインポートします
002 from tensorflow.keras.layers import Reshape
003 
004 # エンコーディングの次元数を設定
005 encoding_dim = 2
006 
007 # モデルの定義
008 autoencoder01 = Sequential([
009     Flatten(input_shape=(28, 28)),
010     Dense(128, activation='relu'),
011     Dense(encoding_dim, activation='relu'),
012     Dense(128, activation='relu'),
013     Dense(28 * 28, activation='sigmoid'),
014     Reshape((28, 28))
015 ], name='autoencoder01')
016 
017 # モデルの構造を表示
018 autoencoder01.summary()
```

このコードの2行目では、データの形状を変換するReshape層を追加する部品を読み込んでいます。5行目ではEncoderが出力する潜在表現の次元数を指定しています。今回は2次元に設定しています。

8行目から15行目にかけて、次のようなネットワークの定義を行っています。全結合層が多いですが、それぞれ異なった役割を果たしています。

[3] Kerasの公式ブログ "Building Autoencoders in Keras" にも、オートエンコーダの作り方が掲載されていますので、さらに発展的な内容を知りたい方は参照してみてください（https://blog.keras.io/building-autoencoders-in-keras.html）。

- **フラット化層**（Flatten）
  - ・入力画像（28×28）を784の1次元配列にフラット化（1次元化）

- **全結合層**（Dense）
  - ・Encoder部分の開始層で128個のノードを持ち、活性化関数としてReLUを指定
  - ・複雑なパターンを抽出する役割を担う

- **全結合層**（Dense）
  - ・この層は2個のノードを持ち、活性化関数としてReLUを指定
  - ・前の層からの入力を低次元の潜在表現に変換する役割（圧縮された表現を獲得する役割）を担う

- **全結合層**（Dense）
  - ・Decoder部分の開始層で128個のノードを持ち、活性化関数としてReLUを指定
  - ・エンコードされた潜在表現からもとの入力データを再構築するために変換する役割を担う

- **全結合層**（Dense）
  - ・Decoderの出力層であり、フラット化された28×28ピクセル（すなわち784）の数だけノードを持ち、活性化関数としてシグモイド関数を指定
  - ・0から1の範囲の値を出力することで、並び替え前のピクセル情報を出力する役割を担う

- **Reshape層**（Reshape）
  - ・直前の層で出力された784の1次元配列を、28×28ピクセルの画像に戻す役割を担う

上記まで実行されると、図8-01-2（作成するオートエンコーダの構造）で記した構造を持つ、“autoencoder01”という名前がついたオートエンコーダが定義されます。そして18行目の.summary()を実行すると、このモデル構造を図8-02-2のように確認できます。重みパラメータの合計（Total params）は202,258個であり、これらのパラメータ値を学習によって調整することになります。

図8-02-2 "autoencoder01" の概要

```
Model: "autoencoder01"
_________________________________________________________________
 Layer (type)                Output Shape              Param #
=================================================================
 flatten (Flatten)           (None, 784)               0
 dense (Dense)               (None, 128)               100480
 dense_1 (Dense)             (None, 2)                 258
 dense_2 (Dense)             (None, 128)               384
 dense_3 (Dense)             (None, 784)               101136
 reshape (Reshape)           (None, 28, 28)            0
=================================================================
Total params: 202258 (790.07 KB)
Trainable params: 202258 (790.07 KB)
Non-trainable params: 0 (0.00 Byte)
_________________________________________________________________
```

さらに、第7章と同様にplot_modelを用いてモデル構造を可視化することもできます。

モデルを可視化してみよう

```
001 # モデルを可視化して画像を出力
002 plot_model(autoencoder01, to_file='autoencoder01.png',
    show_shapes=True, show_layer_names=False)
003 # 画像を表示
004 display(Image(filename='autoencoder01.png'))
```

このコードを実行すると、図8-02-3のように出力されます（紫色と緑色部分は筆者が追記したものです）。先ほど実行したコードセル（オートエンコーダを定義してみよう）の、ネットワーク定義箇所（8行目から15行目）と見比べて、コードと図内の層が一致していることを確認してください。

図 8-02-3 "autoencoder01" の構造図

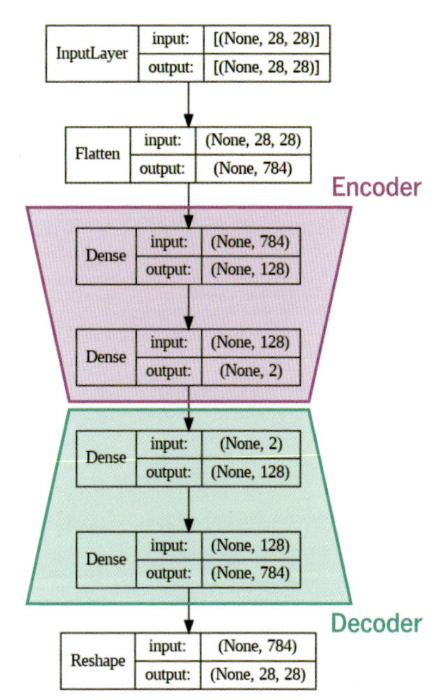

ここまででネットワークの構造を定義し、可視化して構造の確認を行えました。次に、このネットワークの重みパラメータを最適化（すなわち学習）していきましょう。

モデルのコンパイルと学習

```
001 # モデルのコンパイル
002 autoencoder01.compile(loss='mse', optimizer='adam')
003
004 # モデルを1エポックだけ学習
005 history = autoencoder01.fit(x_train, x_train,
006                             epochs=1,
                                  1エポックだけ学習させています
007                         validation_data=(x_test, x_test))
```

このコードセルの2行目で、どのような学習処理を行うかを設定（コンパイル）しています。ここでは、次の2つを設定しています。

- **loss（損失関数）**
  学習によって最小化しようとする目的関数。今回は連続値を推論する回帰問題に適したmse（平均二乗誤差）を指定[4]

- **optimizer（最適化アルゴリズム）**
  損失関数を最小化させるためのアルゴリズムとして、第7章と同様にAdamを指定

5行目以降では、次の設定を行って“autoencoder01”を学習させています。

- **x_train, x_train**
  学習用データを指定。オートエンコーダの場合は、モデルが入力データと同じものを出力できるように学習させるため、どちらもx_trainを指定

- **epochs=1**
  エポック数を1に設定[5]

- **validation_data=(x_test, x_test)**
  モデルの精度評価のため検証用データを指定。ここでもx_testを入力と正解の両方として指定

モデルの学習には時間がかかるので、上記のコードセルではエポックを1回として学習のデモンストレーションを行っています[6]。今回は事前に10エポックの学習を行ったモデルをGitHubから読み込んで使用します。

学習済みモデルを読み込み

```
001 from tensorflow.keras.models import load_model
002 # 指定されたURLから学習済みモデルをダウンロードして保存
```

[4] 第2章で、線形回帰モデルを学んだ際に「残差を平方（二乗）して合計した値（和）」、すなわち残差平方和（RSS）という損失関数を紹介しました。平均二乗誤差は「残差を平方（二乗）して平均した値（和）」と説明できます。
[5] エポック数は、学習データを学習する回数です。第7章の説明も適宜参考にしてください。
[6] ipynbの下部には10エポック学習させるためのコードセルも掲載しているので、参考にしてみてください。

```
003 !wget -O chap08_autoencoder01-01.h5 https://raw.
    githubusercontent.com/coraldx5/generativeai_intro_
    book/master/chap08_autoencoder01-01.h5
004
005 # ダウンロードしたファイルを読み込み、autoencoder01に代入
006 autoencoder01 = load_model('chap08_autoencoder01-01.h5')
```

このコードセルの1行目では、保存されたKerasモデルを読み込むためにload_modelという「部品」をインポートしています。3行目では、指定されたURLから学習済みモデル（chap08_autoencoder01-01.h5）をダウンロードし、6行目でモデルを読み込んでいます。これにより、同一のモデルを各読者のColab上で再現できます。

それでは読み込んだモデルに検証用データを入力し、どのような画像が出力されるか確認してみましょう。次のコードセルを実行すると、あらかじめ指定した0～9の画像を"autoencoder01"モデルに入力し、この画像を圧縮して再構成した画像が出力されます[7]。上の段に並んでいる画像が、モデルに入力した0～9の数字画像で、下の段が再構築された画像です。

図 8-02-4 "autoencoder01" の入出力

› オートエンコーダの入出力を確認しよう
• このコードセルを実行すると、予め指定した0～9の画像が再構築されて出力されます
コードの表示
313/313 [==============================] - 1s 2ms/step

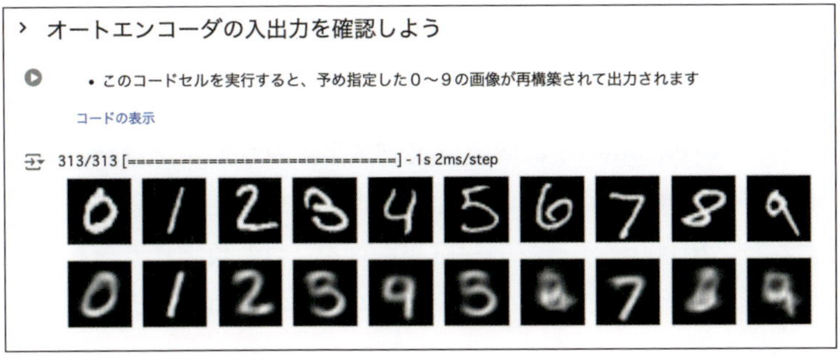

出力結果（下段）を見ると、「0」「1」「2」「7」という数字はうまく再現できていそうです（人間が読んでも正しく識別できます）。一方で、「4」と「9」、「3」と「5」は両者の識別がそれぞれ難しくなっています。これは、人間的な感覚と

[7]このコードセルでは、0～9の画像に対応する番号（インデックス）を指定し、常に同じ画像が入力されるように固定してあります。コードを知りたい方は、[コードの表示] をクリックしてコメントを読んでみましょう。

も一致していそうです。より具体的なイメージを持つために、直後のコードセル「参考：0〜9の数字をランダムに選んでデコード具合を確認してみよう」を実行してみてください。実行するたびにランダムな0〜9の画像が選択され、それらの画像を入力としてデコードした画像が出力されます。

潜在表現を出力するEncoderの挙動を確認しよう

ここで注目すべきは、出力された画像はたった2つの潜在表現から生成されているという点です。まずはEncoderについて、0〜9の画像の特徴をどのように2つの数字に変換しているか確認してみましょう。

Encoderの出力結果を確認しよう

```
001 # エンコーダ部分の定義
002 encoder01 = keras.models.Model(inputs=autoencoder01.
    input,
003                                outputs=autoencoder01.layers[2].output)
004
005 # 検証用データの潜在表現を取得
006 encoded_imgs01 = encoder01.predict(x_test)
```

このコードセルの2行目と3行目では、先ほど定義した"autoencoder01"モデルの2番目の全結合層までを取り出してencoder01として定義しています。6行目では、このencoder01に検証用データを入力してエンコードを行い、潜在表現をencoded_imgs01という変数に代入しています。ここまでの処理が完了すると、10,000件すべての検証用画像を2つの数字に変換したことになります。ここで、任意の1枚の画像を選んで潜在表現を出力してみましょう。

たとえば図8-02-5のように、コードセルにおいてスライダー(image_index)を「4616」に設定して実行すると、もとの画像が左側に表示され、その画像の潜在表現(encoder01による変換結果)を2次元平面に描画したグラフが右側に表示されます(この2次元平面は潜在表現が埋め込まれる場所であることから、**潜在空間**などと呼ばれています)。「9」と書かれた画像が(37.1, 36.5)という2つの数字[8]に変換されたことがわかります。

図 8-02-5 選定した画像と、その潜在表現

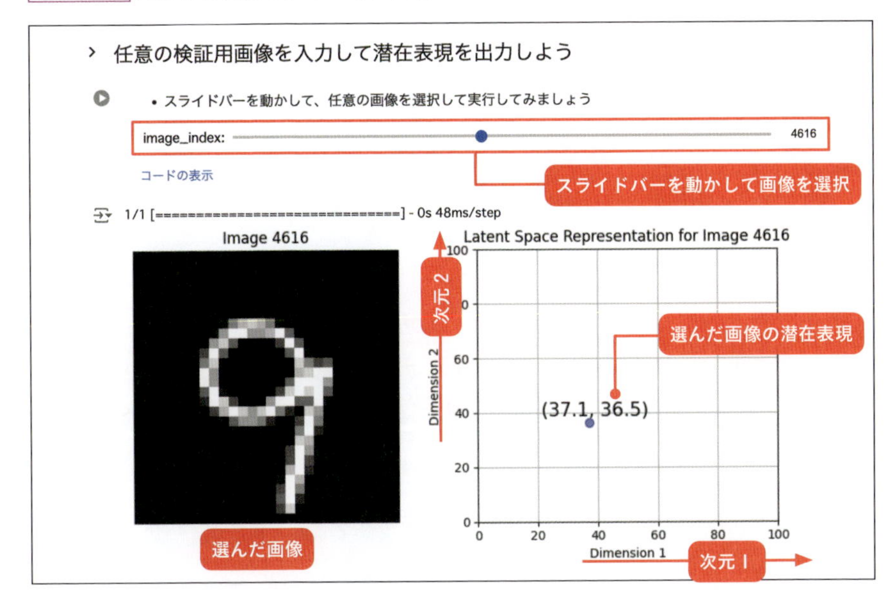

スライダーは0〜9999の範囲で任意に設定できるので、自由に動かして実行してみてください。

何通りか試してみると、数字ごとにプロットされる場所に特徴があることに気がつくかもしれません。そこで、次のコードセル「画像の潜在表現を数字別に出力しよう」を実行して、0〜9の画像の潜在表現を数字ごとに出力してみましょう。結果は次ページの図8-02-6のようになります。

[8] ここでは、横軸(x)方向、すなわち次元1(Dimension 1)の値が37.1となり、縦軸(y)方向、すなわち次元2(Dimension 2)の値が36.5であることを意味しています。

図 8-02-6 "autoencoder01" における各数字の潜在表現

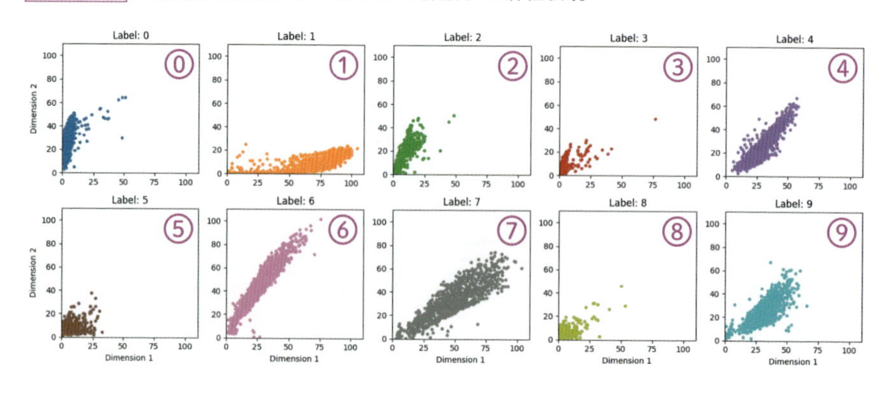

潜在空間上の位置には数字ごとに特徴がありそうです。そこで、これらの数字ごとの出力結果を重畳して1枚のグラフにしてみましょう。コードセル「すべての検証用画像の潜在表現を出力しよう」を実行すると、図8-02-7のようなグラフが出力されます。

図 8-02-7 "autoencoder01" の潜在表現を1枚のグラフに重畳

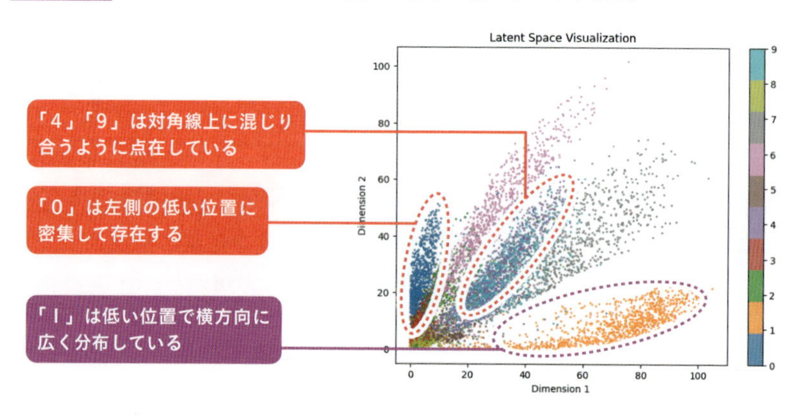

これらの図から、たとえば「0」のエンコード結果を見ると次元1(横軸方向)の値が0〜10付近、次元2(縦軸方向)の値が10〜50付近に密集しています。同様に、「1」のエンコード結果は次元1の値は10〜100までに広く分布しており、次元2の値は0〜20付近に分布しています。「4」と「9」については、対角線付近に混ざり合うように分布しており、互いに類似するエンコード結果が得られていることがわかります(つまり、これらの数字は識別しにくいというこ

とです)。

図8-02-4("autoencoder01"の入出力)を思い出してみてください。"autoencoder01"によって出力した「4」と「9」、「3」と「5」は両者の識別がそれぞれ難しくなっていましたが、これは両者ともに同じような潜在表現を有していたからです(潜在空間上における位置が近い、とも表現できます)。このように識別が難しい数字が存在するものの、「0」や「1」はほかの数字とは異なる位置に埋め込まれているため、識別が容易になっていると考えられます。

潜在表現から画像を生成するDecoderの挙動を確認しよう

学習済みの"autoencoder01"モデルのDecoder部分を利用して、潜在表現から画像を生成してみましょう。具体的には、図8-02-8中にあるA～Eの5つの点の座標情報から、画像を生成します。

図8-02-8 "decoder"に入力する潜在表現

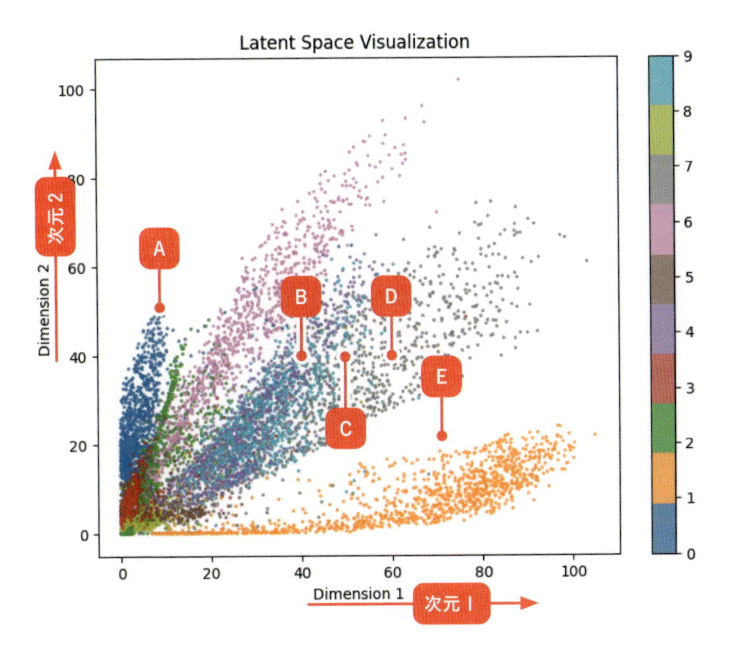

図8-02-8にプロットされている細かな点群は、検証用画像から出力した

潜在表現を表していますが、A～Eの点は、いずれの点群とも一致していません。すなわち、“autoencoder01”モデルを学習した際には存在しない潜在表現を与えて、画像を生成させようとしているのです。図8-02-9のように、点Aの座標（10, 50）を設定してコードセルを実行してみましょう。

図8-02-9 点A（10, 50）を設定して潜在表現から画像を生成しよう

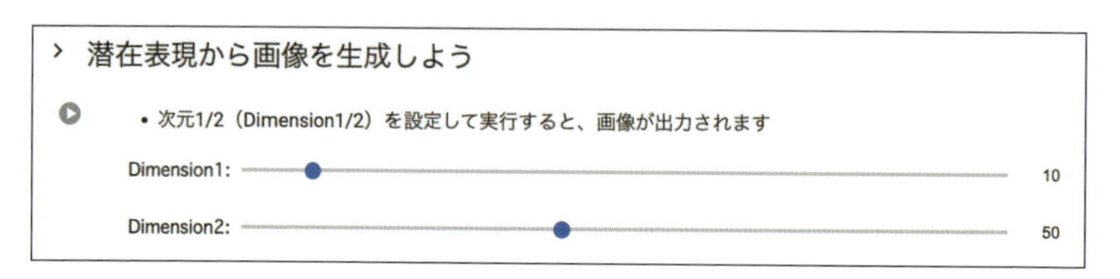

点A～Eについて、それぞれの座標を設定してコードセルを実行し、出力した画像を並べると図8-02-10のようになります（各点の相対的な位置関係を反映した構図にしています）。

図8-02-10 各潜在表現から生成した画像

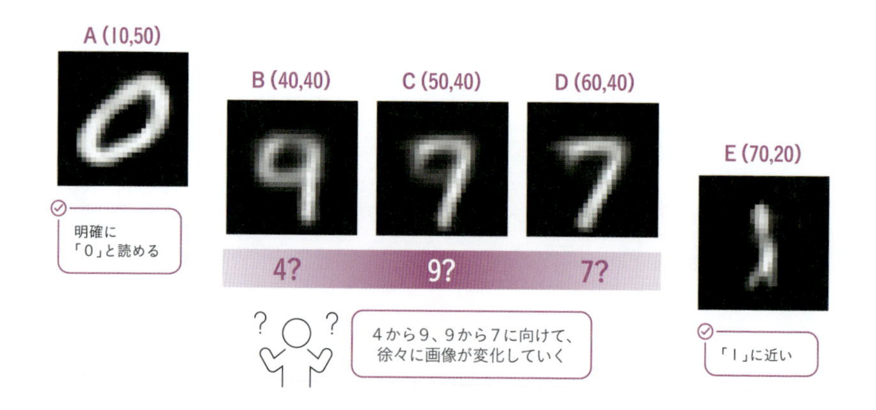

点Aは検証用画像の「0」の潜在表現が密集するエリア内に位置しているため、はっきりと「0」と読める画像が出力されています。

点Bと点C、点Dは、検証用画像の「4」と「9」、「7」の潜在表現が点在するエリアに位置しています。点Bは「4」とも「9」とも読めそうな画像が出力されています。点Cと点Dは、どちらも検証用画像の「9」と「7」の潜在表現が点在するエリアに位置しています。点Cの周囲では「9」の割合が高く、点Dの周囲では「7」の割合が高くなっています。生成された画像を

見比べてみると、どちらの画像も「9」あるいは「7」と読めそうですが、点Cは「9」に近く、点Dは「7」に近いことがわかります。

点Eは検証用画像の「1」の潜在表現が点在するエリアの近傍に位置していますが、この辺りには検証用画像の潜在表現が存在しません。生成された画像は「1」と読めそうですが、品質が低下していることがわかります[9]。オートエンコーダは学習した潜在空間上の領域周辺から画像を生成することを前提にしているので、潜在空間上の未学習領域から画像を生成するのは苦手なのです（この欠点を解決するために潜在空間上に確率的な考えを導入したVAEを、次節で紹介します）。

このコードセルのスライダーを調整して、自由に画像を生成してみてください。

潜在表現を複雑化してみよう

先ほどまでは潜在空間が2次元（エンコーディングの次元数が2）のオートエンコーダモデルを使用しましたが、図8-02-11のように48次元に増やしてみましょう（潜在空間の次元を増やしただけで、そのほかの構造については変更ありません）。

図8-02-11 autoencoder01の潜在空間を複雑化したautoencoder02

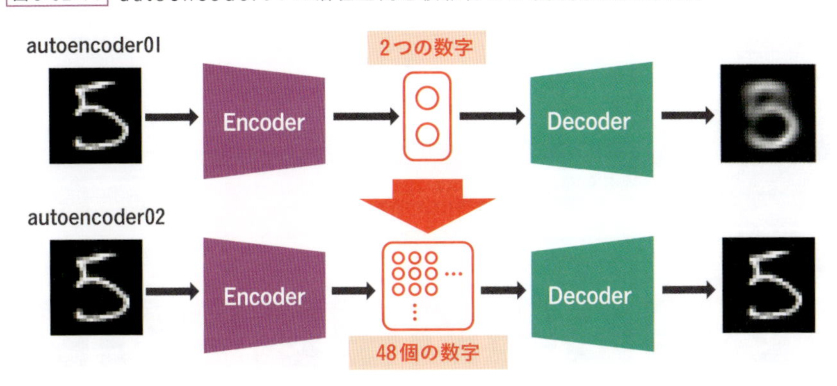

コードセル「学習済みモデルを読み込んで構造を確認しよう」を実行すると、事前に10エポックの学習を行った“autoencoder02”モデルがGitHub

[9] 潜在空間において少し離れた位置にある「5」の影響を受けているようにも見受けられますが、いずれにしろ判別しづらい画像となっています。

からダウンロードされて読み込まれ、構造が出力されます。

図8-02-12 "autoencoder02" の概要

› 学習済みモデルを読み込んで構造を確認しよう

- 48次元の潜在空間を持つ autoencoder02 を読み込みます
- 読み込んだ autoencoder02 モデルの構造を可視化しよう

```
Model: "autoencoder02"
_________________________________________________________________
 Layer (type)                Output Shape              Param #
=================================================================
 flatten_2 (Flatten)         (None, 784)               0
 dense_8 (Dense)             (None, 128)               100480
 dense_9 (Dense)             (None, 48)                6192
 dense_10 (Dense)            (None, 128)               6272
 dense_11 (Dense)            (None, 784)               101136
 reshape_2 (Reshape)         (None, 28, 28)            0
=================================================================
Total params: 214080 (836.25 KB)
Trainable params: 214080 (836.25 KB)
Non-trainable params: 0 (0.00 Byte)
_________________________________________________________________
```

重みパラメータの合計（Total params）は214,080個であり、“autoencoder01”モデルよりも6％程度増加しています。これらのモデルを使用して0〜9の数字を入出力させてみましょう。コードセル「オートエンコーダの入出力を確認しよう」を実行すると、図8-02-13のように出力されます。

図8-02-13 もとの画像と、"autoencoder01" および "autoencoder02" の入出力

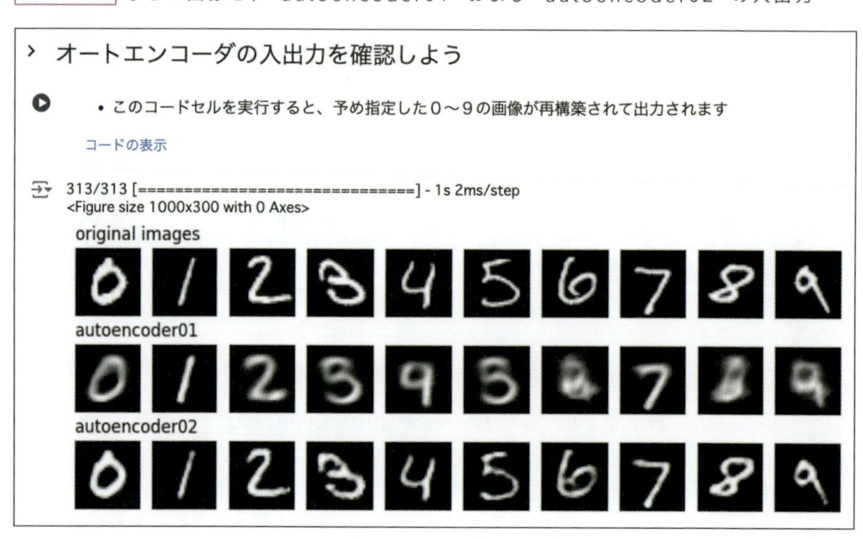

0～9の数字が3段に渡って出力されています。上の段が入力に使用したもとの画像（original images）で、中段が“autoencoder01”により出力（デコード）された画像[10]、下段が“autoencoder02”により出力（デコード）された画像です。潜在空間が2次元である“autoencoder01”によって出力された画像よりも、“autoencoder02”により得られた画像のほうが明確に各数字を再現できている様子がわかります。特に「4」と「9」、「3」と「5」を、それぞれ明確に区別できます。

先ほどの“autoencoder01”モデルの場合は、潜在空間が2次元であったため平面のグラフ上に潜在表現を可視化できましたが、48次元となると人間が認識できる次元を優に超えているために表現することは叶いません。しかし、構築した“autoencoder02”モデルは、28×28の画像を48次元の潜在空間上で解釈し、その解釈結果に基づいて0～9の画像を生成していると考えられます。

参考 自分でオートエンコーダを定義して学習してみよう

潜在空間の次元数が異なる2つのオートエンコーダの挙動を確認することで、画像を潜在表現に変換し、潜在表現から画像を生成する仕組みを理解できたと思います。ここでは、潜在空間の次元数と、学習回数（エポック数）を自由に設定してモデルを作成するコードを紹介します。

コードセル「モデルの定義と学習」にある2つのスライドバーを操作することによって、潜在空間の次元数と学習回数を設定できます。このコードセルを実行すると、指定した条件でモデルの学習が行われます（次元数が大きいほど、学習回数が大きいほど、学習に要する時間は長くなります）。ここでは、例として潜在空間が80次元のモデルを、10エポック学習させます。

[10] 図8-02-4「““autoencoder01”” の入出力」と同一の画像です。

図8-02-14 オリジナルのオートエンコーダによる出力結果を見比べてみよう

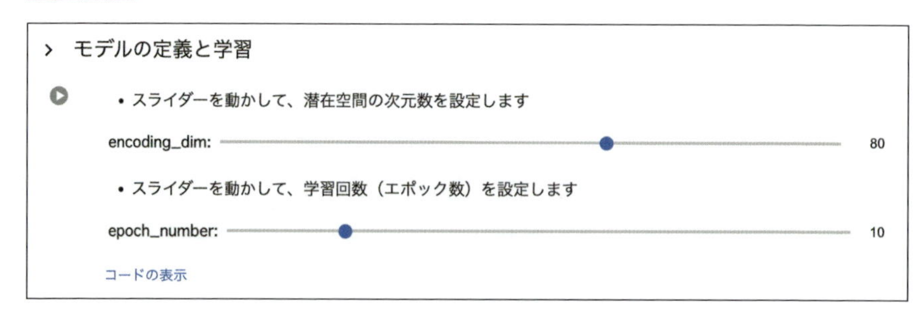

学習が完了すると、図8-02-15のような学習曲線[11]が描画されます。

図8-02-15 自分で設定したモデルの学習曲線

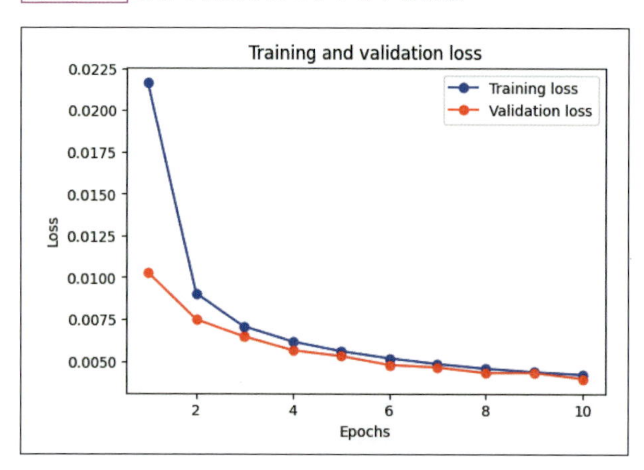

学習が進むにつれて、学習用と検証用データにおける損失（正解との誤差のことで、小さくなるほど精度よく予測できていることを意味します）が小さくなっていることがわかります。

コードセル「オートエンコーダの入出力を確認しよう」を実行すると、入力画像に加えて、今までに試した"autoencoder01"（2次元）、"autoencoder02"（48次元）、そして今回作成した80次元の潜在空間を有するオートエンコーダによる入出力結果を図8-02-16のように可視化できます。

[11] 横軸にエポック数、縦軸にモデルのパフォーマンス（今回の場合は損失）を取ったグラフでした（第7章もご参照ください）。

図8-02-16 自分で設定したモデルの学習曲線

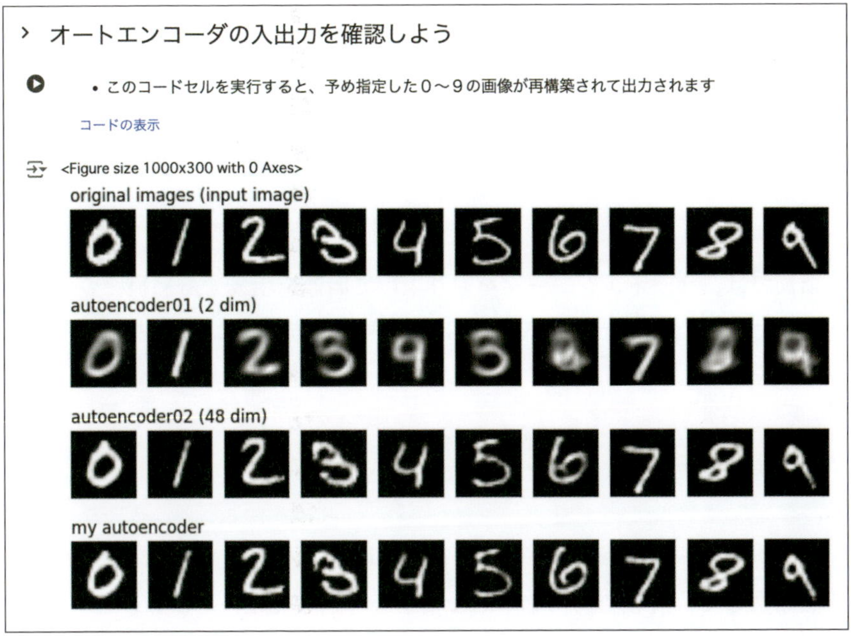

› オートエンコーダの入出力を確認しよう

• このコードセルを実行すると、予め指定した０～９の画像が再構築されて出力されます

コードの表示

<Figure size 1000x300 with 0 Axes>

original images (input image)

autoencoder01 (2 dim)

autoencoder02 (48 dim)

my autoencoder

この結果を見ると、潜在空間の次元が上がるにつれて鮮明な数字が表れていることに気がつくでしょう（特に「6」や「8」については違いがわかりやすいので、手元のColabで試して見比べてみてください）。

今回は比較的単純な画像（0～9の数字）に対して、比較的浅い層で構築されるオートエンコーダを用いました。オートエンコーダには、前章で取り上げた畳み込み層やプーリング層を使用することもできるため、より複雑で高精度なモデルを構築可能です。

03

画像を生成する方法2 〜VAE/GAN/拡散モデル〜

前節では、オートエンコーダを取り上げて画像を生成する過程について理解を深めました。本節では、VAE、GAN、拡散モデルという代表的な画像生成手法を紹介します。

潜在空間に確率分布を導入したVAE

VAE(variational autoencoder)[12]は、前節で取り上げたオートエンコーダの考えを拡張して、潜在空間に確率的な要素を導入したオートエンコーダです。VAEは変分自己符号化器とも呼ばれ、潜在空間を確率分布[13]で表現します。画像データが正規分布から生成されると仮定して、確率分布のパラメータ(期待値と分散)を学習します。オートエンコーダでは潜在表現の値自体を学習していますが、VAEの場合には画像データの潜在的な特徴を確率的に捉えるため、より自然な画像を生成する能力に長けているといわれています。図8-03-1のように、VAEはオートエンコーダと同様な構造を持ちますが、潜在表現として確率分布を用いている点が異なります。

!

[12]VAEに関する原論文は2013年に公開されました(https://doi.org/10.48550/arXiv.1312.6114)。

[13]通常は正規分布が用いられます。正規分布はベルカーブ(bell curve)とも呼ばれ、その名の通り期待値(平均値)を中心とした左右対称なベル(釣鐘)形状の分布であり、期待値と分散の2つのパラメータによって形状が決定します。自然現象や人間の身長、体重、成績まで、さまざまな現象によくあてはまる連続的な確率分布です。

図8-03-1　VAEの概略図

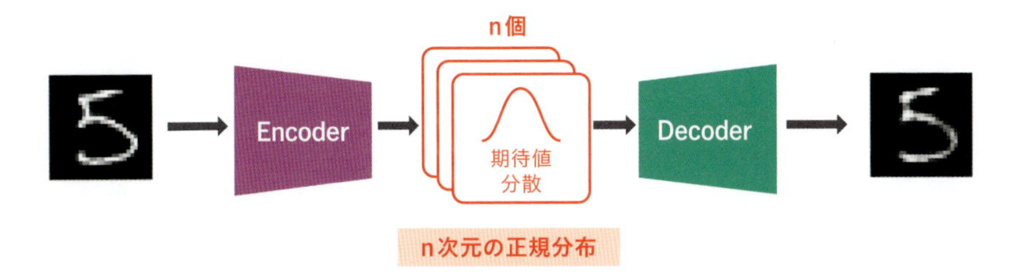

前節で作成したオートエンコーダと同じネットワーク構造のVAEで手書きの数字画像を学習してみます[14]。学習した各数字の潜在変数（期待値と分散）を1枚のグラフに重畳すると、図8-03-2のようになります。

図8-03-2　VAEの潜在変数（期待値と分散）

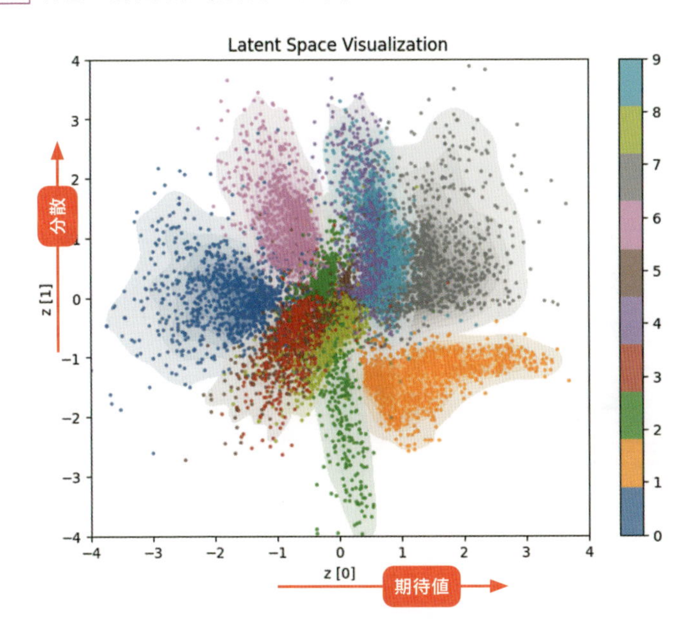

学習した画像の特徴が雲のように潜在空間上に広がるイメージです。オートエンコーダでは、画像を潜在空間上に点として変換して学習していたので、学習された潜在空間上の学習済み部分が点在（非連続）していました。

[14] 前節で作成したオートエンコーダの潜在表現のみを変更したものと考えてください。作成に用いたコードはGitHub上で公開しているので適宜実行してみてください（https://x.gd/5fJiX）。

VAEの場合には、画像を潜在空間上に変換する過程で確率的な分布を仮定するため、学習された潜在空間上の学習済み部分が滑らかに分布（連続）しているイメージとなり、より意味のある画像を生成しやすくなります。

敵対的学習により画像を生成するGAN

GAN[15]（敵対的生成ネットワーク）は、生成器（Generator）と識別器（Discriminator）と呼ばれる2つのニューラルネットワークで構成されています。生成器はノイズ（たとえばランダムなベクトル）から本物に近い画像を生成しようとするのに対して、識別器は本物の画像か、生成器によって作られた偽物の画像かを判断しようとします。これらが競うように（敵対的に）学習を進めることで画像生成能力を獲得します。このGANの構造は図8-03-3のように図示できます。

図 8-03-3　GAN の概略図

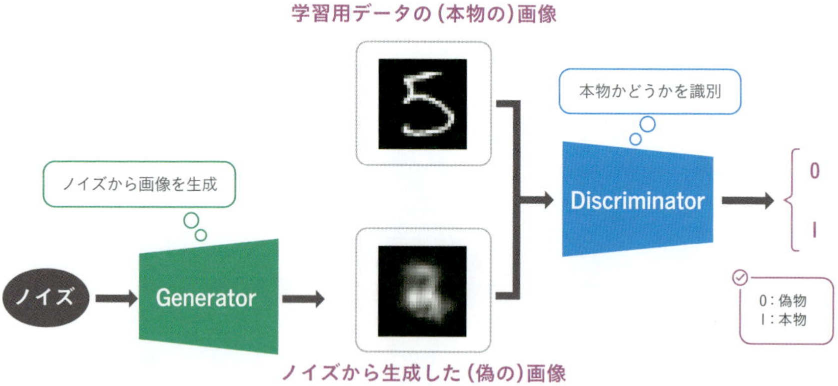

学習用データの（本物の）画像
本物かどうかを識別
ノイズから画像を生成
Discriminator
0
1
ノイズ
Generator
0：偽物
1：本物
ノイズから生成した（偽の）画像

生成器は、識別器が「本物」と判断する確率を最大化するように学習するので、うまく学習することによって図8-03-4のように、極めて本物に近い画像を生成可能になります[16]。

[15] Generative Adversarial Network の略で、2014 年に提案されました（https://doi.org/10.48550/arXiv.1406.2661）。
[16] 高品質な顔画像生成において優れた性能を発揮するStyleGANを用いて、架空の人物の顔写真を生成するサービスをPhillip Wang氏が2019年に公開しています。アクセスするたびに異なる画像が生成されます（https://thispersondoesnotexist.com/）。なお、同氏のサービスを皮切りに、存在しない猫、不動産の間取り、国会議員、アニメのキャラクターの画像を生成するサービスが登場し、GANの精度を体感できます（https://thisxdoesnotexist.com/ に、同様なサービスがまとめられているので適宜試してみてください）。

図 8-03-4 GANで生成した架空の人物

さらに、単にノイズから画像を生成するのではなく、生成過程で画像に対するさまざまな属性（たとえば、顔の向きといった画像の大まかなレイアウト、人種や肌の色、顔の表情、年齢）に相当する情報（スタイル）を加えることで、多様な画像を生成するStyleGAN[17]が2018年に登場しました。StyleGANは、ノイズに少しずつ意味を持たせて、意図通りの画像を生成します。たとえば、年齢に相当するスタイルを変化させて、さまざまな年齢の人物画像を生成すると図8-03-5のような画像が得られます[18]。

図 8-03-5 StyleGANにより再現した年齢変化

画像にノイズを加えて破壊して再構築する過程を学習する拡散モデル

ノイズから画像を生成するという観点で類似するコンセプトのモデルとし

[17]StyleGAN（Style-Based Generator Architecture for Generative Adversarial Networks）は、2018年に半導体大手であるNVIDIAが公開しました（https://doi.org/10.48550/arXiv.1812.04948）。低解像度の画像から始めて、徐々に高解像度の画像を生成する層を積み重ねた構造であり、高解像度の画像を生成できます。異なる解像度の層に対して、生成したい画像の属性を個別に操作することで、任意のスタイルの画像を生成できます。また、後述するCLIP技術を組み合わせて、入力文章から特徴を抽出してStyleGANに与えることよって画像を生成するStyleCLIPという手法も提案されています（https://doi.org/10.48550/arXiv.2103.17249）。

[18]もとの人物のアイデンティティを維持しつつ、年齢変化に応じて顔の特徴や頭の形を変化させるには複雑な変換が必要になります。図8-03-5の画像はイスラエルのテルアビブ（Tel Aviv）大学が2021年に公開した論文から抜粋しています（https://doi.org/10.48550/arXiv.2102.02754）。

て、拡散モデル（Diffusion model）[19]があります。拡散モデルは、図8-03-6のようにもとの画像に対して段階的にノイズを付加して最終的に完全なノイズに変換する拡散過程（forward process）と、完全なノイズからもとの画像を徐々に再現する逆拡散過程（reverse process）に分かれています。

図 8-03-6 拡散モデルのイメージ

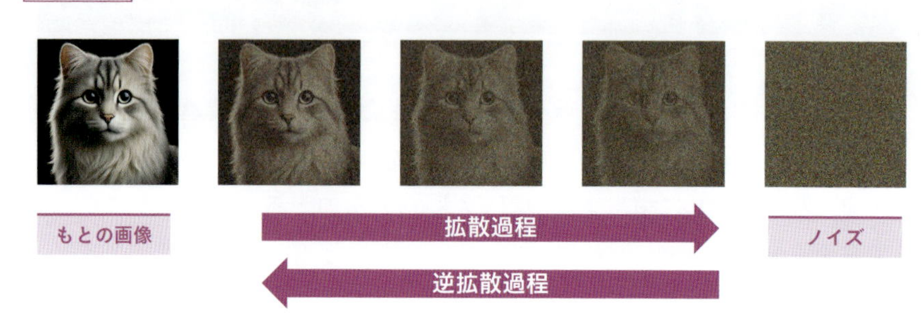

オートエンコーダは画像を低次元の表現に圧縮してから復元する過程を学習することによって画像を解釈しました。つまり画像の特徴を潜在空間に埋め込み、その潜在的な特徴をもとにして画像を生成していたのでした。これに対して拡散モデルは画像を圧縮するのではなく、ノイズにしか見えないような程度にまで破壊するので、このノイズデータ（ランダムなデータ）から画像を復元できる程度にまで学習したモデルは、画像をゼロから生成する能力を獲得していると考えられます。

学習した拡散モデルを利用して画像を生成する手順は単純です。たとえば猫の画像を学習した拡散モデルにノイズデータを与えるだけで、図8-03-7のように毎回異なる猫の画像が生成されます。

[19] 拡散モデルは2020年頃から注目を集めました。ノイズを付加する過程を工夫することで高速な画像生成を可能にしたDDIM（Denoising Diffusion Implicit Models）という手法が提案されたのもこの時期です（https://doi.org/10.48550/arXiv.2010.02502）。

図8-03-7 拡散モデルで多様な猫を生成するイメージ

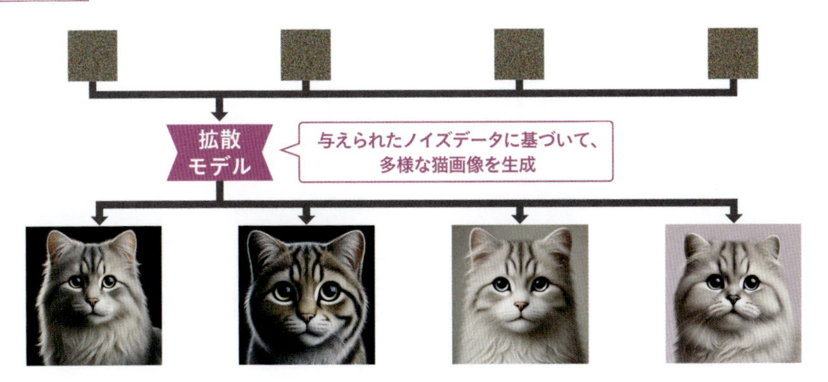

これだけではひたすら猫の画像を生成するだけに過ぎず、任意の画像を生成することはできません。ただし図8-03-7のイメージを鑑みると、入力するノイズデータによって猫の雰囲気が変化するため、ノイズに何らかの意味づけ（たとえば、丸っこい猫、悲しそうな猫、といった生成したい画像の雰囲気）を行うことによって、生成される画像を操作できそうです。

次節では、人間の意図を画像生成モデルに反映させる手法、すなわちどのように入力文章と画像生成モデルを組み合わせて画像を生成するのか、という点について理解を深めていきましょう。

04

文章から画像を生成するAIの仕組み

前節までで、オートエンコーダやVAEのように画像の潜在的な特徴を抽出して復元することによって画像を生成する手法、GANや拡散モデルのようにノイズから画像を生成する手法について紹介しました。拡散モデルは与えるノイズを変えることで多様な画像を生成できましたが、仮にノイズデータに意味を持たせられたら、意味を持つ絵を生成できそうです。

たとえば、図8-04-1のように「宇宙から地球を見つめる元気な猫」という文章に対応する画像の生成を考えます。文章データから特徴を取り出すために、VLMというモデル[20]を使用して、ノイズに文章の概念を追加します。ノイズデータに意味を持つ情報を付加したとしても、人間から見ると意味があるような画像には見えず、文章でも画像でもない、潜在空間上の情報として扱われます。この情報は「宇宙から地球を見つめる元気な猫」という概念を含んでいるため、この概念に合致した画像が生成されるのです。

図 8-04-1 文章から画像を生成するイメージ

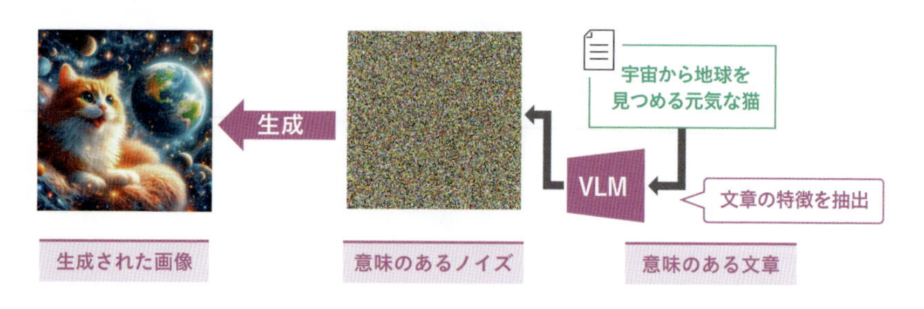

[20]VLM（Visual Language Model）は、文章（プロンプト）から画像を生成するText to Image（t2i）というタスクにおいて重要な役割を果たします。VLMは文章と画像の関係を学習したモデルであり、たとえば「猫」という文章と猫の画像を対応づけて学習することによって、「猫」という文章に対して猫の画像の特徴をエンコード（潜在表現を出力）できます。本文中の例では、「宇宙から地球を見つめる元気な猫」という文章に対応する画像の概念を出力して、潜在空間上に埋め込んでいるイメージとなります。

次に、画像生成を行うために文章を潜在空間上に埋め込むためのVLMを考えます。VLMは文章データと画像データという2種類の異質なデータを関連づけるモデルで、OpenAIのCLIP[21]が有名です。CLIPは、インターネット上の公開データから取得された約4億の画像と、その画像に対する説明文のペアから構成される大規模データセットを使って学習したモデルです。大量の多様な画像と文章から抽出したそれぞれの特徴を関連づけることによって、2つの異なるモダリティ[22]間の関係性を理解する能力を獲得しています[23]。

図 8-04-2 CLIP の概念

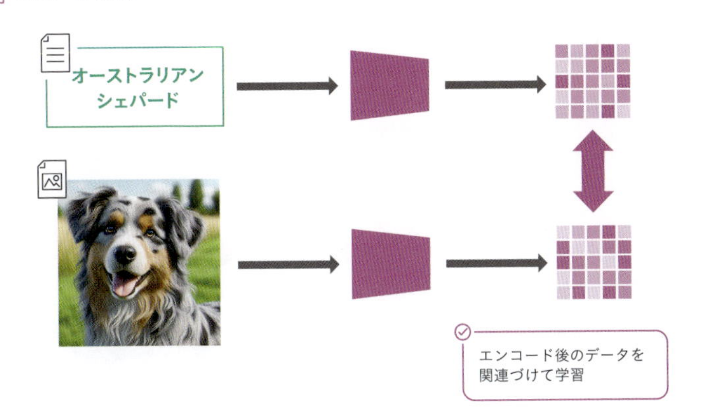

事前学習済みのCLIPを利用すれば、文章から画像を生成したり、逆に画像に対する説明文を生成させたりすることも可能になります[24]。モーダルを跨いだ学習を行うには大量の学習データが必要とされており、有名な学習データセットとしては非営利団体であるLAION（Large-scale Artificial Intelligence Open Network）によって公開されているLAIONデータセットがあります。

[21] CLIP（Contrastive Language-Image Pre-training）は、2021年に公開された事前学習積みモデルです（https://doi.org/10.48550/arXiv.2103.00020）。

[22] モダリティは情報の性質です（第1章参照）。

[23] 第6章でも紹介した、画像解析に用いられるAlexNet、VGGNetなどは主にImageNetと呼ばれる大規模データセットに対する能力を競っていました（ImageNetデータセットに対する精度を競うILSVRCという大会が2010年から2017年まで毎年開催されていました）。このImageNetデータセットには1,000種類（クラス）の物体が映った1,400万枚以上の画像から構成されています（https://www.image-net.org/download.php）。CLIPは、ImageNetとは桁違いの数の画像を学習しているため、高い能力を獲得できたと考えられます。

[24] 画像から文章を生成する場合には、すでに紹介した画像解析技術を用いて画像の特徴を潜在空間上に埋め込んだあとに、その埋め込んだ情報をもとに文章を生成するという、逆の流れを経ることになります。

2021年には約4億個の画像と説明文章ペアが含まれる大規模データセット「LAION-400M」が公開され、2022年には約58億5000万個の画像と説明文章ペアが含まれる大規模データセット「LAION-5B」が公開されています[25]。

VAEと拡散モデルを使った"Stable Diffusion"

Stable Diffusion[26]は、LAIONデータセットを使って学習を行い、高い精度で文章から画像を生成する（Text to Image）能力を獲得した生成AIモデルです。このモデルは、前節で取り上げたVAEと拡散モデルが使われています。Stable Diffusionで画像を生成する様子は図8-04-3のように説明できます。

図8-04-3 Stable Diffusionで画像を生成する流れ

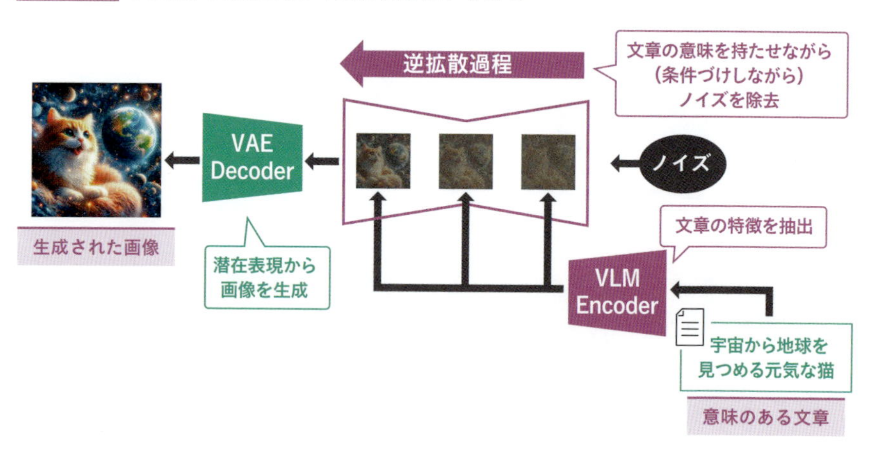

[25] LAION-5Bは多言語のデータセットで、英語以外にも100以上の言語が含まれています。インターネット上を自動巡回して収集したデータであり、研究や実験を容易にできるようにするという目的で作成されました（https://doi.org/10.48550/arXiv.2210.08402）。一方で、あまりにも大量の画像を自動収集しているため、暴力的ないし性的な画像や著作権に問題がある画像が含まれている可能性があり、過去には児童ポルノ写真が混入していたことが発覚し削除されたこともあります。2024年6月、国際的な人権NGOであるHRW（ヒューマン・ライツ・ウォッチ）は、LAION-5Bにはブラジルの子供の画像が同意なく使用されていることを報告しました（https://www.hrw.org/news/2024/06/10/brazil-childrens-personal-photos-misused-power-ai-tools）。ちなみにLAIONデータセット登場以前の大規模データセットとしてはYFCC100M（Yahoo）などがあり、YFCC100Mには約1億枚のラベルつき画像（と80万個の動画）が含まれています（https://doi.org/10.1145/2812802）。

[26] Stable Diffusion（ステーブル・ディフュージョン）は2022年に英国のスタートアップ企業であるStability AIにより公開され、文章から精巧な画像を生成できることから世界的な注目を集めました（https://doi.org/10.48550/arXiv.2112.10752）。

前節で述べた通り、拡散モデルの逆拡散過程ではノイズから画像を生成できました。この際に、入力された文章「宇宙から地球を見つめる元気な猫」をCLIPのEncoderを用いて特徴を抽出し、逆拡散過程の途中に埋め込みながらノイズを除去します。この過程では、文章と画像の情報を効果的に関連づけるためにAttention機構[27]が用いられており、これにより入力された文章に対する応答性を高め、精度の高い画像を生成できます。VAE、すなわちオートエンコーダは低次元の表現から高次元の画像を復元する能力を持っていました[28]から、逆拡散過程を経てノイズから意味のある画像へと変換された潜在表現をVAEのDecoderに入力することで、画像に変換します。VAEを用いることによって、逆拡散過程より手前の（次元数が低い）潜在空間から、高精細な画像を生成できるようになっているのです。

Stable Diffusionはオープンソースとして公開されており、誰でも自由にアクセスして利用できます。加えて、LoRA（Low-Rank Adaptation）というファインチューニング技術と組み合わせることによって、特定のスタイルや雰囲気を持つ画像を生成することが可能であり[29]、さまざまな用途で利用されています[30]。

[27]Stable Diffusionには自己注意（Self-Attention）機構と、クロスアテンション（Cross-Attention）機構が用いられています。前者は画像内において離れた位置にあるピクセル間の関係を捉えて一貫性のある画像を生成するのに役立っています。後者は、文章情報と画像情報を関連づけることによって入力文章に対して忠実な画像を生成するのに役立っています。

[28]前節で説明したように、28 × 28の解像度を有する画像がVAEのEncoderを通すと低次元（2次元）の潜在空間上の表現に変換され、この潜在的な表現から画像を生成することができます。

[29]第1章 図1-02-3「Stable Diffusionで生成した画像」は、Stable DiffusionにさまざまなLoRAモデルを組み合わせて出力したものです。LoRAを使用すると、モデル全体を再学習する必要がなく、一部のパラメータのみを調整することで新しいタスクに適応させることができ、学習時間と計算資源を大幅に節約できます。

[30]Stable Diffusionと、多様なLoRAモデルを気軽に試せるサービスとしてcivitai（https://civitai.com）があります。世界中のユーザーが、自分でファインチューニングしたLoRAモデルが公開されており、自分で試すことも可能です。

05

まとめ
～生成AIと解析技術の関係～

第3章では自然言語を解析する技術、第6章では画像を解析する技術について解説しました。これらは文章や画像といった情報を離散化して機械学習モデルに読み込ませるための技術であり、（コンピューターが認識できる）潜在空間に情報を渡すための処理です。この処理を逆向きに実行すれば、潜在空間から人間が認識できる情報に変換し、文章や画像という形式で情報を生成できるのです。

旧来的な手法では、コンピューターが文章や画像を認識するためには人間が詳細な手順を定義する必要がありました。たとえば、日本語の文章を分析する際には、辞書を使って文章をどのように区切るかを決める手順を定義しました。同様に、数字の画像を認識する場合は、画像のパターンを抽出するための手順を定義したパターン辞書を用意する必要がありました。これらの方法は非常に労力がかかり、手間を要する作業です。

図 8-05-1 人間が定義したルールに基づいてコンピューターが認識できる情報に変換する

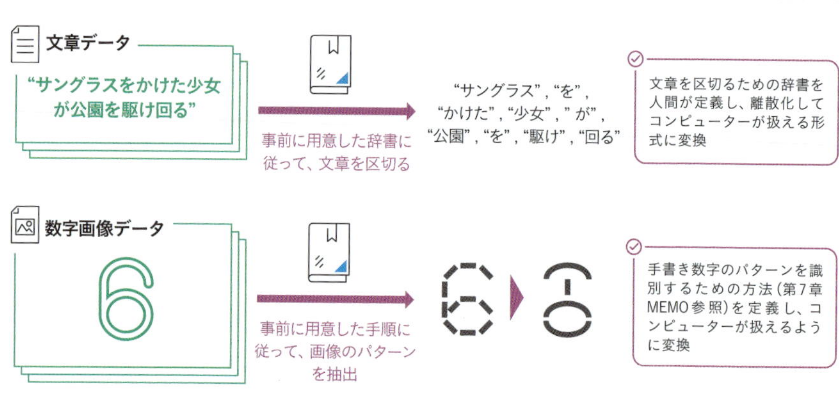

コンピューターの能力が飛躍的に向上し、大量のデータを使った学習が可

能になった現在では、状況が大きく変わりました。現在の生成AIや高等なモデルは、人間があらかじめ詳細なルールを定義しなくても、自らルールを学習できるようになっています。特にTransformerと、その中心にあるAttention機構によって、自らデータの特徴を探し出す能力に長けています。これらの現代的な機械学習モデルは、膨大な量のテキストや画像データを使って訓練されるのですが、この過程でモデルがデータ内のパターンや構造を自律的に学習し、特定のタスクに対して最適な方法を見つけ出します。たとえば言語モデルでは、大量の学習データをもとにして最適な区切り方を自動で見つけ出して[31]文章の構造を分析して文脈を理解します。また、画像認識モデルでは畳み込みニューラルネットワークなどを使用して、画像内の重要な特徴の捉え方を自ら見つけ出して[32]、画像を理解します。このように文章や画像データを解析して理解したモデルを逆方向に用いれば、文章や画像を新たに生成できるといった具合です。

たとえば、音データを潜在空間に渡すことができれば、画像生成AIと同様に自由に音を生成することが可能になるでしょう。音データから（音響）特徴量を捉えて解析すれば、文章や画像と同様に扱えそうです。音は（レコード盤に針で溝を掘って録音できるように）連続的な波形信号になっているのですが、そのまま使用するよりも周波数成分ごとに分解して特徴を取り出したほうが、音の特徴を多角的に捉えることができ学習効率が上がることが知られています。具体例として「こんにちは」という0.7秒程度の音声波形を、時間軸に沿って周波数成分（スペクトル）の強度に応じて色づけします。このように音を視覚的に表現したグラフをスペクトログラムと呼び、特に人間の聴覚

[31]たとえばChatGPTに用いられているtiktokenというBPEベースのトークナイザは、学習データ内の出現頻度をもとに区切り位置を自動で決定するものです。人間が単語辞書のような手引きを用意するのではなく、モデルが自律的に（とはいっても所定の法則に従い）文章を区切って解釈を行っています（第3章参照）。

[32]たとえば畳み込みで用いるカーネルフィルタの重みや、ニューラルネットワークの重みは、大量の画像を学習することによって自動で調整されるのでしたね（第6章参照）。さらに昨今は、畳み込みニューラルネットワーク（CNN）の代わりに、Transformerアーキテクチャを使用するViT（Vision Transformer）が注目されています。ViTでは、画像を一定サイズの小さなブロック（パッチ）に分割し、それらをTransformerに入力します。各パッチ間の関係を学習することで、画像の特徴を理解する手法です。パッチは、自然言語処理におけるトークンと同様の情報単位です。Attention機構を活用することで、各パッチがほかのパッチとどれくらい関連しているかを学習できるようになり、たとえば猫の耳が映っているパッチと鼻が映っているパッチを関連づけることで、画像全体として猫と認識できるようになる、といった具合です。このViTに関する論文は2000年に公開され、Transformerを画像に適用するだけで（畳み込み処理が用いられていないにも関わらず）画像分類タスクにおいて非常に優れた性能を発揮することが示されました。参考：https://doi.org/10.48550/arXiv.2010.11929

に合わせてスケールを調整したものをメルスペクトログラム[33]と呼びます。

図 8-05-2 音の波形とメルスペクトログラム

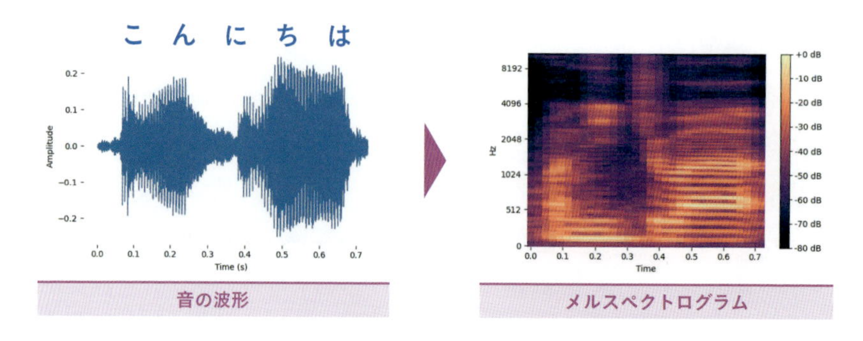

メルスペクトログラムは音声データを画像データに変換したものと考えられます。このように画像化した音声データに対しては、画像データと同様にオートエンコーダ等を用いることができます。たとえば、本章で紹介した拡散モデルを利用して、文章や画像といったさまざまなデータから音を生成するモデルとして、Make-An-Audio[34]があります。同モデルで文章から音声を生成する概要を図8-05-3に示します。

図 8-05-3 Make-An-Audio で音声を生成する様子

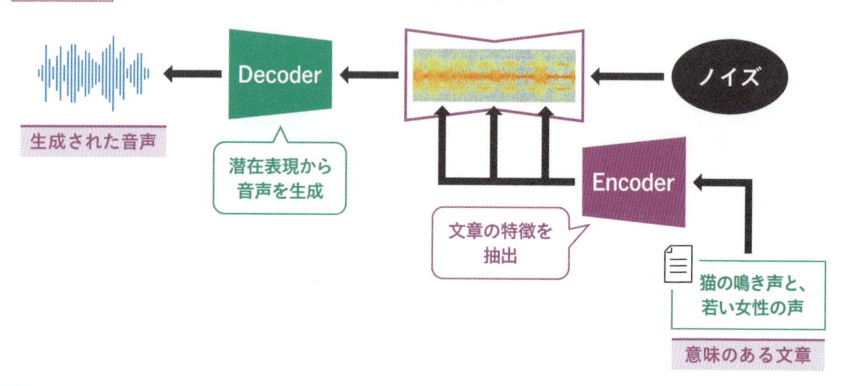

[33] 人間の耳は低い周波数では周波数の違いを敏感に感じますが、高い周波数ではそれほど敏感ではありません。この聴覚特性を反映したメル尺度（Mel scale）を用いたスペクトログラムが、メルスペクトログラム（Mel spectrogram）です。メルスペクトログラムは人間の耳に近い感覚で音の特性を捉えることができるため、音声認識、音楽ジャンル分類、音声合成、感情認識など、さまざまな音声処理タスクで使用されます。

[34] 2023年に公開された、文章や画像、動画などから音声を生成するモデルです（https://doi.org/10.48550/arXiv.2301.12661）。このモデルを利用して生成したさまざまな音声が公開されているので、Webページ上で聞いてみてください（https://text-to-audio.github.io/）。図8-05-3で取り上げた「猫の鳴き声と、若い女性の声」（a cat meowing and young female speaking）の生成音声も同ページ上で公開されています。

図8-05-3は文章から画像を生成するStable Diffusionの構造と似ていますが、Stable Diffusionとの大きな差分は次の通りです[35]。

- **画像データの場合にはオートエンコーダを用いて画像データを潜在空間と行き来させていましたが、音声データの場合にはスペクトログラムオートエンコーダ[36]を用いることによって、音声データを潜在空間に入出力します。**
- **文章と音声を対応づけるためにCLAP[37]が用いられ、文章データをエンコードしています。**

上記の通り整理すると、音声データであっても特徴を抽出さえできれば、文章や画像の場合と同様に音声データを扱えることがイメージできたのではないでしょうか。実際にこのように処理すれば、文章や画像と同様に音声データを生成できるのです。最近の音楽生成モデルとしてStable Audioという楽曲生成AIが2023年に公開され[38]、生成したい音楽の特徴やジャンルを文章で指定するだけで、オリジナルの曲を作成することができます。

動画データについても同様に、時系列的に画像が変化するという特徴を抽出することによって、Stable Video Diffusionのような動画生成AIが実現可能になっています[39]。このような動画生成AIでは、連続するフレーム間の変化や動きのパターンを学習し、それをもとに新しい映像を生成します。このように、どのようなモダリティのデータであっても、そのデータの特徴を正確に捉えることで、機械学習モデルで解析し、さらには新しいデータを生

[35] 図8-05-3は論文中の図を簡略化したものです。拡散モデルとDecoderを経て生成されるデータはスペクトログラムで表現されるため、最終的な音（波形）に変換するにはVocoderを介して周波数を合成する必要がありますが、図8-05-3では省いています（図8-05-2で、音の波形をスペクトログラムに変換する様子を示しましたが、その逆に音の波形に変換する処理が実際には必要になります）。ここでは、画像でも音声データであっても、潜在空間に変換する手法さえあれば同様に処理できるというイメージを表現しています。

[36] スペクトログラムによって音声データを画像データに変換しているので、オートエンコーダで音声データを潜在空間に入出力できるようになったというイメージです。

[37] CLAP（Contrastive Language-Audio Pretraining）は、文章と音声の対応関係を学習させた対照学習モデルで、文章と画像の関係を学習させたCLIPの音声版といえます（https://doi.org/10.48550/arXiv.2211.06687）。

[38] Stable Audioは、Stable Diffusionを開発したStability AIにより公開されました。画像生成のStable Diffusionと同様に、拡散モデルが用いられています。2024年には、オープンソースの音楽生成AIであるStable Audio Openが公開されています（https://stability.ai/news/introducing-stable-audio-open）。

[39] Stable Video Diffusionは、Stability AIにより2023年に公開されました。画像から動画を生成するもので、14フレームおよび25フレームの動画を生成できます（https://stability.ai/stable-video）。

成することが可能になります。

機械学習モデルは昨今の計算技術の進歩によって膨大な学習を行うことが容易になり、研究者でさえも予想し得なかった能力を発現させています。画像や音声、動画など異なる種類のデータを1つのモデルで統合的に解析し、理解するマルチモーダルAIの進化もその一例です。マルチモーダルAIは、複数の異なるデータ形式を同時に扱って相互に関連づけることができるため、より高度で柔軟な予測や生成を行うことができるようになっています。大量に学習を重ねたモデルの内部構造を完全に理解することは難しいですが、背景にある解析技術（モデルがどのようにして潜在空間を利用し、どのような情報をやりとりしているのか）について理解を深めることが重要です。このような理解を深めることで、生成AIの能力について「できそうなこと」と「できなさそうなこと」の違いがより明確になるからです。たとえば、大量の既存知識を学習した生成AIが、特定領域の文章や画像の生成能力に優れていたとしても、創造的で新規性の高いアイデアの生成には限界があることがわかります。生成AIの特性を正しく理解することで、これからも発展していく生成AI技術とうまく付き合っていけるようになるでしょう。

おわりに

私が述べるまでもないですが、昨今の生成AIの急速な発展と普及は、まさに目を見張るものがあります。
私自身、日々の業務において生成AIによる効率化や開発の自動化の恩恵を直接受けており、その影響力の大きさを実感しています。

こうした状況を目の当たりにし、将来を見据えると、現在のスマートフォンのように、生成AIが私たちの日常生活や仕事に深く組み込まれる時代が必ず訪れるだろうと確信しています。しかし同時に、多くの人々が「よくわからないものが自分の生活や仕事に入り込んでいる」という不安や懸念を抱くのではないかという危惧もしています。

スマートフォンやパソコンを使いこなすために最低限のIT知識が必要であるように、生成AIを適切に活用するためにも、その基礎となる技術や概念を理解することが重要です。そこで、生成AIを支える基礎技術を網羅的かつ体系的に解説したいと思ったのが、本書執筆のきっかけでした。

私の願いとしては、読者の皆様がこの本を通じて、生成AIの基本的な仕組みや背景にある技術を理解し、それを日常的に活用できるようになることです。
義務教育で学ぶ基礎科目のように、本書の内容が皆様の知識の土台となり、生成AIとの付き合い方や活用法を考える際の指針となれば幸いです。

技術の進歩は日進月歩で、今後どのような革新的な技術が登場するかは予測困難です。しかし、それゆえに私たちの前には非常にエキサイティングな未来が広がっているはずだと思います。本書が、読者の皆様にとって、この急速に変化する技術の世界を理解し、楽しみながら探求していくための一助となることを心から願っています。

仕事での作業の自動化支援や複雑なデータ分析を始め、生成AIの応用範囲は私たちの想像を超えて広がっていくはずです。この技術革新の波に乗り、ともに学び、成長していけることを心から楽しみにしています。

三好大悟

索　引

L・M・N・O

P・Q・R・S

T・U・V・W

あ

か

著者プロフィール

鎌形桂太（かまがた・けいた）

東京理科大学大学院にて機械工学を専攻。数値流体シミュレーションプログラムの開発に従事した後、大手電機メーカーに入社し特許権利化業務および全社の知財システムを含む業務刷新を担当し社内の知財データ活用を推進。その後AIを受託開発するスタートアップへ出向し、AIソリューション提案業務などに従事。現在は国内メーカーにおいて全社的な技術ポートフォリオの分析及び最適化業務に携わる。兼業としてデータ分析案件に複数携わり、AIを用いた事業開発のコンサルティング、法人向けデータサイエンティスト講座の講師を務める。

監修者プロフィール

三好大悟（みよし・だいご）

株式会社リベルクラフト 代表取締役 Founder/CEO
慶應義塾大学で金融工学を専攻。卒業後はスタートアップのデータサイエンティストとして、AI・データ活用コンサルティング事業などに従事。その後、株式会社セブン＆アイ・ホールディングスにて、小売・物流事業におけるAI・データ活用の推進に貢献。株式会社リベルクラフトを設立し、AIやデータサイエンスなどデータ活用領域に関する受託開発・コンサルティングや法人向けトレーニング、教育事業を展開。主な著書に『統計学の基礎から学ぶExcelデータ分析の全知識』『ビジネスの現場で使えるAI&データサイエンスの全知識』『Excelで手を動かしながら学ぶ～数理最適化ベストな意思決定を導く技術～』（いずれもインプレス）がある。

STAFF

ブックデザイン	沢田幸平（happeace）
DTP	リブロワークス
校正	株式会社トップスタジオ
デザイン制作室	今津幸弘
制作担当デスク	柏倉真理子
編集協力	今井あかね
副編集長	田淵 豪
編集長	柳沼俊宏

■商品に関する問い合わせ先

このたびは弊社商品をご購入いただきありがとうございます。本書の内容などに関するお問い合わせは、下記のURLまたは二次元バーコードにある問い合わせフォームからお送りください。

https://book.impress.co.jp/info/

上記フォームがご利用いただけない場合のメールでの問い合わせ先

info@impress.co.jp

※お問い合わせの際は、書名、ISBN、お名前、お電話番号、メールアドレス に加えて、「該当するページ」と「具体的なご質問内容」「お使いの動作環境」を必ずご明記ください。なお、本書の範囲を超えるご質問にはお答えできないのでご了承ください。

- 電話やFAX でのご質問には対応しておりません。また、封書でのお問い合わせは回答までに日数をいただく場合があります。あらかじめご了承ください。
- インプレスブックスの本書情報ページ https://book.impress.co.jp/books/1123101097 では、本書のサポート情報や正誤表・訂正情報などを提供しています。あわせてご確認ください。
- 本書の奥付に記載されている初版発行日から3年が経過した場合、もしくは本書で紹介している製品やサービスについて提供会社によるサポートが終了した場合はご質問にお答えできない場合があります。

■落丁・乱丁本などの問い合わせ先

FAX　03-6837-5023

service@impress.co.jp

※古書店で購入された商品はお取り替えできません。

ＩＴ基礎教養　自然言語処理＆画像解析

“生成ＡＩ”を生み出す技術

2024年10月21日　初版発行

著　者　鎌形桂太

監修者　三好大悟

発行人　高橋隆志

編集人　藤井貴志

発行所　株式会社インプレス

〒101-0051　東京都千代田区神田神保町一丁目105番地

ホームページ　https://book.impress.co.jp/

印刷所　株式会社暁印刷

ISBN978-4-295-02031-8　C3055

Printed in Japan